COLLECTION PUBLIÉE SOUS LE PATRONAGE

...SSOCI...   ...SCOL... ...ES

PREMIÈRES

NOTIONS DE SCIENCES

Physiques et Naturelles,

A L'USAGE

des Candidats au Certificat d'Études Primaires.

Cinquième édition.

LIBRAIRIE CATHOLIQUE EMMANUEL VITTE

LYON   PARIS

PREMIÈRES
NOTIONS DE SCIENCES
PHYSIQUES ET NATURELLES

PREMIÈRES

NOTIONS DE SCIENCES

PHYSIQUES ET NATURELLES

A L'USAGE DES CANDIDATS

AU

CERTIFICAT D'ETUDES PRIMAIRES

———

CINQUIÈME ÉDITION

LIBRAIRIE CATHOLIQUE EMMANUEL VITTE

LYON	PARIS
3, Place Bellecour, 3	14, rue de l'Abbaye (VIe)

1905

AVERTISSEMENT

D'après l'arrêté ministériel du 29 décembre 1891, le sujet de rédaction exigé des candidats au Certificat d'études primaires ne peut être choisi que sur l'un des trois objets suivants :

1° L'instruction morale et civique ;

2° L'Histoire et la Géographie ;

3° Les premières Notions de Sciences avec leurs applications à l'Hygiène et à l'Agriculture.

Nous espérons que le présent ouvrage répondra aux besoins des candidats au Certificat d'études relativement au troisième de ces sujets. Dans sa rédaction, nous avons pris pour cadre les sujets scientifiques qui ont été donnés, pendant ces dernières années, aux examens du Certificat d'études primaires.

Dans des limites aussi étroites, nous ne pouvions songer à traiter toutes les questions que comporte la matière, sans nous condamner à faire un ouvrage aride et aussi peu intéressant que peu utile pour les élèves auxquels nous le destinons. Nous nous sommes donc efforcés de choisir les questions les plus essentielles, et de les traiter avec assez d'étendue pour que les débutants eux-mêmes puissent les comprendre aisément. De plus, afin d'en rendre l'intelligence encore plus facile, nous avons intercalé dans le texte un très grand nombre de gravures.

Pour rendre l'étude de cet ouvrage plus efficace, nous avons placé à la suite de chaque chapitre, des devoirs écrits, sous forme de questionnaires. Ces questionnaires sont rédigés de manière à provoquer de la part des élèves, des réponses courtes, ce qui, pour le maître, a l'avantage de faciliter beaucoup le travail de correction.

Chaque chapitre est aussi suivi de plusieurs sujets de rédaction, dont la plupart ont été donnés aux examens du Certificat d'études pendant ces dernières années. On trouvera dans le chapitre correspondant la matière à mettre en œuvre; mais les énoncés des textes de composition sont tels, que les élèves ne pourront pas reproduire servilement la forme du livre, ce qui les obligera à un travail personnel.

HISTOIRE NATURELLE

PREMIÈRE PARTIE

NOTIONS PRÉLIMINAIRES

1. Objet de l'Histoire naturelle. — L'HISTOIRE NATURELLE a pour objet l'étude des corps qui entrent dans la constitution du globe terrestre et de ceux qui sont à sa surface.

On divise les corps en deux catégories : les corps *vivants* et les corps *bruts*.

Les corps vivants se subdivisent en deux groupes différents : les *animaux* et les *végétaux*.

Les corps bruts n'ont pas la *vie ;* ils ne peuvent ni se *nourrir*, ni se *reproduire ;* ce sont les *minéraux*. Les végétaux sont des êtres vivants, doués de la faculté de se *nourrir* et de se *reproduire ;* mais dépourvus de *sensibilité* et de *mouvements volontaires*. Les animaux, comme les végétaux, se *nourrissent* et se *reproduisent ;* mais, en général, ils ont de plus la faculté de *sentir* et de se *mouvoir volontairement*.

2. Les règnes de la nature. — Tous les corps qui existent dans la nature sont donc répartis en trois groupes, appelés *règnes*, savoir :

1º Le *règne animal*, comprenant les *animaux ;*
2º Le *règne végétal*, comprenant les *végétaux ;*
3º Le *règne minéral*, comprenant les *corps bruts*.

L'*homme* forme un règne à part : le règne *hominal*. Il est vrai que, par son organisation matérielle, l'homme se rapproche des animaux ; mais il leur est infiniment supérieur par son *âme intelligente* et *libre*, créée à l'image de Dieu, douée de la *pensée* et capable de la manifester extérieurement par le moyen de la *parole*.

D'ailleurs, même par sa constitution physique, l'homme est encore bien supérieur aux animaux. Quelques-uns d'entre eux peuvent être plus forts que l'homme, avoir certains sens plus développés ; mais aucun ne présente dans son organisme autant de qualités physiques et cet ensemble aussi merveilleux de perfections, qui font réellement de l'homme le chef-d'œuvre de la création.

3. Les races humaines. — L'Ecriture sainte nous enseigne que l'humanité tout entière, telle qu'elle existe et peuple actuellement la terre, est issue d'un couple unique, Adam et Eve.

Cependant, malgré cette communauté d'origine, des différences secondaires, telles que la couleur de la peau, la forme du visage, la nature des cheveux, ont fait classer les hommes en plusieurs races dont les trois principales sont la race *blanche*, la race *jaune* et le race *noire*.

La race *blanche* ou *caucasique* a pour caractères particuliers la blancheur de la peau, l'ovale de la figure, la longueur et la finesse des cheveux. Les hommes qui la composent ont généralement le nez aquilin, les dents verticales et la barbe très épaisse. Ils sont les plus intelligents et leur influence s'étend sur tous les autres hommes. Ils peuplent spécialement l'Europe, l'Amérique, l'Arabie et le nord de l'Afrique.

La race *jaune* ou *mongolique* est caractérisée par son teint jaune, sa figure aplatie et élargie au niveau des pommettes des joues, ses cheveux noirs et raides, sa barbe rare et ses yeux obliques. Elle habite particulièrement la Chine et le Japon.

La race *noire* ou *africaine* est composée d'individus ayant le nez large et épaté, les lèvres épaisses et saillantes, les cheveux crépus, les dents blanches et obliques en avant. Cette race peuple surtout l'Afrique centrale, l'Australie et la Guinée.

On rencontre encore, dans l'Amérique du Nord, les restes

Fig. 1. — Races humaines.

d'une autre race qui diminue chaque jour, et qui paraît devoir s'éteindre dans un avenir peu éloigné. Les individus qui la composent sont désignés sous le nom de *Peaux-Rouges*.

CHAPITRE I

Description sommaire du corps humain.

4. Le corps de l'homme se compose de parties dures et résistantes et de parties molles et flexibles. Les premières sont les *os*, dont l'ensemble forme une charpente solide nommée *squelette*; les secondes constituent les *viscères* et les *muscles*. Le tout est recouvert d'une mince membrane désignée sous le nom de *peau*.

5. Squelette. — Le *squelette* sert à protéger les organés intérieurs et fournit des points d'attache aux muscles. Il détermine la forme générale du corps, et permet aux mouvements d'avoir plus de précision, de force et d'étendue.

Le corps humain, et, par suite, le squelette, comprend trois parties : la *tête*, le *tronc* et les *membres*.

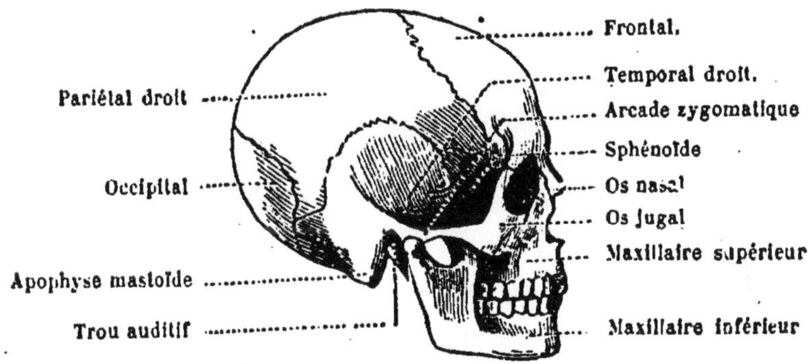

Fig. 2. — Tête osseuse de l'homme.

6. Tête. — La *tête* se subdivise en deux parties : le *crâne* et la *face*.

Le *crâne* est une espèce de boîte osseuse, de forme ovale, qui contient le *cerveau* et porte les cheveux. Il est constitué par la réunion de *huit* os plats, dont les principaux sont : le *frontal*, en avant, les *pariétaux*, sur le côté, et l'*occipital*, en arrière.

La *face* renferme plusieurs cavités : dans la plus importanttante, la *bouche*, se trouvent la langue et les dents ; les deux cavités supérieures, nommées orbites, contiennent les *yeux*, et dans celles du milieu sont les *fosses nasales*, ouvertures du nez. La face comprend *quatorze* os : *douze* sont disposés symétriquement deux par deux, et les deux autres sont impairs. Les principaux de ces os sont les deux *jugaux*, qui se traduisent au dehors par les pommettes des joues, et les *maxillaires*, qui portent les dents. Le *maxillaire inférieur* est le seul os de la tête qui soit mobile.

7. TRONC. — Le *tronc* comprend le *thorax* et l'*abdomen*.

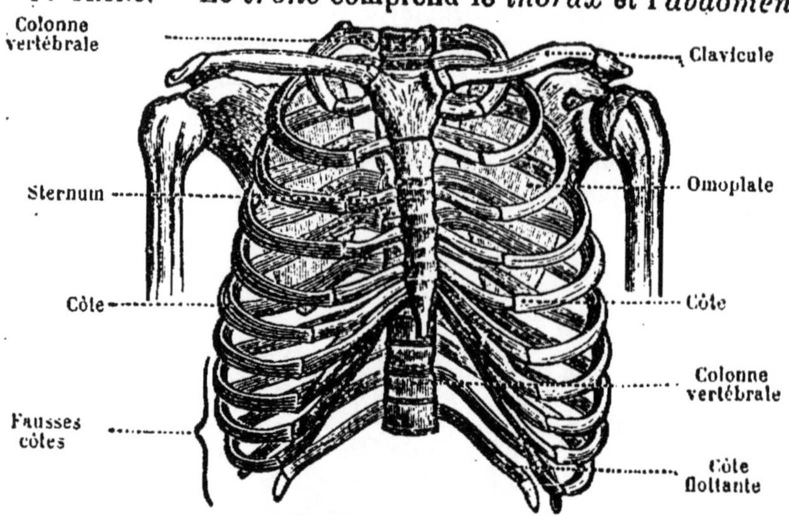

Fig. 3. — Thorax.

Le *thorax* ressemble à une sorte de cage osseuse. Il est formé, en arrière, par la *colonne vertébrale*, en avant, par le *sternum*, sur les côtés, par les *côtes*, et en dessous par le *diaphragme*, membrane musculaire qui le sépare de l'abdomen.

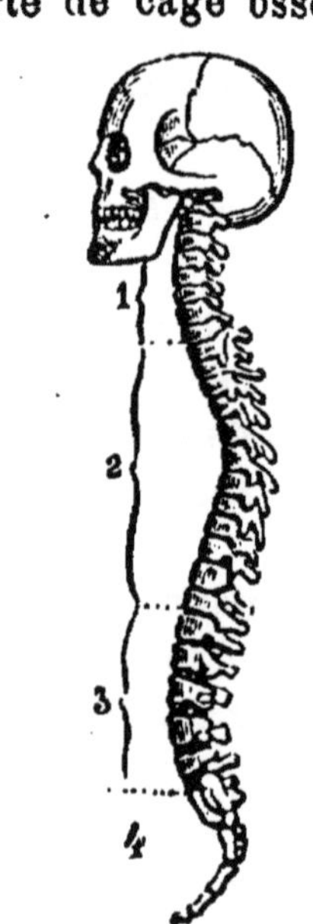

Fig. 4. — Colonne vertébrale.

1. Région cervicale, composée de sept vertèbres.
2. Région dorsale, composée de douze vertèbres.
3. Région lombaire composée de cinq vertèbres.
4. Sacrum et coccyx.

La *colonne vertébrale*, est une espèce de tige osseuse, qui s'étend depuis la tête jusqu'à l'extrémité inférieure du tronc. Elle se compose de *trente-trois* petits os, empilés les uns sur les autres. Ces os, appelés *vertèbres*, présentent diverses saillies servant de points d'attache aux muscles. Chaque vertèbre porte .

une ouverture à sa partie centrale, et l'ensemble de ces ouvertures forme un long canal qui renferme la *moelle épinière*.

Fig. 5. — Vertèbre.

1. Corps de la vertèbre.
2. Apophyse épineuse.
3. Apophyses transverses.

Les *côtes* sont des os arrondis, longs, flexibles et courbés en forme de cerceaux. Elles sont au nombre de *douze* paires. Les côtes s'articulent en arrière avec la colonne vertébrale et se rattachent en avant au *sternum*, os plat situé au milieu de l'avant de la poitrine.

Dans le thorax se trouvent le *cœur*, organe principal de la circulation du sang, et les *poumons*, organes de la respiration.

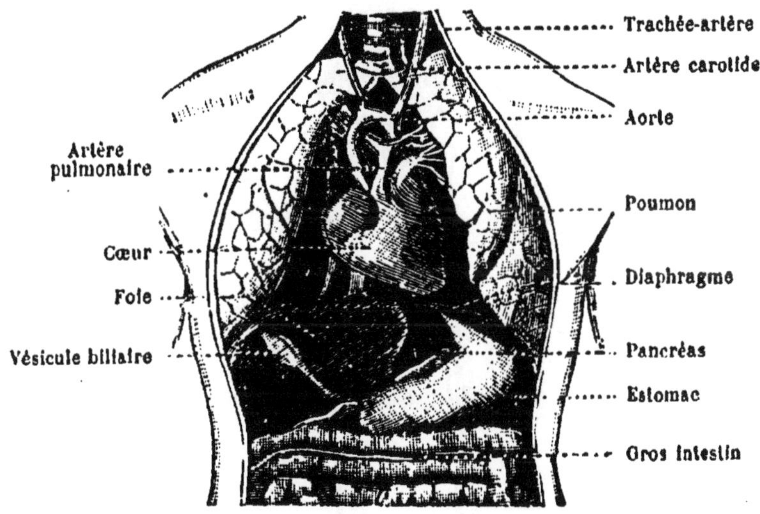

Fig. 6. — Principaux organes contenus dans le thorax et dans l'abdomen.

L'*abdomen* est limité, en arrière, par la colonne vertébrale ; en bas, par les *os iliaques*, qui forment les hanches ; sur les côtés, et en avant, par des muscles. Il contient le *foie* et les principaux organes de la digestion, tels que l'*estomac*, le *pancréas* et les *intestins*.

8. MEMBRES. — Les *membres*, au nombre de quatre, sont placés symétriquement deux à deux. On les divise en membres *supérieurs* et en membres *inférieurs*.

Les *membres supérieurs* se composent chacun de quatre parties : l'*épaule*, le *bras*, l'*avant-bras* et la *main*.

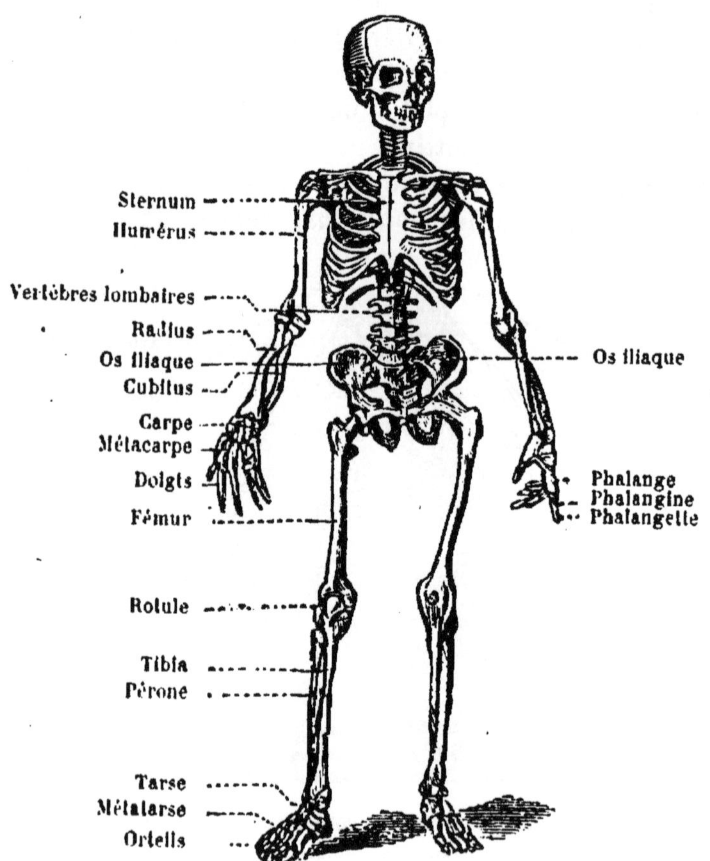

Fig. 7. — Squelette de l'homme.

L'*épaule* comprend deux os : l'*omoplate* et la *clavicule*. Le premier, de forme triangulaire et aplatie, est placé à l'arrière de l'épaule ; le deuxième, long et cylindrique, est situé en avant, à la base du cou.

Dans le *bras* il n'y a qu'un os, l'*humérus*, qui s'articule, en haut, avec les deux os de l'épaule, et, en bas, avec ceux de l'avant-bras, le *radius* et le *cubitus*.

A l'extrémité de l'avant-bras se trouve la *main*, qui se divise en trois parties : le *carpe* ou *poignet*, le *métacarpe* et les *doigts*. Le carpe renferme *huit os*, disposés sur deux rangées ; le métacarpe en a *cinq*, et chacun des doigts en contient *trois*, sauf le pouce, qui n'en a que *deux*.

Les *membres inférieurs* se composent aussi de quatre parties : la *hanche*, la *cuisse*, la *jambe* et le *pied*.

La *hanche* est formée par un seul os, large et solide, nommé os *iliaque*. Dans la cuisse, comme dans le bras, il n'y a qu'un os, le *fémur*, la plus longue des pièces osseuses du corps ; cet os s'articule, en haut, avec l'os de la hanche et, en bas, avec ceux de la jambe : le *tibia* et le *péroné*.

A l'extrémité de la jambe se trouve le *pied*, qui, comme la main, se divise en trois parties : le *tarse* ou *cou-de-pied*, le *métatarse* et les *orteils*. Le tarse renferme *sept* os, le métatarse en a *cinq* et chacun des orteils, *trois*, sauf le gros orteil, qui n'en a que *deux*.

9. Composition des os. — Les os sont constitués par deux substances : l'une, *organique* et cartilagineuse, appelée gélatine ; l'autre, *minérale*, composée de carbonate de chaux et de phosphate de chaux. C'est la substance minérale qui donne à l'os sa consistance et sa solidité.

Il est facile de séparer les deux substances qui entrent dans la composition des os. Pour obtenir la matière organique, il suffit de faire macérer un os dans de l'acide chlorhydrique ou dans du vinaigre ; la substance minérale se dissout dans le liquide, tandis que la matière organique reste intacte. Quand, au contraire, on veut isoler la substance minérale, on expose l'os à l'action du feu, qui ne détruit que la matière organique.

10. Articulation. — On entend par *articulation* l'assemblage de deux os. L'articulation peut être *immobile*, comme on l'observe dans les divers os du crâne, ou *mobile*, c'est-à-dire permettre aux os qu'elle maintient unis, des mouvements plus ou moins étendus.

Dans les articulations immobiles, l'union des os se fait par engrenage ; alors leurs bords, entaillés de sinuosités correspondantes, pénètrent l'un dans l'autre et adhèrent solidement. Dans les articulations mobiles, les surfaces articulaires sont maintenues en présence par des ligaments qui les entourent extérieurement, et qui sont disposés de manière à limiter l'étendue des mouvements provoqués par les muscles.

11. Muscles. — Les *muscles* sont destinés à faire mouvoir les os auxquels ils sont fixés. Cette action est due à la propriété particulière qu'ils possèdent de se contracter et de se détendre, c'est-à-dire, de se raccourcir et de s'allonger sous l'influence de la volonté.

Les muscles sont formés de *fibres* accolées les unes aux autres comme les fils d'un écheveau. Ces fibres, longues de trois à quatre centimètres, sont elles-mêmes composées de filaments si déliés, qu'il en faut plus d'un *million* pour faire un cordon d'*un millimètre* de diamètre.

Fig. 8. — Muscles et tendons.

1. Corps du muscle.
2. Tendons.

12. Peau. — La *peau* enveloppe complètement le corps et se replie même dans l'intérieur des cavités, où elle devient de plus en plus fine ; elle prend alors le nom de *muqueuse.*

La peau comprend deux couches distinctes : l'*épiderme*, en dessus, et le *derme*, en dessous ; entre ces deux couches se trouve le *pigment*, qui en est la matière colorante.

L'*épiderme* est généralement très mince, mais le frottement peut lui faire acquérir de l'épaisseur ; c'est l'épiderme qui, en se développant, forme les callosités que l'on remarque aux mains des ouvriers occupés à de pénibles travaux manuels.

Le *derme* est la partie principale de la peau. Il contient les glandes de la *sueur*, une infinité de *filets nerveux*, qui la rendent très sensible, et un grand nombre de petites glandes *sébacées*, dont le contenu est destiné à graisser constamment la surface de la peau.

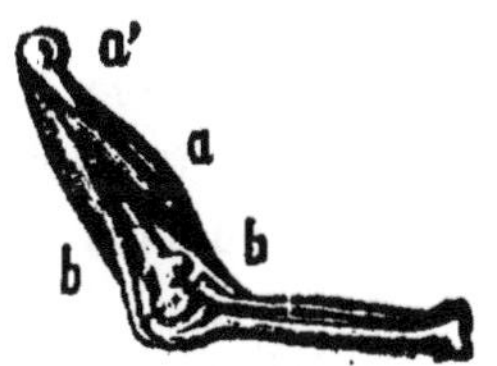

Fig. 9. — Coupe de la peau.

Cette coupe montre au-dessous du pigment les organes du tact et leurs nerfs.

13. Mécanisme du mouvement. — Les mouvements sont produits par les muscles et par les os; les muscles en sont les organes *actifs*, et les os, les organes *passifs*.

Sous l'influence de la volonté, transmise par les nerfs, les fibres dont se composent les muscles, se raccourcissent et ceux-ci se *contractent*, c'est-à-dire diminuent de longueur. Puis, lorsque l'action de la volonté cesse, les muscles se *détendent* et reprennent leur longueur primitive. C'est par leurs contractions et leurs détentes successives que les muscles mettent en mouvement les parties auxquelles ils sont fixés.

Fig. 10. — Muscles du bras.
a. Biceps, muscle fléchisseur.
b. Triceps, muscle extenseur.

Fig. 11. — Muscle biceps dans l'état de contraction.

A chaque muscle en correspond un autre qui est, pour ainsi dire, son antagoniste; ce second muscle produit, par ses contractions, des mouvements contraires à ceux que le premier occasionnés, et ramène dans leur position initiale les organes déplacés. Ainsi dans la figure 10, lorsque le muscle *a* se contracte, ses extrémités *a' b'* se rapprochent et l'avant-bras, attiré en avant, fléchit sur le bras. Pour le ramener à sa position initiale, il faut la contraction d'un autre muscle *b*, nommé muscle *extenseur* ; le muscle *a* est un muscle *fléchisseur*.

14. Hygiène de la peau. — La peau est le siège d'une transpiration continuelle ; de plus, les glandes sébacées qu'elle renferme sécrètent une substance grasse à laquelle s'attachent les poussières ; il en résulte une espèce d'enduit qui arrête la transpiration, et qui, par conséquent, empêche l'organisme de se débarrasser d'une partie de ses principes nuisibles. Des lavages fréquents sont donc d'autant plus nécessaires que les sécrétions cutanées sont plus abondantes et qu'on se livre à un travail plus salissant.

Les parties du corps directement au contact de l'air doivent être lavées tous les jours, au moyen d'abondantes ablutions d'eau froide. C'est le matin, au sortir du lit, que l'on doit procéder à cete opération.

Quant aux parties du corps couvertes de vêtements, elles sont maintenues dans un état suffisant de propreté par les vêtements eux-mêmes, qui absorbent les liquides sécrétés par la peau et qui empêchent les poussières d'arriver jusqu'à elle.

Pour que les vêtements en contact immédiat avec la surface du corps puissent remplir leurs fonctions hygiéniques, il est nécessaire qu'ils soient souvent renouvelés. Aussi doit-on changer de linge de corps au moins tous les huit jours en hiver et deux fois par semaine en été.

Les pieds sont le siège d'une abondante transpiration, que l'on doit faciliter en les tenant dans un grand état de propreté. C'est une excellente habitude de se laver les pieds toutes les semaines en été et tous les quinze jours en hiver.

15. Hygiène du mouvement. — Après la sobriété,

2

l'exercice est un des plus excellents conservateurs de la santé : il augmente la vitesse de la circulation, accélère la digestion et active la respiration ; de plus, il donne au corps de la vigueur, de l'adresse et de l'agilité.

Quand l'exercice est insuffisant et la nourriture trop abondante, l'embonpoint arrive bientôt, et, avec lui, bien souvent, tout un cortège d'infirmités et de maladies. L'exercice ne doit pas cependant être trop violent, car il pourrait causer la rupture de quelque vaisseau ou d'autres graves accidents ; il ne doit pas non plus être de trop longue durée, parce qu'il pourrait amener un amaigrissement considérable et prédisposer à certaines maladies.

A tout âge et à tout le monde l'exercice est utile ; mais il est surtout nécessaire aux jeunes gens et aux personnes qui mènent la vie sédentaire.

Les exercices auxquels les jeunes gens doivent tout particulièrement se livrer, sont le jeu, la marche, le travail manuel et la gymnastique.

Les exercices de la gymnastique fortifient la constitution, assouplissent les membres, donnent de l'agilité au corps et de l'élégance au maintien ; mais pour qu'ils produisent tous ces effets, ils doivent être réglés avec sagesse et exécutés avec prudence. Il faut donc éviter tout excès dans les exercices de gymnastique et n'exécuter aux agrès que ceux qui n'exposent à aucun danger.

Pour les personnes obligées à la vie sédentaire, les meilleurs exercices sont le travail manuel, la promenade et le jeu qui exige du mouvement.

L'exercice appelle le repos. Le meilleur repos est celui du sommeil ; mais pour qu'il produise toute son utilité, il doit être sagement réglé. Un repos de sept heures suffit aux adultes en bonne santé ; les vieillards en demandent un peu moins, tandis que les malades et les enfants en exigent davantage. C'est une mesure très hygiénique que celle de ne jamais s'écarter de l'heure que l'on a fixée pour son coucher et son lever.

DEVOIRS

1" Devoir. — 1. Comment divise-t-on les corps dont s'occupe l'histoire naturelle ? 2. Comment se subdivisent les corps vivants ? 3. Quels sont les corps qui n'ont pas la vie ? 4. Nommez les différents règnes de la nature ? 5. Par quoi l'homme est-il supérieur aux animaux ? 6. Nommez les principales races humaines ? 7. Quelle est la plus intelligente ? 8. Quelle race a les yeux obliques ? 9. — les cheveux crépus ? 10. — la figure ovale ? 11. Que forme l'ensemble des parties dures du corps humain ? 12. Comment se subdivise la tête ? 13. — le tronc ? 14. — les membres supérieurs ? 15. — les membres inférieurs ?

2ᵉ Devoir. — 1. Combien y a-t-il d'os dans le crâne ? 2. — dans la face ? 3. — dans la colonne vertébrale ? 4. Nommez les principaux os du crâne. 5. Quel est l'os mobile de la face ? 6. Par quoi est limité le thorax en avant ? 7. — en arrière ? 8. — sur les côtés ? 9. — en bas ? 10. Quels sont les organes contenus dans le thorax ? 11. — dans l'abdomen ? 12. — dans le crâne ? 13 Où est située la moelle épinière ? 14. — la clavicule ? 15. Combien l'homme a-t-il de paires de côtes ?

3ᵉ Devoir. — 1. Nommez les parties qui composent la main. 2. — le pied. 3. Quels sont les os de l'épaule ? 4. — de l'avant-bras ? 5. — de la jambe ? — 6. Dans quelle partie du corps se trouve l'humérus ? 7. — le fémur ? 8. — l'os iliaque ? 9. — le carpe ? 10. — le métatarse ? 11. Comment peut-on isoler la substance minérale des os ? 12. — la gélatine ? 13. — Qu'appelle-t-on articulation ? 14. — articulation mobile ? 15. Comment se fait l'union des os dans l'articulation fixe ? 16. — dans l'articulation mobile ?

4ᵉ Devoir. — 1. Quels noms donne-t-on aux deux couches de la peau ? 2. — à sa matière colorante ? 3. Que renferme le derme ? 4. Quels sont les organes passifs des mouvements ? 5. — les organes actifs ? 6. Comment les muscles sont-ils constitués ? 7. Pourquoi la propreté du corps est-elle nécessaire à la santé ? 8. Qu'est-ce que l'hygiène nous ordonne relativement à la propreté du visage ? 9. — des pieds ? 10. — du linge de corps ? 11. Quel est après la sobriété, le premier des conservateurs de la santé ? 12. A qui l'exercice est surtout utile ? 13. Quels sont les exercices particuliers aux jeunes gens ? 14. — à ceux qui mènent la vie sédentaire ? 15. Quelle règle doit-on se prescrire relativement au lever et au coucher.

SUJETS DE RÉDACTION

1" Sujet. — Dans une lettre que vous écrivez à un de vos amis, résumez sommairement une leçon de votre maître sur le thorax et les membres supérieurs du corps humain.

2ᵉ Sujet. — Expliquer comment les os sont reliés entre eux et comment ils peuvent se mouvoir. *(Saint-Laurent, 1892.)*

CHAPITRE II

Digestion.

16. Définitions. — La *digestion* est l'ensemble des actes par lesquels le corps prend aux aliments les principes susceptibles d'être absorbés pour servir à son accroissement ou à son entretien.

Les aliments se divisent en aliments *plastiques* et en aliments *respiratoires*.

Les *aliments plastiques* sont ceux qui contiennent de l'azote. Seuls ils peuvent se fixer aux tissus de l'organisme pour les développer ou en réparer les pertes ; c'est de cette propriété que vient leur nom d'aliments plastiques. La viande, le lait, les œufs, le pain doivent leurs qualités nutritives à la grande quantité de substances plastiques qu'ils renferment.

Les *aliments respiratoires* sont ceux qui ne contiennent pas d'azote. Après leur digestion, ils passent dans le sang où ils se combinent avec l'oxygène absorbé dans la respiration ; c'est là raison qui leur a fait donner le nom d'aliments respiratoires. Les principaux de ces aliments sont les matières grasses, les fécules et toutes les boissons alcooliques.

On appelle aliments *complets* ceux qui renferment à la fois des substances plastiques et des substance respiratoires ; tels sont le pain, le lait et les œufs.

17. Organes de la digestion. — La digestion s'effectue au moyen de deux séries d'organes :

1º Le *canal digestif*, qui consiste en une suite d'organes formant une cavité propre à recevoir les aliments et à les contenir pendant qu'ils subissent le travail de la digestion.

2º Les *glandes digestives*, qui sécrètent des liquides particuliers ayant pour action de transformer les aliments en substances susceptibles de passer à travers les parois des vaisseaux chargés de les absorber.

18. CANAL DIGESTIF. — Les différentes parties du canal digestif sont la *bouche*, l'*arrière-bouche*, l'*estomac* et l'*intestin*.

La bouche est limitée en haut par la *voûte du palais*, sur les côtés, par les *joues*, en avant, par les *lèvres*, et, en arrière, par le *voile du palais*. Elle renferme les organes de la mastication, qui sont les *dents*.

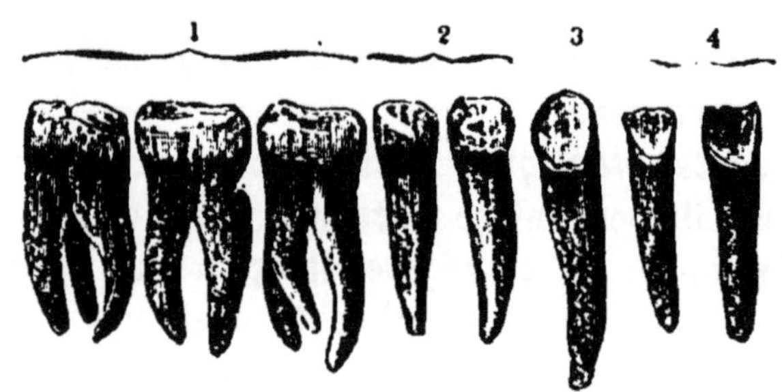

Fig. 12. — Différentes sortes de dents.
1. Grosses molaires. — 2. Petites molaires. — 3. Canine. — 4. Incisives.

Les *dents* sont formées d'une substance osseuse, nommée *ivoire*. Chaque dent comprend deux parties : la *couronne*, à l'extérieur des gencives, et la *racine*, profondément enchâssée dans l'os maxillaire. On distingue trois espèces de dents : les *incisives*, les *canines* et les *molaires*.

L'homme à l'âge adulte, compte *trente-deux* dents : *huit* incisives, *quatre* canines, *huit* petites molaires et *douze* grosses molaires. Dans sa première dentition, l'enfant n'a que *vingt* dents ; les grosses molaires manquent.

A la suite de la bouche se trouve l'*arrière-bouche*, appelée communément *gorge*, qui communique avec l'estomac par l'*œsophage*.

L'*œsophage* est un simple canal cylindrique de vingt-cinq centimètres de longueur, descendant verticalement, en avant de la colonne vertébrale, et débouchant dans l'estomac par une ouverture nommée *cardia*.

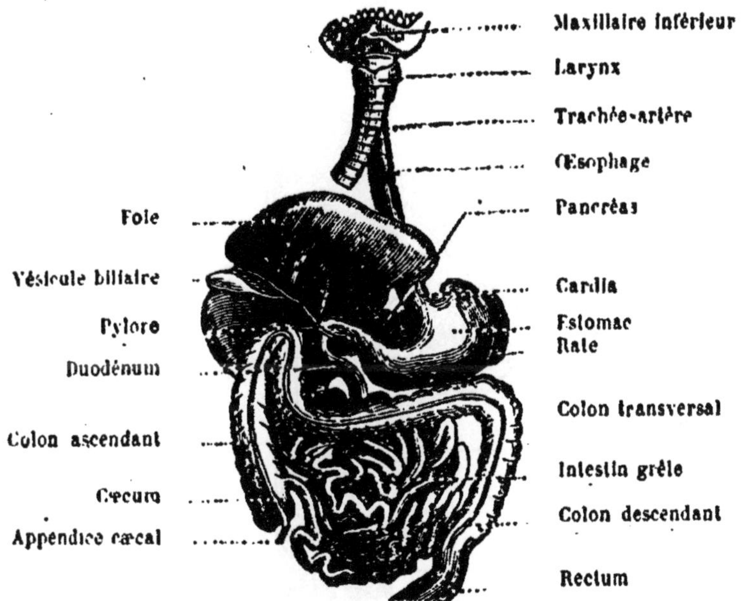

Fig. 13 — Appareil digestif de l'homme.

L'estomac est une poche membraneuse, ayant la forme d'une cornemuse, dont la capacité est de deux à trois litres. Il est placé horizontalement au-dessous du diaphragme, et communique avec l'intestin par une ouverture nommée *pylore*.

On divise l'intestin en deux parties : l'*intestin grêle* et le *gros intestin*. L'intestin grêle est lisse à l'extérieur ; il a la forme d'un tube un peu plus gros que le pouce, et dont la longueur atteint cinq ou six fois celle du corps entier. Le gros intestin, bien plus gros que le précédent, est boursouflé à la surface ; sa longueur égale à peine les trois quarts de celle du corps.

19. GLANDES DIGESTIVES. — Les principales glandes digestives sont les *glandes salivaires*, les *follicules gastriques* et le *pancréas*.

Les *glandes salivaires*, au nombre de *six*, sont logées dans les parois de la bouche. Elles sécrètent la *salive*, liquide incolore qui joue un grand rôle dans la digestion.

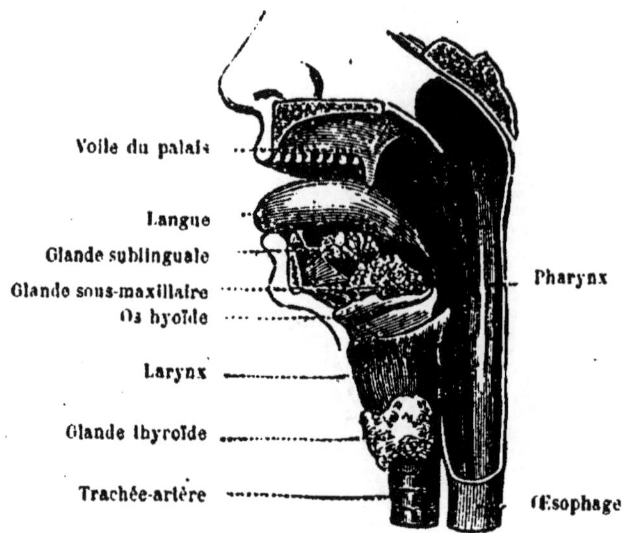

Fig. 14. — Coupe verticale de la bouche et du pharynx.

Les *follicules gastriques* sont de petites glandes placées dans la membrane interne de l'estomac. Elles sécrètent un liquide analogue à la salive, appelé *suc gastrique*.

Le *pancréas* est une glande volumineuse située dans l'abdomen, derrière l'estomac. Le produit de sa sécrétion est le *suc pancréatique*, qu'elle verse dans l'intestin grêle par un canal spécial.

20. Phénomènes mécaniques de la digestion. — Les aliments, lorsqu'ils sont introduits dans la bouche, sont soumis à la *mastication ;* cette opération s'effectue au moyen des dents, auxquelles viennent en aide la langue, les joues et les lèvres. La mastication a pour objet non seulement de diviser les aliments pour en faciliter l'introduction dans l'arrière-bouche, mais encore de les imbiber de salive, liquide nécessaire à la digestion.

Après que les aliments sont suffisamment mâchés et imprégnés de salive, la langue les réunit au fond de la bouche en une espèce de boule nommée *bol alimentaire*, puis elle les pousse dans l'arrière-bouche, d'où ils pénètrent dans l'œsophage.

Les aliments traversent l'œsophage sans s'y arrêter et arrivent dans l'estomac. Là, ils sont soumis à des contractions et à des mouvements qui ont pour but de les imprégner de suc gastrique, et de les faire avancer jusqu'au pylore. Après avoir franchi cet orifice, les aliments pénètrent dans l'intestin, où des mouvements analogues ceux de l'estomac les obligent à avancer et à parcourir le reste du canal digestif.

21. Phénomènes chimiques de la digestion. — Les *phénomènes chimiques* de la digestion ont pour but de transformer les aliments en une série de produits solubles, capables d'être absorbés et de passer dans la masse du sang.

Les substances qui servent de nourriture à l'homme peuvent se diviser en trois groupes bien distincts, savoir :

1° *Des matières féculentes ;*
2° *Des produits azotés ;*
3° *Des substances grasses.*

Chacun de ces substances subissant une transformation particulière, il faut trois digestions différentes pour convertir tous les aliments en produits absorbables : la première de ces digestions se fait dans la *bouche*, la seconde dans l'*estomac*, et la troisième dans l'*intestin*.

La digestion *buccale* s'effectue au moyen de la *salive*, qui a la propriété de transformer les matières féculentes en une espèce de sucre nommé *glucose*. Cette transformation commence dans la bouche et se continue tout le long du canal digestif.

La digestion *stomacale* est due à l'action du *suc gastrique*, qui attaque les matières azotées et les transforme en un liquide absorbable, le *chyme*. Cette transformation commence dans l'estomac et ne se termine que dans l'intestin.

La digestion *intestinale* est produite par le suc *pancréatique*, qui a la propriété d'émulsionner les substances grasses, c'est-à-dire de les réduire en particules d'une ténuité suffisante pour leur permettre d'être absorbées. Ces substances, ainsi modifiées, forment un suc laiteux auquel on a donné le nom de *chyle*. Le suc pancréatique agit aussi sur les matières féculentes et sur les produits azotés, et continue le travail commencé par la salive et le suc gastrique.

22. Absorption. — L'*absorption* est l'ensemble des actes par lesquels les parties assimilables des aliments passent dans le corps.

L'absorption se fait principalement au moyen des vaisseaux *chylifères*. Ces vaisseaux, extrêmement fins, rampent en grand nombre sur les membranes de l'intestin, et, après s'être réunis plusieurs ensemble, ils vont déboucher dans un conduit spécial, qui vient lui-même se jeter dans une des principales veines du corps.

Les vaisseaux chylifères puisent dans l'intestin le chyle et les autres produits liquides de la digestion, comme les racines végétales puisent dans le sol les sucs qui doivent alimenter la plante. Ces produits sont ensuite amenés dans le sang, qui les porte dans toutes les parties de l'organisme, où ils servent à son développement ou à son entretien.

23. Hygiène des aliments. — La sobriété est le premier des conservateurs de la santé. Absorber trop de nourriture, c'est s'exposer à de fréquentes indigestions et aux maladies de l'estomac, du foie et des reins. Au contraire, la sobriété dans l'usage des aliments, jointe à la simplicité dans leur choix, est une source de santé et de vie et, par conséquent, de réel bonheur.

Pour conserver un bon estomac, et, par suite, une digestion facile, il faut avoir soin de ne jamais manger à satiété et de toujours prendre ses repas aux mêmes heures. Il est aussi nécessaire de manger lentement, de bien mâcher les aliments, de ne prendre qu'une nourriture saine, sainement préparée et de s'abstenir de manger et de boire entre les repas.

Les aliments qui peuvent servir de nourriture à l'homme sont nombreux. Beaucoup de personnes ne se nourrissent que de végétaux, auxquels elles ajoutent quelques aliments d'origine animale, comme le lait et les œufs. D'autres préfèrent la chair des animaux, qui est plus nourrissante et qui renferme plus de sucs réparateurs que les végétaux ; mais cette alimentation est très échauffante et use plus vite les organes. Le régime alimentaire qui semble le mieux convenir à l'homme est le régime végétal, additionné de quelques substances animales.

24. Hygiène des boissons. — L'eau potable est la boisson par excellence. Les personnes qui ne boivent que de l'eau, digèrent facilement et conservent généralement jusque dans la vieillesse la plus avancée, l'usage de toutes leurs facultés et de tous leurs sens.

Les boissons alcooliques, comme le vin, la bière, le cidre, prises en petite quantité, stimulent les fonctions digestives et forment elles-mêmes un aliment respiratoire ; mais l'usage immodéré de ces boissons, et surtout des liqueurs fortes, amène les accidents les plus graves : il est toujours suivi des maladies de l'estomac et du système nerveux ; souvent il conduit à la folie et à la mort.

Pendant les fortes chaleurs de l'été, il est à propos de boire plus abondamment qu'en hiver, afin de réparer les pertes occasionnées par la transpiration. Il faut néanmoins s'abstenir de boire coup sur coup, sous prétexte de se mieux désaltérer. Tout excès dans la boisson est nuisible à la santé, quel que soit le liquide absorbé. Il faut surtout se garder de prendre des boissons très fraîches lorsqu'on est en sueur ; les accidents les plus graves pourraient résulter de cette imprudence.

25. Hygiène des dents. — Pour que les aliments produisent leur effet utile, il faut qu'ils soient bien digérés, et, pour cela, il est nécessaire qu'ils aient subi une bonne mastication. La conservation des dents est donc une condition essentielle de bonne digestion, et par suite, de bonne santé.

La propreté est le premier moyen de conservation pour les dents ; aussi doit-on se rincer souvent la bouche après le repas et se laver les dents tous les jours avec une brosse ou un linge mouillé, afin de les débarrasser du tartre qui tend à s'y déposer. Il faut aussi éviter de boire trop frais, de manger trop chaud et de se servir des dents pour broyer les corps trop durs.

L'usage de certaines poudres dentifrices que l'en trouve dans le commerce, est plus nuisible qu'utile, car il a pour résultat d'enlever l'émail des dents et, par suite, de déterminer leur carie. Ces dentifrices peuvent être remplacés très avantageusement par un peu de craie ou de charbon de bois pulvérisé.

DEVOIR

5° Devoir. — 1. Comment se divisent les aliments ? 2. Quels sont ceux qui se fixent aux tissus de l'organisme ? 3. — qui contiennent de l'azote ? 4. Qu'appelle-t-on aliments complets ? 5. Nommez les différentes parties du canal digestif. 8. Par quoi est limitée la bouche ? — 9. Quel nom donne-t-on à la substance qui compose les dents ? 10. Quelles sont les deux parties que comprend une dent ? 11. Combien distingue-t-on de sortes de dents ? 12. Combien l'homme à l'âge adulte a-t-il de dents ? 13. Quelles sont celles qui lui manquent ?

6° Devoir. — 1. Par quoi l'arrière-bouche communique-t-elle avec l'estomac ? 2. Quelle est la forme de l'estomac ? 3. Quelle est sa capacité moyenne ? 4. Par quelle ouverture communique-t-il avec l'intestin ? 5. — avec l'œsophage ? 6. Comment se divise l'intestin ? 7. Comment s'appelle la partie boursouflée ? 8. — la partie unie ? 9. Quelle est la longueur moyenne du gros intestin ? 10. Nommez les principales glandes digestives. 11. Comment s'appelle le suc sécrété par les glandes salivaires ? 12. — par les follicules de l'estomac ? — 13. — par le pancréas ? 14. Quel est l'objet de la mastication ? 15. Qu'est-ce qui fait avancer les aliments dans l'intestin ?

7ᵉ Devoir. — 1. Nommez les trois groupes que forment nos aliments. 2. Nommez les trois sortes de digestions que subissent ces aliments. 3. Quel est le suc qui agit sur les aliments féculents? 4. — sur les matières azotées? 5. — sur les substances grasses? — 6. Quels sont les principaux organes de l'absorption? 7. Où se fait l'absorption? 8. Quel est le premier des conservateurs de la santé? 9. A quoi s'expose celui qui mange trop? 10. Quel est le régime alimentaire qui semble le mieux convenir à l'homme? 11. Quels sont les avantages que procure l'usage de l'eau comme boisson? 12. A quoi s'expose celui qui abuse des boissons alcooliques? 13. Quand faut-il surtout se garder de boissons fraîches? 14. Qu'est-ce que l'hygiène prescrit par rapport à la propreté des dents? 15. Par quoi peut-on remplacer les poudres dentifrices du commerce?

SUJETS DE RÉDACTION

3ᵉ Sujet. — Ne mangeons pas gloutonnement. Nécessité d'une complète mastication ; rôle de la salive ; conséquences de la gloutonnerie pour l'estomac. (*Montpeyroux*, 1693.)

4ᵉ Sujet. — Description sommaire des organes qui composent le canal digestif. (*Cher*, 1892.)

CHAPITRE III

Circulation. — Respiration.

26. Définition. — La *circulation* du sang consiste dans le transport continuel de ce liquide du cœur à tous les organes du corps, et dans son retour des organes au cœur.

Pour que le sang puisse nourrir tous les organes en leur portant les principes élaborés par la digestion, il est nécessaire qu'il soit animé d'un mouvement continuel qui le porte dans toutes les parties de l'organisme, et le ramène ensuite aux poumons pour y subir l'action de l'air et se purifier.

27. Sang. — Chez l'homme comme chez les animaux vertébrés, le sang est rouge et légèrement visqueux. Il se compose essentiellement d'un liquide, le *plasma*, tenant en 'suspension une multitude de petits *globules rouges* solides, qui forment la partie essentielle du sang. Ces globules sont si petits, qu'une goutte de sang en contient plus d'un *million*.

Extrait des vaisseaux sanguins et abandonné à lui-même, le sang se coagule, c'est-à-dire se divise en deux parties : une liquide et jaunâtre, appelée *cruor*, et une solide et rouge foncé, nommée *caillot*. Le cruor est

Fig. 15. — Globules du sang.

presque exclusivement formé par le plasma, et le caillot, par les globules rouges.

La couleur du sang présente quelques modifications suivant les vaisseaux où il se trouve. Le sang des artères, qui a subi l'action de l'air dans les poumons, est d'un rouge vermeil ; cette coloration est due à la plus grande quantité d'oxygène qu'il contient. Au contraire, le sang des veines, qui a traversé les organes et qui se rend aux poumons pour y être purifié, est d'un rouge noirâtre ; cette coloration est produite par l'excès d'acide carbonique qu'il renferme.

28. Appareil de circulation. — L'appareil de la circulation se compose :

1° D'un organe destiné à mettre le sang en mouvement : c'est le *cœur* ;

2° D'un système de canaux dans lesquels le sang effectue son mouvement ; ces canaux sont les *artères*, les *vaisseaux capillaires* et les *veines*.

Le *cœur* est un organe musculaire un peu plus gros que le poing et dont la forme rappelle celle d'une poire. Il est logé dans le thorax, entre les poumons ; sa pointe est tournée en bas. L'intérieur du cœur présente quatre cavités : deux supérieures, appelées *oreillettes*, et deux inférieures, nommées *ventricules*. Chaque oreillette communique avec le ventricule correspondant, par un orifice qui se ferme au moyen d'une *valvule*. Les oreillettes ne communiquent pas entre elles et il en est de même des ventricules.

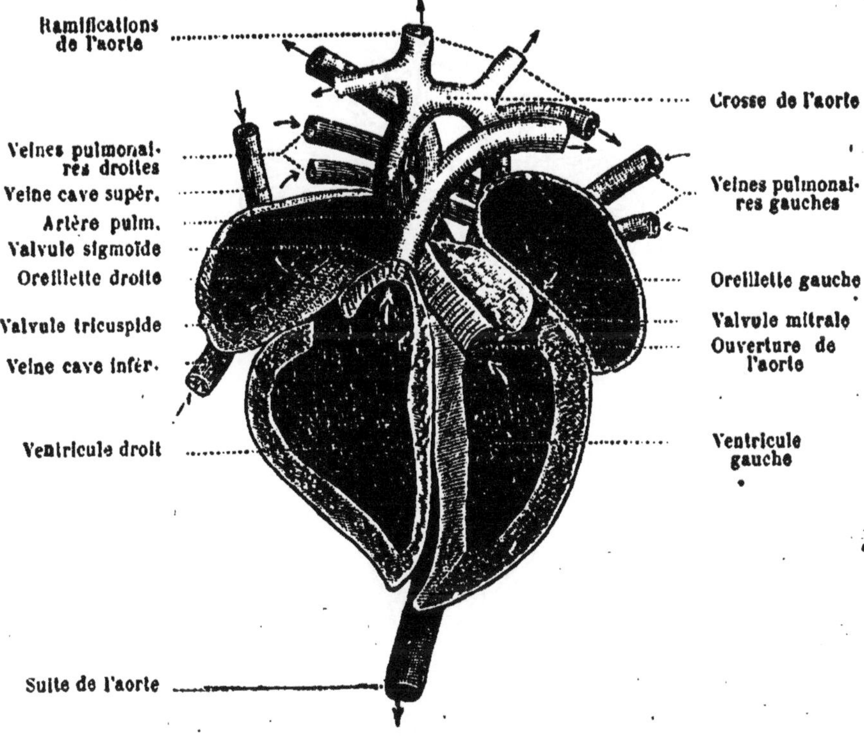

Fig. 16. — Coupe verticale du cœur.

Les *artères* sont les vaisseaux par lesquels le sang s'éloigne du cœur ; les *veines* sont ceux par lesquels il y revient.

Les principales artères sont l'*artère pulmonaire* et l'*artère aorte*. La première part du ventricule droit, et, après s'être divisée en deux branches, va se ramifier dans les poumons ; la deuxième prend naissance au ventricule gauche, puis se recourbe en forme de crosse et se dirige ensuite verticalement de haut en bas, en suivant la colonne vertébrale ; elle finit par pénétrer dans les membres inférieurs, après s'être divisée en deux branches. Dans ce trajet, l'aorte émet un

grand nombre de ramifications qui, en se subdivisant à l'infini, distribuent le sang dans toutes les parties du corps.

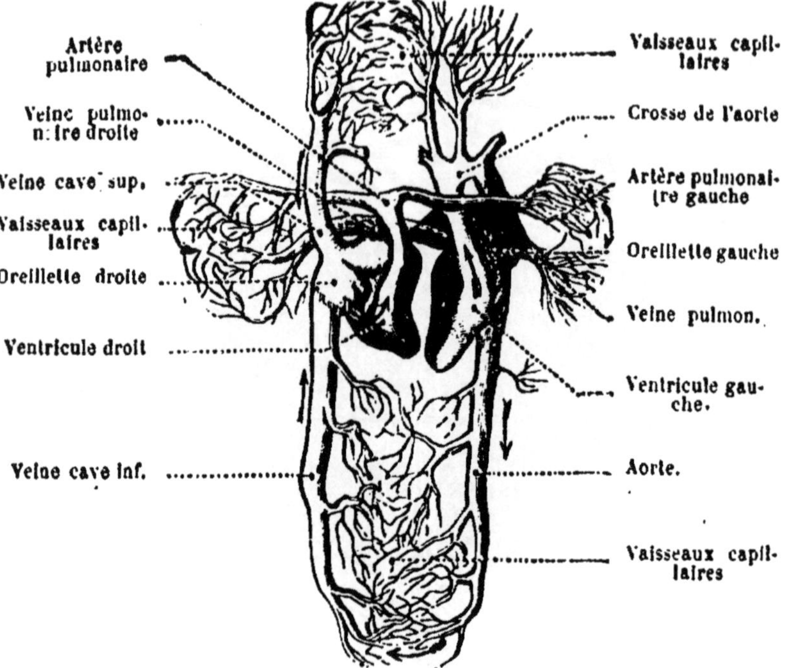

Fig. 17. — Figure théorique de la circulation chez l'homme.

Les dernières ramifications des artères sont continuées par
des vaisseaux aussi déliés que des cheveux ; ces vaisseaux,
appelés, pour cette raison, *vaisseaux capillaires*, sont si
nombreux qu'il est impossible d'enfoncer la pointe de
l'aiguille la plus fine dans une partie quelconque de l'organisme sans en rencontrer ; ce que l'on reconnaît par le sang
qui s'échappe bientôt de la piqûre.

Les vaisseaux capillaires se réunissent et forment d'autres
vaisseaux plus gros : ce sont les *veines ;* les veines se réunissent à leur tour et finissent par constituer deux gros vaisseaux
nommés *veines caves*, qui ramènent le sang au cœur, en
venant déboucher dans son oreillette droite.

29. Mécanisme de la circulation. — Le sang, dans

ses différents parcours au sein de l'organisme, forme deux circulations très distinctes : la *petite circulation* et la *grande circulation*.

30. PETITE CIRCULATION. — La petite circulation consiste dans le trajet que le sang effectue en allant du cœur aux poumons et en revenant des poumons au cœur. Elle commence au ventricule droit et se termine au ventricule gauche.

Le mouvement du sang est produit par les contractions successives du ventricule droit du cœur. En se contractant, ce ventricule oblige le sang dont il est rempli à passer dans l'artère pulmonaire, qui, par ses deux branches, le conduit aux poumons; de là, après avoir subi l'action de l'oxygène de l'air, le sang revient au cœur par les veines pulmonaires, qui débouchent dans l'oreillette gauche, et une légère contraction de cette oreillette le fait passer dans le ventricule gauche.

Pendant son passage dans les vaisseaux capillaires des poumons, le sang change d'aspect : de rouge noir, il devient rouge vif ; de veineux, il devient artériel.

31. GRANDE CIRCULATION. — La grande circulation consiste dans le trajet que le sang effectue en allant du cœur à tous les organes du corps, et en revenant de ces organes au cœur. Elle commence au ventricule gauche et se termine au ventricule droit.

Le mouvement de cette circulation est produit par les contractions successives du ventricule gauche du cœur. Les puissantes contractions de ce ventricule chassent dans l'aorte le sang dont il est plein, l'obligent à passer dans les artères et dans les vaisseaux capillaires qui leur font suite ; des vaisseaux capillaires le sang vient dans les veines, qui le conduisent à l'oreillette droite du cœur par les deux veines caves ; une contraction de cette oreillette fait passer le sang dans le ventricule droit.

En passant dans les vaisseaux capillaires de la grande

circulation, le sang cède aux organes ses principes nutritifs élaborés par la digestion ; grâce à ces principes et à l'oxygène dont le sang est imprégné, il se produit au sein de l'organisme une véritable combustion, qui maintient au corps sa température constante, sa chaleur vitale. L'eau et l'acide carbonique qui résultent de cette combustion, restent dans le sang ; aussi pendant cette circulation le sang change-t-il de couleur : de rouge vif, il devient rouge noir.

32. Pouls. — Comme on vient de le dire, le sang est mis en mouvement par les contractions du cœur. Les deux oreillettes se contractent en même temps et il en est de même des ventricules. Les contractions de ces derniers, de beaucoup les plus fortes, à cause du long trajet qu'elles ont à faire exécuter au sang, se font sentir dans les artères par des pulsations que l'on perçoit facilement dans celles qui avoisinent la surface du corps. Ces pulsations sont produites par les ondées sanguines chassées du cœur ; à chacune d'elles correspond une contraction du ventricule gauche. On peut donc, au moyen des pulsations, compter le nombre des contractions du cœur. Chez l'homme adulte, en bonne santé, le nombre de ces contractions est en moyenne de *soixante-douze* par minute.

33. Hygiène de la circulation. — Les veines sont presque toutes situées à la surface du corps ; ce sont elles qui dessinent les lignes bleuâtres que l'on voit par transparence sous la peau. Il est donc facile de comprendre que l'emploi de vêtements trop étroits ne serait pas hygiénique, car ces vêtements gêneraient la circulation du sang.

Pour la même raison on doit préférer l'usage des bretelles à celui des ceintures, et ne pas se servir de jarretières qui serreraient trop les jambes.

Pendant le sommeil, il est nécessaire que le cou et les poignets soient bien dégagés, afin que rien ne s'oppose à la libre circulation du sang.

Respiration.

34. Définition. — La *respiration* est l'ensemble des actes qui ont pour but de mettre l'air en contact avec le sang veineux dans les poumons, pour le transformer en sang artériel.

35. Appareil de la respiration. — L'appareil de la respiration se compose :

1° De parties essentielles, qui sont les *poumons ;*

2° De parties accessoires servant à déterminer la rentrée de l'air dans les poumons.

Les *poumons* sont deux masses spongieuses, situées dans le thorax, une de chaque côté du cœur.

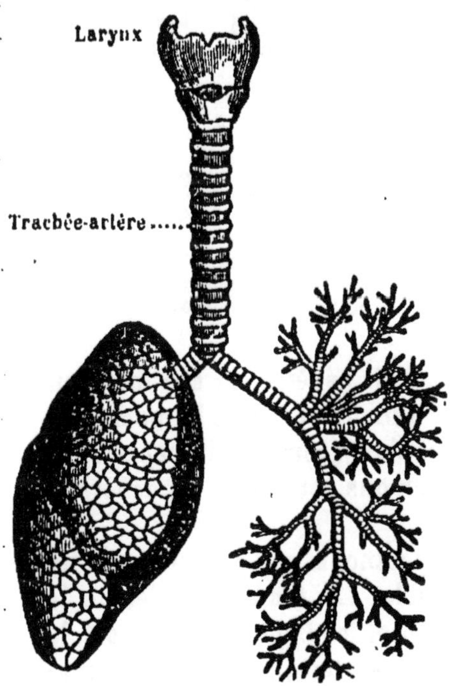

Fig. 18. — Trachée-artère et poumons.

Ils renferment une multitude de petites cellules dans les parois desquelles existe un riche réseau capillaire, formé par les dernières ramifications des artères et des veines pulmonaires. Chacune de ces cellules est en contact avec l'air extérieur par des conduits extrêmement fins, qui sont les dernières subdivisions de la trachée-artère.

La *trachée-artère* est un canal cylindrique, formé d'anneaux cartilagineux empilés les uns sur les autres et reliés ensemble par des membranes. Elle descend le long du cou au-devant de l'œsophage et pénètre dans le thorax, où elle

se divise en deux branches qui se rendent chacune à l'un des
poumons; ce sont les *bronches*. A peine rentrées dans les
poumons, les bronches se subdivisent en une quantité innombrable de ramifications, qui vont se terminer chacune dans
une cellule pulmonaire.

36. Phénomènes mécaniques de la respiration.
— Une expérience bien simple fait facilement comprendre
le mécanisme de l'entrée de
l'air dans les poumons. Soit
la cloche représentée par la
figure 19. Le fond de cette cloche est formé par une membrane en caoutchouc, et sa tubulure est fermée par un bouchon
traversé par un tube; à l'extrémité inférieure de ce tube,
on a fixé les poumons d'un
oiseau ou une simple vessie en
caoutchouc. Quand on tire en
bas la partie centrale de la membrane en caoutchouc, la capacité de la cloche augmente et
il y a appel d'air. Le tube étant

Fig. 19. — Appareil pour l'explication des phénomènes mécaniques de la respiration.

la seule ouverture de la cloche, l'air pénètre par son intérieur
et vient gonfler les poumons. Lorsqu'on laisse la membrane
de caoutchouc reprendre sa position première, la capacité de
la cloche diminue, l'air des poumons est chassé au dehors et
ceux-ci se dégonflent.

L'entrée de l'air dans nos poumons est produite par un
phénomène tout à fait semblable. Le thorax représente la
cloche de l'expérience précédente, le diaphragme en est la
membrane inférieure, et la trachée-artère, le tube de communication avec l'air. Sous l'action de certains muscles, nommés
les *piliers* du diaphragme, ce dernier, qui, au repos, est
convexe à sa face supérieure s'abaisse et détermine ainsi

une augmentation de la capacité thoracique ; alors l'air extérieur pénètre dans les poumons par la trachée-artère ; c'est l'inspiration. Lorsque les piliers du diaphragme cessent leur action, cette membrane se relève, la cavité de la poitrine diminue et une partie de l'air des poumons est chassée au dehors, c'est l'*expiration*. L'ensemble des actes de l'inspiration et de l'expiration forme la *respiration*.

Au jeu du diaphragme s'ajoute celui des côtes qui, pendant l'inspiration, se relèvent et augmentent la capacité thoracique ; elles contribuent ainsi à l'entrée de l'air dans les poumons.

37. Phénomènes chimiques de la respiration. — Les phénomènes chimiques de la respiration sont de deux sortes : les uns se rapportent aux modifications subies par le sang, les autres à celles qui sont éprouvées par l'air.

38. MODIFICATIONS SUBIES PAR LE SANG. — En passant dans les vaisseaux capillaires qui sillonnent les parois des cellules pulmonaires, le sang veineux ne se trouve séparé de l'air que par une membrane très mince, celle des vaisseaux capillaires ; il laisse alors s'exhaler une partie de l'acide carbonique et de la vapeur d'eau dont il est imprégné, et, en même temps, il absorbe une certaine quantité de l'oxygène de l'air enfermé dans les cellules. Cet échange de produits gazeux détermine pour le sang un changement d'aspect : de rouge noir, il devient rouge écarlate. Cette transformation est due principalement à l'*hématine*, matière colorante des globules ; pour cette raison, elle porte le nom d'*hématose*.

39. MODIFICATIONS ÉPROUVÉES PAR L'AIR. — L'air, à la sortie des poumons, n'a pas la même composition qu'à son entrée dans ces organes. Il a moins d'oxygène, et possède une plus grande quantité d'acide carbonique et de vapeur d'eau.

Sur un volume de cent parties d'air inspiré il y a *vingt et une* parties d'oxygène, tandis que le même volume d'air expiré n'en renferme que *seize* parties. L'air, en passant dans les poumons, perd donc le *quart* de son oxygène, qu'il remplace par une quantité presque égale d'acide carbonique et par un peu de vapeur d'eau.

Pour constater la présence de l'acide carbonique dans l'air venant des poumons, il suffit de faire passer un peu de cet air dans une dissolution de chaux. On voit cette dernière, de transparente qu'elle était, devenir d'un blanc laiteux à cause du carbonate de chaux qui se produit et qui reste en suspension dans le liquide. Quant à la vapeur d'eau, sa présence se révèle, en hiver, par le brouillard qui se forme à chaque expiration, lorsqu'on se trouve dans une atmosphère froide. En été, cette vapeur est invisible, mais on peut en constater l'existence en approchant des lèvres un corps froid, lequel ne tarde pas à se couvrir de buée.

Fig. 20. — Eau de chaux troublée par le passage de l'air des poumons.

40. Hygiène de la respiration. — La qualité de l'air a la plus grande influence sur la santé, car il est l'agent le plus essentiel de la vie. Aussi doit-on prendre toutes les précautions possibles pour en assurer la pureté.

Il est nécessaire d'aérer fréquemment les salles où se

trouvent réunies un grand nombre de personnes, car, outre
que la respiration absorbe de l'oxygène à l'air pour le remplacer par l'acide carbonique, il est démontré que la vapeur d'eau
qui s'échappe des poumons renferme des principes délétères.

Les fenêtres des appartements où séjournent ensemble un
grand nombre de personnes, doivent être à impostes mobiles
ou posséder un système quelconque de ventilation, car il est
important pour la santé de ces personnes que l'aération de
ces appartements soit continue.

On ne doit jamais se servir de réchauds et de chauffe-
rettes à charbon à l'intérieur des appartements, car les produits qui se dégagent de ces appareils de chauffage sont tout
à fait délétères. Les poêles en fonte ne sont pas hygiéniques,
parce qu'ils ne favorisent pas l'aération des appartements,
et surtout parce que, quand ils sont portés au rouge, ils
laissent dégager de l'oxyde de carbone, gaz des plus vénéneux.

Dans les dortoirs et les chambres à coucher, le nombre des
personnes doit être réglé de telle sorte que chacune ait au
moins quinze mètres cubes d'air. Sous prétexte d'aération, on
ne doit jamais laisser dans ces appartements de fenêtre
ouverte pendant la nuit, parce que les brusques variations
de température qui se produisent vers le matin, peuvent être
la cause d'accidents des plus graves.

Les fleurs doivent être soigneusement bannies des appartements et surtout des chambres à coucher ; car elles laissent
dégager de l'acide carbonique, gaz impropre à la respiration.

La cohabitation avec les animaux est absolument interdite
par l'hygiène. L'habitude que l'on a dans un grand nombre
de fermes de passer la veillée dans les étables et même d'y
coucher, est des plus déplorables.

Il est nécessaire d'éloigner des habitations les tas de fumier, les basses-cours, les clapiers, les écuries, et, en un
mot, tout ce qui renferme des matières organiques en décomposition ; car il se dégage de ces substances des exhalaisons qui ne peuvent qu'être nuisibles à la santé. C'est à

ces exhalaisons qu'il faut attribuer les fièvres pernicieuses et les maladies épidémiques qui, bien souvent, surtout pendant l'été, désolent ceux de nos villages qui se font remarquer par leur malpropreté.

DEVOIRS

8° Devoir. — 1. Comment s'appelle la partie liquide du sang? 2. Que tient-elle en suspension? Qu'est-ce qui donne une idée de la petitesse de ces globules? 4. Que devient le sang quand on l'abandonne à lui-même? 5. Comment s'appelle alors la partie liquide? 6. — la partie solide? 7. Quelle est la couleur du sang contenu dans les artères? 8. — dans les veines? 9. Quel est l'organe qui met le sang en mouvement? 10. Comment nomme-t-on les canaux qui servent à le conduire? 11. Où est situé le cœur? 12. Quelle est sa form et sa grosseur? Combien le cœur contient-il de cavités? 14. Nommez-les? 15. Quelles sont celles qui communiquent entre elles?

9° Devoir. — 1. Comment appelle-t-on les vaisseaux par lesquels le sang s'éloigne du cœur? 2. — ceux par lesquels il y revient? 3. — Celui qui conduit le sang du cœur aux poumons? 4. — celui qui prend naissance au ventricule gauche? 5. — ceux qui font communiquer les artères avec les veines? 6. — ceux qui débouchent dans l'oreillette droite? 7. En quoi consiste la petite circulation? 8. — la grande circulation? 9. Où commence et où finit la première? 10. — la seconde? 11. Où le sang cède-t-il à l'organisme les produits élaborés par la digestion? 12. Quel changement de couleur éprouve le sang en passant dans les vaisseaux capillaires des poumons? 13. dans ceux de l'organisme? 14. Combien l'homme adulte a-t-il en moyenne de pulsations par minute? 15. Quelles précautions faut-il prendre relativement à la circulation?

10° Devoir. — 1. Quels sont les organes essentiels de la respiration? 2. Où sont situés les poumons? 3. Au moyen de quoi communiquent-ils avec l'air extérieur? 4. Comment s'appellent les premières divisions de la trachée-artère? 5. Quel est le principal organe du mécanisme de la respiration? 6. Sous l'influence de quel muscle agit-il? 7. Quelles sont les modifications subies par le sang pendant la respiration? 8. Quelle quantité d'oxygène d'air perd-il pendant la respiration? 9. Par quoi le remplace-t-il? 10. Au moyen de quel liquide peut-on constater la présence de l'acide carbonique dans l'air expiré? 11. Comment constate-t-on celle de la vapeur d'eau? 12. Qu'est-ce que l'hygiène défend à l'égard des chambres à coucher? 13. — des réchauds? 14. Pourquoi les poêles en fonte ne sont-ils pas hygiéniques? 15. Qu'est-ce que l'hygiène prescrit relativement aux salles où se trouvent réunies un grand nombre de personnes?

SUJETS DE RÉDACTION

5° Sujet. — Dans une lettre que vous écrivez à un de vos amis, vous lui indiquez les causes qui peuvent vicier l'air dans les appartements que nous habitons, les inconvénients qui en résultent et les moyens d'y remédier. *(Finistère, 1892)*.

6° Sujet. — Indiquez le trajet que suit le sang dans ses deux mouvements circulatoires ainsi que les diverses modifications qu'il y subit. *(Tarn, 1893)*.

CHAPITRE IV

Système nerveux. — Sens. — Voix.

41. Définition. — La *sensibilité*, en parlant de notre corps, est la faculté qui nous fait apercevoir les impressions qui nous viennent des objets extérieurs. C'est cette faculté qui nous permet d'entendre la voix de celui qui nous parle, et qui nous fait éprouver une douleur par la piqûre d'une épingle.

Les impressions extérieures sont recueillies par des organes particuliers, les *organes des sens*, qui les transmettent, au moyen des *nerfs*, à un autre organe très important, le *cerveau*; c'est dans ce dernier organe que les impressions sont reçues et appréciées.

42. Cerveau. — Le *cerveau*, dont la forme rappelle celle du noyau de la noix, est logé dans la partie postérieure du crâne. Il est constitué par une substance molle, blanche à l'intérieur et grise à l'extérieur. Une profonde scissure le divise verticalement en deux lobes latéraux ou *hémisphères*. Au-dessous du cerveau, se trouve un autre organe plus petit, mais de même substance et de même forme; c'est le *cervelet*. La surface

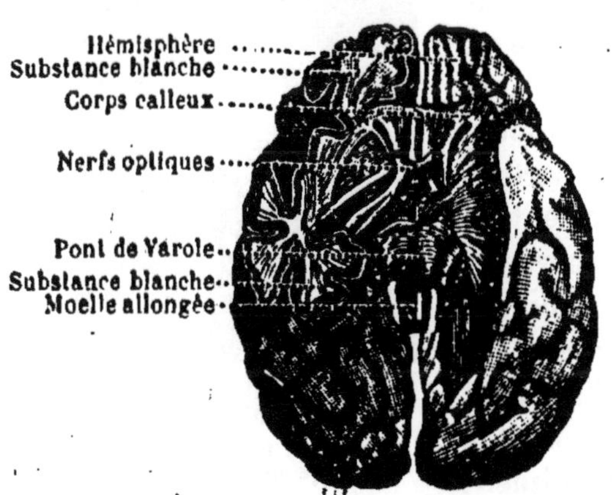

Fig. 21. — Cerveau humain, vu en dessous.

du cerveau présente un grand nombre d'éminences arrondies et contournées sur elles-mêmes; celle du cervelet est couverte de sillons droits et parallèles.

Le cerveau est non seulement le centre où viennent aboutir

les sensations recueillies par les organes des sens ; mais il est aussi le milieu d'où partent toutes les excitations qui déterminent les mouvements volontaires. Il est le siège de l'*intelligence* et l'organe de la *pensée*. Il faut se garder de croire que le cerveau *produise* la pensée, comme on a vu que les glandes sécrètent les divers liquides de l'organisme. La pensée, essentiellement *simple* et *immatérielle*, ne peut avoir pour cause un organe *composé* et *matériel*. C'est l'*âme* qui pense, le cerveau n'est que l'instrument de ses opérations.

43. Moelle épinière. — Nerfs. — Du cerveau et du cervelet partent quatre prolongements de matière nerveuse, qui, après s'être réunis sous la forme d'un cordon blanchâtre, sortent du crâne, pénètrent dans le canal formé par les trous des vertèbres et descendent jusqu'à l'extrémité de l'épine dorsale ; c'est la *moelle épinière*. Comme le cerveau, la moelle épinière se compose d'une substance blanche et d'une substance grise, mais la substance blanche est à l'extérieur.

De nombreux rameaux partent de la moelle épinière et sortent de chaque côté de la colonne vertébrale par des ouvertures nommées *trous de conjugaison* ; ces rameaux se subdivisent à l'infini, et se répandent dans toutes les parties de l'organisme ; ils constituent les *nerfs*.

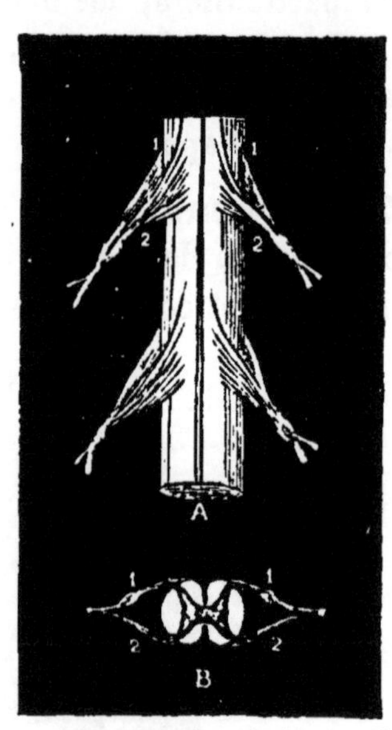

Fig. 22. — Portion de la moelle épinière.
A. Vue de face.
B. Coupe horizontale.

Les *nerfs* ont la forme de petits cordons blanchâtres et sont de consistance très molle ; ils se composent de fibres si déliées, qu'il en faut *plusieurs milliers* pour faire un cordon d'un *millimètre* de diamètre.

Les fonctions de la moelle épinière et des nerfs sont de transmettre au cerveau les impressions recueillies par les sens, et de communiquer aux organes du mouvement les excitations de la volonté. Pour qu'un nerf puisse remplir ces fonctions, il est absolument nécessaire qu'il s'étende sans interruption depuis le cerveau jusqu'à l'organe qui reçoit l'impression ou qu'il doit mettre en mouvement. Sa section ou son altération en un point quelconque de ce trajet, détermine la *paralysie* du membre qu'il a sous sa dépendance.

44. Hygiène du cerveau. — Un travail intellectuel trop prolongé peut amener des troubles dans le cerveau, mais les causes les plus nombreuses de l'affaiblissement des fonctions cérébrales sont l'abus du tabac et surtout l'usage immodéré des alcools et des liqueurs fortes.

Le tabac renferme un poison violent, la *nicotine*. Ce poison, quoique absorbé en petite quantité, finit avec le temps par produire de funestes effets sur les facultés intellectuelles. L'abus des alcools est bien plus pernicieux encore : il affaiblit la vue, fait perdre la mémoire et bien souvent conduit à la folie et détermine une mort prématurée.

Organes des sens.

L'homme possède cinq sens, qui sont le *toucher*, le *goût*, l'*odorat*, l'*ouïe* et la *vue*.

45. Le toucher. — Le sens du *toucher* nous fait apprécier quelques-unes des propriétés physiques des corps, telles que la forme, la dureté, le degré de poli, etc. Il s'exerce par tous les points de la surface du corps, mais spécialement par la main, qui est recouverte d'un grand nombre de petites saillies, nommées *papilles* ; elles sont les véritables organes du toucher. Dans les papilles, viennent se terminer les dernières ramifications des nerfs chargés de recevoir les

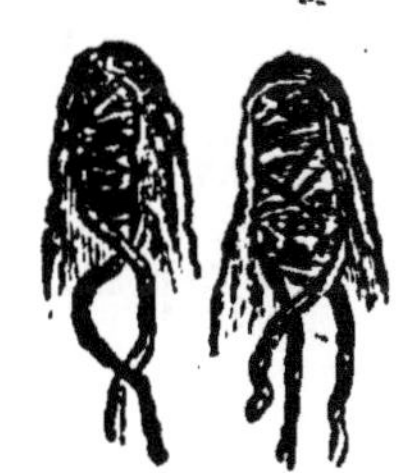

Fig. 23. — Papilles fortement grossies.

impressions du toucher et de les transmettre au cerveau.

46. Le goût. — L'odorat. — Le sens du *goût* est celui
qui nous permet d'apprécier la saveur
des corps. Il a son siège sur les parois de
la bouche, mais plus particulièrement à
la surface supérieure de la langue.

La langue, constituée par un grand
nombre de muscles entrecroisés, a sa
face supérieure couverte de papilles,
dans lesquelles se terminent les dernières subdivisions du *nerf lingual;* les
fonctions de ce nerf sont de recueillir les
impressions produites par la saveur des
aliments et de les transmettre au cerveau.

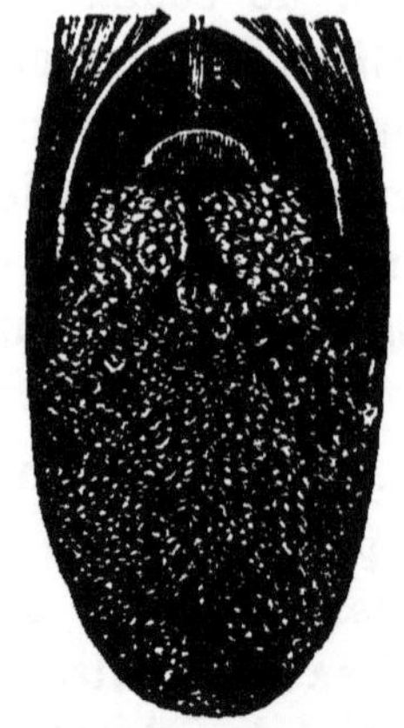

Fig. 24. — Langue et
arrière-bouche.

Le sens de l'*odorat* a pour but la perception des odeurs. Il
est situé dans les *fosses nasales*, cavités creusées dans les os
du crâne et placées sur le trajet que l'air suit pour se rendre
à l'appareil respiratoire. Les fosses nasales sont tapissées
d'une membrane à replis, nommée *membrane pituitaire*,
dans laquelle vient s'épanouir le *nerf olfactif*, chargé de
transporter au cerveau les impres-
sions produites par les odeurs.

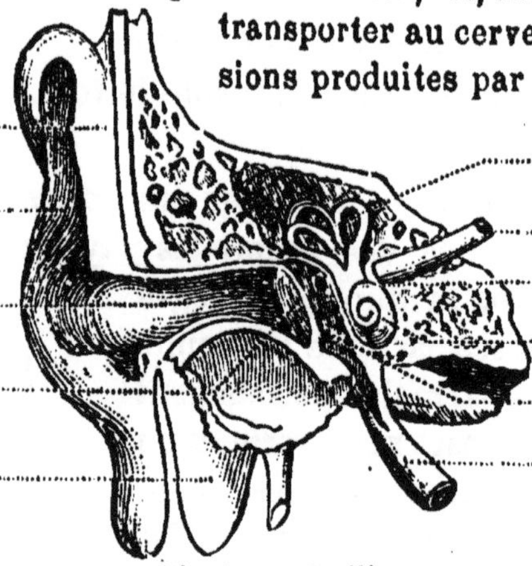

Fig. 25. — Oreille.

47. L'ouïe. — Le sens de l'*ouïe* nous fait entendre les
sons et nous permet d'en apprécier les qualités. Son organe
est l'*oreille*.

L'oreille comprend trois parties : l'oreille *externe*, l'oreille moyenne et l'oreille *interne*.

L'oreille externe se compose du *pavillon* et de son prolongement intérieur, le *conduit auditif*. L'oreille moyenne comprend le *tympan*, membrane tendue à l'extrémité du conduit auditif, et la *caisse du tympan*; cette dernière consiste en une chambre à air dans laquelle se trouvent quatre *petits osselets* articulés entre eux, et tendus depuis le tympan jusqu'à la paroi de l'oreille interne. L'oreille interne est formée par plusieurs cavités remplies d'un liquide dans lequel s'épanouissent et flottent les ramifications du *nerf acoustique*.

Les vibrations produites par les corps sonores sont recueillies par le pavillon. Celui-ci les dirige dans le conduit auditif, qui les transmet au tympan. La membrane du tympan vibre à son tour, et les vibrations qu'elle produit sont communiquées à l'oreille interne par les osselets et par l'air de la caisse du tympan ; ces vibrations arrivent ainsi jusqu'au liquide où se trouvent les

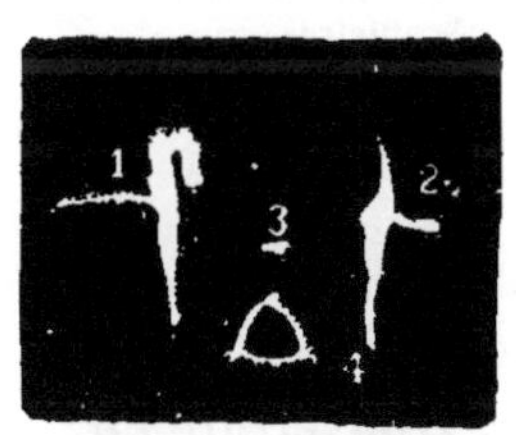

Fig. 26. — Osselets vus séparément.

1. Marteau. — 2 Enclume. — 3 Os lenticulaire. — 4. Etrier.

subdivisions du nerf acoustique, chargé de les transmettre au cerveau.

48. La vue. — Le sens de la *vue* est celui qui nous permet de percevoir les objets lumineux ou éclairés. Il a l'*œil* pour organe.

La plus extérieure des membranes qui forment le globe de l'œil, est opaque et résistante ; on l'appelle *cornée opaque* ou vulgairement *blanc de l'œil*. En avant, une partie de cette membrane est transparente, condition absolument nécessaire pour le passage des rayons lumineux. Derrière la partie transparente de la cornée, se trouve l'*iris*, membrane circulaire contractile, de couleur variable, qui est percée d'une ouverture nommée *pupille*. En arrière de la pupille est placé le *cristallin*, corps transparent ayant à peu près la forme d'une lentille. La cornée opaque est tapissée intérieurement d'une membrane noire appelée *choroïde*. Sur la choroïde s'étale la

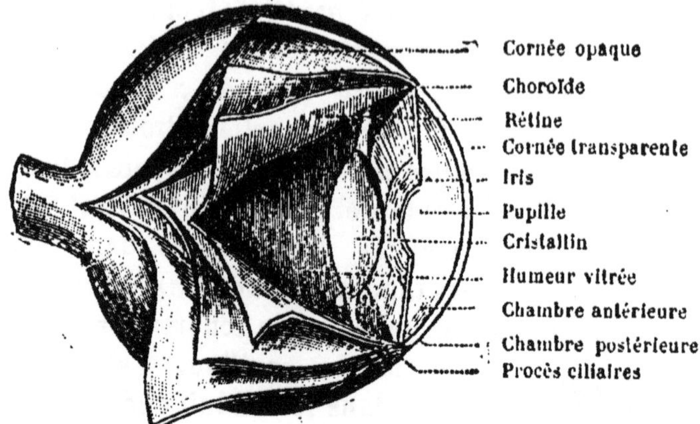

Fig. 27. — Structure de l'œil.

rétine, qui n'est autre chose que l'épanouissement du *nerf optique*, destiné à recevoir les impressions lumineuses.

L'œil fonctionne comme une chambre noire. L'ouverture de cette chambre noire est la pupille par laquelle pénètrent les rayons lumineux ; le cristallin représente la lentille qui produit l'image, et la rétine forme le fond sensible qui la reçoit et la transmet au cerveau.

L'œil peut avoir des défauts de con

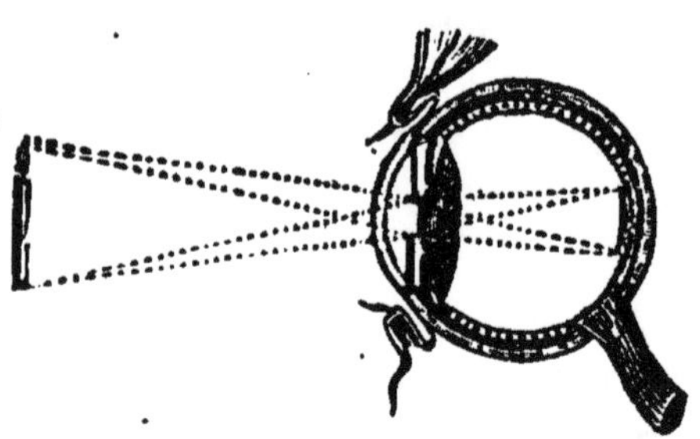

Fig. 28. — Marche des rayons lumineux dans l'œil.

formation : les principaux sont la *presbytie* et la *myopie*.

La *presbytie* est le défaut des personnes qui ne voient distinctement que les objets éloignés ; il est produit par le trop grand aplatissement des faces du cristallin ; on y remédie par l'usage de lunettes à verres convexes. La *myopie* est le contraire de la presbytie ; on la corrige au moyen do lunettes à verres concaves.

La voix.

49. Définition. — La *voix* est la faculté que possèdent l'homme et certains animaux de produire des *sons*, au moyen d'un organe spécial appelé *larynx*.

Le larynx est placé à la partie supérieure de la trachée-artère ; c'est cet organe qui forme, à la base du cou, la saillie vulgairement nommée *pomme d'Adam*. Il est constitué par des cartilages unis entre eux par des membranes fibreuses. Sa paroi intérieure est tapissée d'une membrane très sensible, formant des replis considérables appelés *ligaments* ou *cordes vocales*.

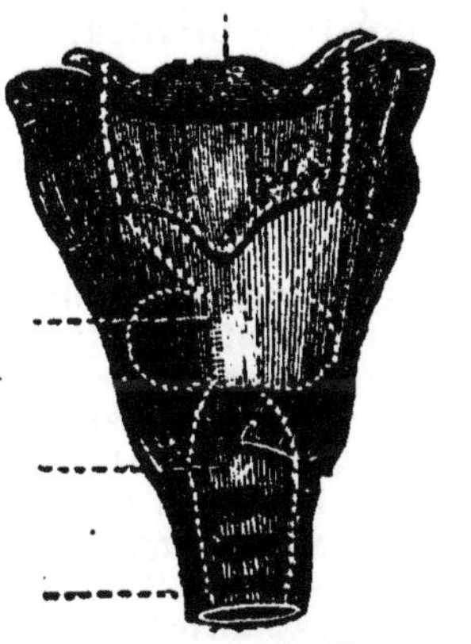

Fig. 29. — Larynx de l'homme.

1. Os hyoïde. — 2. Cartilage thyroïde. — 3. Cartilage cricoïde. — 4. Commencement de la trachée.

Le pointillé blanc montre les ligaments inférieurs, les ventricules et les ligaments supérieurs.

Les cordes vocales constituent la partie principale du larynx, car ce sont elles qui, sous l'influence de l'air chassé des poumons, entrent en vibration et produisent les sons. Lorsque les cordes vocales sont peu tendues, les vibrations sont lentes et produisent des sons graves ; quand, au contraire, les cordes vocales sont très tendues, les sons deviennent aigus. Des muscles situés dans les parois du larynx ont pour fonction de tendre et de détendre les cordes vocales.

Les différentes parties du larynx, l'arrière-bouche, les fosses nasales et les dents contribuent à modifier les sons ; la langue et les lèvres servent à leur articulation, c'est-à-dire à la formation de la *parole*.

De tous les êtres de la création, l'homme est le seul qui possède la faculté de modifier les divers sons de sa voix, de manière à former des mots pour exprimer sa pensée. L'homme seul jouit de la parole, les animaux n'émettent que des sons.

Certains oiseaux, comme les perroquets, peuvent produire par imitation quelques-unes de nos paroles ; mais ils ne peuvent y attacher aucune idée, c'est une parole inintelligente. Dieu n'a pas voulu que les animaux, même ceux qui s'approchent le plus de l'homme par leurs formes extérieures, puissent produire des sons articulés, tant il lui a plu d'établir des limites tranchées entre sa créature privilégiée et les animaux !

DEVOIRS

11ᵉ Devoir. — 1. Quels sont les organes qui recueillent les impressions extérieures ? 2. Où ces impressions sont-elles transmises ? 3. Par l'intermédiaire de quoi le sont-elles ? 4. Où est logé le cerveau ? 5. — le cervelet ? 6. Par quoi le cerveau est-il constitué ? 7. Par quoi est-il divisé ? 8. Comment appelle-t-on chacune des divisions ? 9. Que présente la surface du cerveau ? 10. — celle du cervelet ? 11. De quoi le cerveau est-il le siège ? 12. Qu'est-ce qui produit la pensée ? 13. Quel est l'organe qui prend naissance à la base du cerveau et du cervelet ? 14. Où est-il logé ? 15. Comment appelle-t-on les ramifications de la moelle épinière ?

12ᵉ Devoir. — 1. Nommez les cinq sens ? 2. Quel est celui qui s'exerce par tous les points de la surface du corps ? 3. Quels sont les véritables organes du toucher ? 4. — Comment s'appelle le nerf qui reçoit les impressions du toucher ? 5. — du goût ? 6. — de l'odorat ? 7. — de l'ouïe ? 8. — de la vue ? 9. Où est situé le siège particulier du goût ? 10. Quelles sont les trois parties de l'oreille ? 11. De quoi se compose l'oreille externe ? 12. — moyenne ? 13. — interne ? 14. Quelle est celle des parties de l'oreille qui recueille les sons ? 15. — qui les conduit au tympan ?

13ᵉ Devoir. — 1. Nommez les trois membranes qui enveloppent l'œil, en arrière ? 2. Où se trouve la cornée transparente ? 3. — l'iris ? 4. — la pupille ? 5. — le cristallin ? 6. Quelle est la forme du cristallin ? 7. Nommez les deux principaux défauts de la conformation de l'œil. 8. Comment remédie-t-on à la presbytie ? 9. — à la myopie ? 10. Quel est l'organe de la voix ? 11. Où est-il placé ? 12. Quelles sont les parties du larynx qui produisent les sons ? 13. Quelles sont les parties du corps qui servent à modifier les sons ? 14. Quelles sont celles qui servent à l'articulation des sons ? 15. Pourquoi l'homme est-il le seul être de la création doué de la parole ?

SUJETS DE RÉDACTION

7ᵉ Sujet. — Décrire le cerveau. Dire ses fonctions et les causes qui peuvent les troubler. (*Seine, 1893.*)

8ᵉ Sujet. — Sous forme de lettre à un ami, décrire succinctement les organes de l'ouïe et de la vue, ainsi que le fonctionnement de ces organes. (*Nièvre, 1893.*)

CHAPITRE V

Soins à donner en cas d'accident.

50. Les accidents auxquels nous sommes sans cesse exposés sont nombreux. Il est important de connaître les premiers soins à donner aux personnes qui en ont été les victimes ; souvent ces soins suffisent pour en neutraliser presque complétement les funestes conséquences.

51. Entorse. — Luxation. — Fracture. — L'*entorse* ou *foulure* consiste dans le froissement ou le déchirement des muscles qui entourent les articulations mobiles, sans qu'il y ait déplacement des parties osseuses. Cet accident, quoique très douloureux, n'est pas d'une bien grande gravité : quelques compresses d'eau froide et un peu de repos en font habituellement disparaître les suites.

La *luxation* se produit lorsqu'un os sort de son articulation. Le médecin seul peut donner les soins nécessaires pour guérir la luxation. En attendant sa venue, il est très utile d'appliquer de fréquentes compresses d'eau fraîche sur la partie malade, afin d'en éviter l'enflure.

La *fracture* ou *cassure* d'un os est un accident plus grave que les deux précédents. Lorsqu'il se produit, on doit avoir recours au médecin le plus tôt possible. Les premiers soins à donner au malade consistent à le placer de manière que les deux parties de l'os fracturé soient immobiles et dans leur position naturelle, vis-à-vis l'une de l'autre. Quand il s'agit d'une jambe, la position horizontale est la meilleure.

52. Hémorragie. — On appelle *hémorragie* une perte de sang plus ou moins considérable. La plus ordinaire est l'*épistaxis* ou saignement de nez, accident qui n'a aucune gravité quand il ne se prolonge pas.

Le moyen le plus efficace pour faire cesser cette hémorragie consiste à mettre une goutte ou deux de perchlorure de fer dans un verre d'eau et à renifler ce liquide. Le plus souvent, pour la faire disparaître, il suffit de se laver le nez avec de l'eau fraîche légèrement vinaigrée, ou d'appliquer sur le cou, entre les épaules, un corps froid quelconque, une clef par exemple.

53. Coupures. — Lorsque l'hémorragie provient d'une coupure et qu'elle est considérable, il faut avoir recours au médecin. En attendant sa venue, il faut placer le membre blessé dans l'eau froide et empêcher, autant que possible, au sang du cœur d'arriver à la blessure; pour cela, on lie fortement le membre avec un cordon, un peu au-dessous de la blessure, si l'hémorragie provient d'une veine, et un peu au-dessus, si elle est occasionnée par la rupture d'une artère.

Quand la coupure est un peu importante, il est facile de la traiter soi-même. On commence par la bien laver à l'eau froide, puis on la couvre avec de l'amadou, de la ouate imbibée d'un liquide vulnéraire ou d'eau tenant en dissolution un peu d'alun ou de perchlorure de fer. Après que l'hémorragie a cessé, on rapproche les bords de la plaie et on les tient dans cette position au moyen de taffetas anglais, que l'on colle sur la blessure elle-même.

54. Brûlures. — Lorsque la brûlure est grave et qu'elle a produit une plaie, il faut empêcher l'accès de l'air sur cette plaie; pour cela, on la couvre d'une couche d'huile ou de beurre frais, au-dessus de laquelle on met du coton cardé, que l'on maintient en position à l'aide d'un linge.

Quand la brûlure est légère on y applique des compresses d'eau fraîche, souvent renouvelées, jusqu'à ce que la douleur ait disparu.

55. Congestion cérébrale. — La *congestion cérébrale* consiste dans une affluence considérable de sang au cerveau. Lorsqu'elle se produit, les vaisseaux sanguins de cet organe prennent un volume anormal et troublent les fonctions cérébrales. Il en résulte le plus souvent un *évanouissement*.

En attendant que le médecin puisse venir donner ses soins à la personne congestionnée, il faut la débarrasser des vêtements qui pourraient gêner la circulation du sang; puis, après l'avoir couchée sur un lit, la tête un peu haute, lui appliquer sur le front de la glace ou des compresses d'eau froide, fréquemment renouvelées. Il est aussi très utile de frictionner vivement les jambes du malade avec un linge imbibé d'alcool ou de vinaigre; cette opération facilite le retour du sang dans les parties inférieures du corps.

56. Syncope. — La *syncope* est produite par le sang qui ne circule plus dans le cerveau. La personne qui en est victime perd momentanément l'usage de ses sens et devient d'une pâleur extrême. On fait ordinairement disparaître la syncope en humectant la face du malade avec un peu d'eau fraîche et en lui faisant respirer du vinaigre, de l'éther cu de l'ammmoniaque fortement étendue d'eau.

57. Apoplexie. — Quand la congestion cérébrale se produit, il peut arriver que les enveloppes des vaisseaux sanguins se rompent sous l'influence de la trop grande pression causée par le sang qui afflue. Alors ce liquide se répand dans le cerveau et y cause les plus grands désordres : c'est l'attaque d'*apoplexie*, laquelle est presque toujours suivie de *paralysie*.

Comme pour la congestion, lorsque cet accident se produit, il est urgent de chercher à ramener le sang dans la partie inférieure du corps. Pour cela, il faut porter le malade dans un endroit bien aéré, lui tenant constamment de la glace ou de l'eau froide sur la tête et exercer d'énergiques frictions sur les jambes. Il est aussi très utile dans ce cas d'appliquer des ventouses et des corps chauds sur les membres inférieurs, afin d'y attirer le sang.

58. Empoisonnements. — Les *empoisonnements* peuvent se produire de plusieurs manières : par des substances minérales toxiques, telles que le *phosphore*, l'*acide sulfurique*, certains *sels de cuivre*, etc.; par des végétaux vénéneux, comme la *ciguë*, la *belladone*, l'*aconit*, la *digitale*, les *champignons*, etc.; par des aliments altérés tels que les *huîtres*, les *moules*, les *crabes* et certains *poissons*.

Les traitements à suivre pour combattre les empoisonnements varient avec la nature des substances qui les ont occasionnés. En attendant l'arrivée du médecin, il faut exciter le malade à vomir avant que le poison ait passé dans la masse du sang. Si l'on y réussit le malade est sauvé.

Pour cela, on lui fait boire beaucoup d'eau tiède et on lui chatouille le fond de la gorge avec une barbe de plume. Lorsque ce moyen ne réussit pas, on fait prendre au malade deux centigrammes d'*émétique*, dans un verre d'eau tiède ; on peut renouveler ce traitement jusqu'à trois fois, de dix minutes en dix minutes. Il est aussi très utile de faire absorber au malade le plus possible de *lait* ou d'*eau albumineuse*, liquide que l'on obtient en battant six blancs d'œufs dans un litre d'eau.

59. Asphyxie. — L'asphyxie peut être occasionnée de différentes manières : par la pendaison ou la strangulation, par la submersion dans l'eau et par la respiration de gaz délétères, tels que l'oxyde de carbone, le gaz d'éclairage et le gaz des fosses d'aisances, lesquels sont de véritables poisons.

Quelle que soit la cause qui ait déterminé l'asphyxie, il faut en premier lieu soustraire la personne qui en a été la victime à l'influence de cette cause. Ensuite après l'avoir débarrassée des habits qui pourraient gêner la respiration et la circulation du sang, on la place dans la position horizontale, la tête un peu élevée et la poitrine légèrement saillante ; ce que l'on obtient au moyen de coussins ou de vêtements roulés qu'on lui met sous la tête et le dos.

On cherche ensuite à provoquer la respiration par tous les moyens possibles; pour cela, on exerce par intermittences de légères pressions sur le ventre et sur les côtés de la poitrine, et se plaçant derrière l'asphyxié, on lui élève les bras vers la tête, puis on les abaisse alternativement; cette double opération a pour but de produire des mouvements semblables à ceux de la respiration.

Lorsque les moyens précédents restent sans succès, on insuffle avec précaution de l'air dans les poumons du patient, soit avec la bouche, soit à l'aide d'un soufflet, de manière à les remplir complètement, puis on presse sur la poitrine afin de chasser cet air; on recommence cette double manœuvre jusqu'à ce que l'asphyxié arrive à respirer de lui-même.

En même temps que l'on cherche à provoquer la respiration, il est nécessaire de rétablir la circulation du sang par d'énergiques frictions sur toutes les parties du corps, et spécialement sur les membres inférieurs. Ces frictions doivent se faire avec un linge imbibé d'alcool ou de vinaigre, et, à défaut de ces liquides, avec une brosse ou un morceau de flanelle.

Les soins à donner aux asphyxiés doivent être persévérants. Beaucoup d'entre eux n'ont été ramenés à la vie qu'après plusieurs heures d'efforts constants, et un grand nombre d'autres auraient échappé à la mort s'ils avaient été l'objet de soins plus prolongés.

DEVOIRS

14ᵉ Devoir. — 1. Quels soins demande la foulure? 2. En quoi consiste la luxation? 3. Quels sont les premiers soins à donner à la fracture? 4. Comment se nomme l'hémorragie la plus ordinaire. 5. Quel est le moyen le plus efficace pour la guérir? 6. Indiquez un autre moyen. 7. Comment peut-on empêcher le sang de venir du cœur à la blessure faite par une coupure? 8. Quels soins faut-il apporter à une brûlure qui a produit une plaie? 9. à une brûlure légère? 10. Qu'est-ce que la syncope? 11. Quel autre nom lui donne-t-on? 12. De combien de manières peut-elle se produire? 13. Que faut-il appliquer sur la tête d'une personne congestionnée? 14. Que faut-il lui faire aux jambes? 15. Quelles odeurs faut-il faire respirer aux personnes évanouies pour les rappeler à leurs sens?

15° Devoir. — Dans quel cas la congestion cérébrale amène-t-elle l'apoplexie? 2. De quoi l'apoplexie est-elle habituellement suivie? 3. Que faut-il faire lorsque l'apoplexie se produit? Citez des substances minérales toxiques? 5. — des végétaux vénéneux. 6. Dans le cas d'un empoisonnement, que faut-il faire en attendant l'arrivée du médecin? 7. Lorsque l'eau tiède est insuffisante pour cela, de quoi se sert-on? 8. Quels sont les liquides qu'il est aussi très utile de faire absorber au malade? 9. Quelles sont les principales causes d'asphyxie? 10. Nommez des gaz délétères. 11. Dans quelle position faut-il placer l'asphyxié? 12. Quels mouvements faut-il faire exécuter à ses bras? 13. Lorsque ce moyen reste sans succès, que faut-il faire? 14. Avec quoi faut-il frictionner le corps d'un asphyxié? 15. Quelle est la qualité essentielle que doivent avoir les soins donnés à un asphyxié?

SUJETS DE RÉDACTION

9° Sujet. — Un de vos camarades s'est couché dans une chambre où brûlait du charbon dans un réchaud. De quel accident aurait-il été victime, si personne ne l'avait aperçu, et quels soins lui a-t-on donnés? (*Vienne, 1593.*)

10° Sujet. — Qu'est-ce qui détermine la congestion et l'attaque d'apoplexie? Quels sont les premiers soins à donner lorsque ces accidents se produisent? (*Doubs, 1593.*)

DEUXIÈME PARTIE
LES ANIMAUX

CHAPITRE I

Classification des animaux.

60. Les êtres qui composent le règne animal sont tellement nombreux qu'il a fallu pour en faciliter l'étude, les
réunir en groupes et les classer d'après les ressemblances
qu'ils présentent. Ils ont été partagés en quatre grandes
familles nommées embranchements : les VERTÉBRÉS, les
ANNELÉS, les MOLLUSQUES et les ZOOPHYTES.

PREMIER EMBRANCHEMENT
LES VERTÉBRÉS

61. Caractères des vertébrés. — Les *vertébrés*
sont caractérisés par un squelette intérieur dont la partie
centrale est la *colonne vertébrale*. Les organes de la respiration et de la circulation sont plus développés chez eux
que chez les autres animaux. Les vertébrés ont tous le sang
rouge ; le nombre de leurs membres ne dépasse jamais
quatre.

L'embranchement des vertébrés se divise en cinq classes,
savoir : les *mammifères*, les *oiseaux*, les *reptiles*, les
batraciens et les *poissons*.

Mammifères.

62. Caractères des mammifères. — Les *mammifères* sont caractérisés par des organes producteurs du lait
nécessaire à la nourriture des jeunes, qui *naissent vivants*.

Ils ont le sang chaud, c'est-à-dire d'une température constante, et chez eux la respiration et la circulation s'effectuent comme chez l'homme.

Les mammifères se groupent en douze *ordres distincts,* savoir :

1° Les SINGES, qui se distinguent des autres animaux par leurs pieds disposés de manière à leur servir de mains ; cette particularité leur a fait donner le nom de *quadrumanes.* Ex. : le *gorille,* le *chimpanzé,* le *magot.*

Fig. 30. — Magot.

2° Les CHAUVES-SOURIS, dont les membres antérieurs sont organisés pour le vol. Ex. : les *roussettes,* les *oreillards,* les *vampires.*

3° Les CARNIVORES, qui se nourrissent presque exclusivement de chair. Ils ont les canines longues et aiguës, les molaires tuberculeuses et tranchantes, l'intestin peu développé, les muscles très forts et les pattes armées de griffes. On les divise en deux familles : les *digitigrades* et les *plantigrades.*

Les *digitigrades* ne marchent que sur l'extrémité de leurs doigts. Ex. : le *lion,* le *chien,* le *chat.*

Fig. 31. — Ours.

Les *plantigrades* marchent en appuyant sur le sol toute la plante des pieds. Ex. : l'*ours,* le *blaireau.*

4° Les INSEOTIVORES, qui se nourrissent surtout d'insectes.

Fig. 32. — Hérissons.

Ces animaux sont de faible taille, leurs mâchoires sont armées de molaires à pointes coniques et leurs membres antérieurs sont organisés pour fouir la terre. Ex. : le *hérisson*, la *taupe*, la *musaraigne*.

5° Les AMPHIBIES, dont les quatre membres sont organisés pour la natation. Leur corps est effilé postérieurement comme celui des poissons et leur dentition est analogue à celle des carnassiers.

Ex. : les *otaries*, les *morses*, les *phoques*.

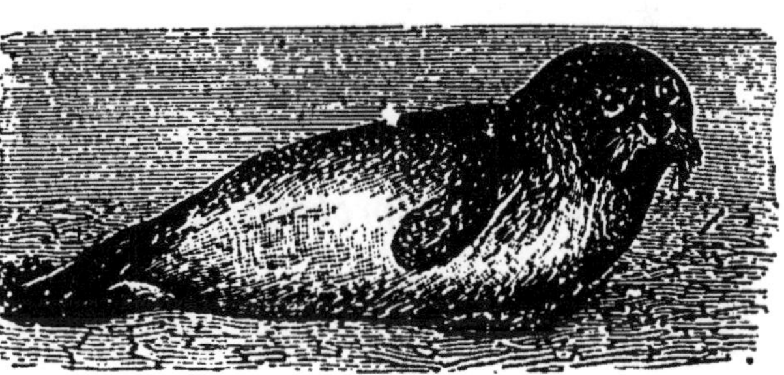

Fig. 33. — Phoque.

6° Les RONGEURS, qui n'ont pas de canines, mais de fortes incisives leur permettant de couper les corps les plus durs.

Certains de ces animaux sont pourvus de clavicules développées, qui leur permettent de se servir de leurs membres antérieurs pour tenir leurs aliments et les porter à la bouche ; d'autres

Fig. 34. — Marmottes.

sont plus spécialement organisés pour le saut ou la course.

Tous sont très craintifs ; beaucoup vivent dans les terriers, où quelques-uns d'entre eux passent l'hiver dans une sorte de sommeil léthargique. Ex. : le *lapin*, le *lièvre*, le *rat*, la *marmotte*, l'*écureuil*.

7° Les ÉDENTÉS, qui sont caractérisés par l'absence totale de dents ou au moins d'incisives. Ex. : le *pangolin*, le *tatou*, le *fourmilier*.

8° Les PACHYDERMES, dont la peau est très épaisse.

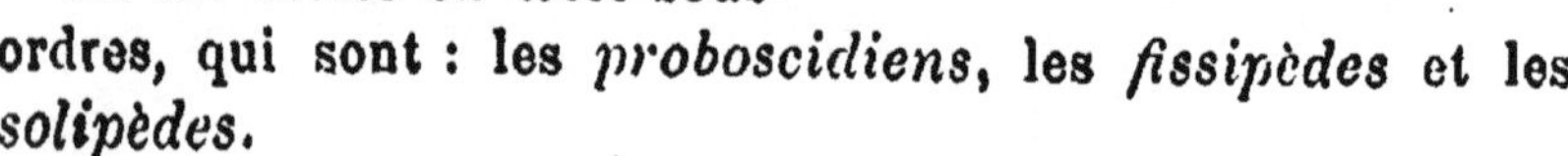

Fig. 35. — Écureuil.

On les divise en trois sous-ordres, qui sont : les *proboscidiens*, les *fissipèdes* et les *solipèdes*.

Les *proboscidiens* sont ceux qui ont une trompe. Ex. : l'*éléphant*.

Fig. 36. — Tatou.

Les *fissipèdes* se remarquent par leurs pieds fendus. Ex. : l'*hippopotame*, le *rhinocéros*, le *porc*, le *sanglier*.

Les *solipèdes* ont les membres inférieurs terminés par un seul doigt protégé par un sabot. Ex. : le *cheval*, l'*âne*, le *zèbre*.

9° Les RUMINANTS, qui ont la singulière faculté de *ruminer*, c'est-à-dire de ramener les aliments dans la bouche, après une première déglutition, pour les mâcher une seconde fois.

Leur estomac est multiple ; il se compose de quatre poches.

Fig. 37. — Girafe.

Dans la première, appelée *panse* ou *herbier*, l'animal accumule le fourrage précipitamment brouté et incomplètement mâché. De ce réservoir, les aliments déjà un peu ramollis, passent par petites portions dans une deuxième poche nommée *bonnet*, pour s'y mouler en pelotes qui remontent une à une dans la bouche, où elles sont triturées de nouveau. Après cette seconde mastication, les aliments descendent dans les autres cavités de l'estomac, qui sont le *feuillet* et la *caillette*, où s'achève leur chymification.

On divise les ruminants en quatre familles, d'après la différence de structure que présentent leurs cornes : les *tauriens*, les *caméléopardiens*, les *élaphiens* et les *caméliens*.

Les *tauriens* ont les cornes creuses et persistantes. Ex. : le *bœuf*, le *mouton*, la *chèvre*.

Les *caméléopardiens* ont les cornes pleines et persistantes. Ex. : la *girafe*.

Fig. 38. — Cachalot.

Les *élaphiens* ont les cornes pleines et caduques, c'est-à-dire tombant chaque année. Ex. : le *cerf*, le *daim*, le *renne*.

Les *caméliens* sont dépourvus de cornes. Ex. : le *chameau*, le *lama*, le *chevrotain*.

10° Les CÉTACÉS, dont la forme rappelle celle des poissons, et dont le corps se termine par une queue puissante étalée à l'extrémité en une nageoire horizontale. Ex. : la *baleine*, le *cachalot*, le *marsouin*.

11° Les MARSUPIAUX, qui se distinguent par la poche qu'ils portent sous le ventre, leur servant à abriter

Fig. 39. — Sarigue.

les jeunes pendant les premiers mois qui suivent leur naissance. Ex. : la *sarigue*, le *kangourou*.

12° Les MONOTRÈMES, dont les mâchoires sont disposées en forme de bec d'oiseau. Ces animaux étranges forment une transition naturelle entre la classe des mammifères et celle des oiseaux. Ex. : l'*ornithorynque* et l'*échidné*.

Fig. 40. — Ornithorynque.

63. Mammifères utiles. — Les mammifères utiles sont très nombreux ; la plupart appartiennent à l'ordre des *ruminants* ou à celui des *pachydermes*.

64. Ruminants. — L'ordre des *ruminants* donne à l'homme les plus importants de ses animaux domestiques, tels que le *bœuf*, le *mouton*, la *chèvre*, le *chameau*, le *renne* et le *lama*.

Le bœuf. — Le *bœuf* est sans contredit un des plus utiles animaux domestiques. Après avoir donné son travail à l'homme, il lui procure un excellent aliment par sa chair. La vache a une chair un peu inférieure à celle du bœuf ; mais en revanche elle fournit abondamment le lait, le beurre et le fromage, qui constituent une partie très importante de notre alimentation.

Fig. 41. — Bœuf.

De plus, la peau du bœuf et celles de la vache et du veau servent à la fabrication du cuir, très employé dans l'industrie et particulièrement pour la confection des chaussures.

Le mouton. La chèvre. — Le *mouton* nous rend de grands services en nous donnant sa chair et sa toison. Feutrée ou filée, la laine du mouton est la matière première du drap et d'un grand nombre d'autres tissus.

Pour les contrées peu fertiles et pour les ménages pauvres, la *chèvre* est un animal précieux, car elle vit sobrement et fournit un excellent fromage.

Fig. 42. — Moutons.

Le chameau. — Nulle part la Providence n'a voulu que l'homme fût réduit à lui-même et comme désarmé dans sa lutte contre la nature ; c'est ainsi qu'elle semble avoir créé le chameau pour que les déserts ne lui fussent pas inaccessibles. Aussi léger et plus robuste que le cheval, le chameau peut faire jusqu'à 1.200 kilomètres de suite, sans boire et sans autre nourriture que quelques herbes sèches. Non seulement les Arabes utilisent le chameau pour leurs voyages

Fig. 43. — Chameau.

et leur commerce, mais ils font encore de sa chair et de son lait leur principale nourriture.

Fig. 44. — Renne.

Le renne. Le lama. — Plus petits que le chameau, le *renne* et le *lama* rendent aussi de précieux services, soit comme bêtes de somme, soit au point de vue alimentaire. Le premier se trouve dans les régions glacées du pôle nord, et le second habite l'Amérimérique méridionale, spécialement le Chili et le Pérou.

66. PACHYDERMES. — Comme l'ordre des ruminants,

celui des *pachydermes* donne à l'homme des animaux domestiques d'une grande utilité ; les principaux sont le *cheval*, l'*âne*, le *mulet* et le *porc*.

Fig. 45. — Lama du Pérou.
Hauteur, 1m15.

Le cheval. — Le cheval est à la fois le plus beau et plus utile des animaux domestiques. Ses membres agiles et dispos, son cou arqué et la disposition gracieuse de sa tête, lui donnent un air de noblesse qui s'allie merveilleusement avec ses qualités. Les services qu'il nous rend sont innombrables : à la campagne, à la ville, en temps de paix, en temps de guerre, il nous aide partout et toujours. Il semble que la Providence l'ait créé tout exprès pour être, parmi les animaux, le plus noble des compagnons de l'homme.

L'âne. Le mulet. — L'âne, à une très grande sobriété, joint la qualité d'être infatigable au travail. Il porte des fardeaux considérables pour sa taille, a le pied sûr et ne bronche pas. Ces qualités font de l'âne un auxiliaire très utile dans les campagnes.

Le *mulet* joint à la sobriété de l'âne la force du cheval ; il est surtout précieux dans les pays de montagnes, à cause de la sûreté de son pas et de sa vigueur pour franchir les sentiers escarpés.

66. Parmi les mammifères utiles, on peut encore citer le *chien*, ce

Fig. 46. — Mâtin.

fidèle et dévoué compagnon de l'homme, qui est encore le

gardien vigilant de la maison, l'ami des enfants, le guide de
l'aveugle et l'aide du
berger et du chas-
seur; le *chat*, qui est
l'ami du foyer do-
mestique et le grand
destructeur des rats
et des souris; *l'élé-
phant*, qui nous don-
ne l'ivoire de ses dé-
fenses, et qui, réduit
en domesticité, est
pour l'homme un

Fig. 47. — Eléphant.

précieux auxiliaire; la *taupe*, le *hérisson* et la *musaraigne*,
qui rendent de grands services à l'agriculture en détruisant
les insectes nuisibles.

67. Mammifères nuisibles. — Les principaux mammifères nuisibles sont les grands carnassiers, tels que le

Fig. 48. — Lion.

lion, le *tigre*, le *jaguar*, le *léopard*, la *panthère*, l'*ours*,
le *loup*, qui s'attaquent directement à l'homme; le *renard*,

la *fouine*, la *belette* et le *putois*, qui font une guerre incessante aux ani-
maux de basse-
cour et détruisent
le gibier ; les *liè-
vres*, les *lapins*
et les *sangliers*,
qui sont de terri-
bles ennemis pour
nos cultures ; les
mulots, les sou-
ris et les *rats*,
qui infestent nos

Fig. 49. — Tigre.

habitations ou qui, s'attaquant aux fruits et aux céréales,
détruisent une grande partie de nos récoltes.

Fig. 50. — Sanglier faisant tête à des chiens.

Fig. 51. — Lièvre.

Oiseaux.

68. Caractères des oiseaux. — Les *oiseaux* ont la
circulation des mammifères, mais leur respiration est double,
c'est-à-dire s'effectue au moyen de poumons et de *poches
aériennes* en communication avec les poumons. Ce qui distingue surtout les oiseaux, ce sont leurs membres antérieurs
organisés pour le vol, leur corps couvert de plumes et leurs
mâchoires, nommées *mandibules*, disposées en forme de bec.

Les oiseaux se reproduisent au moyen d'œufs, qui éclosent après avoir été couvés plus ou moins longtemps.

Les oiseaux ont été groupés en six ordres :

1° Les RAPACES, appelés communément *oiseaux de proie*, qui sont caractérisés par leurs serres puissantes et leur bec crochu. Ex. : l'*aigle*, le *vautour*, le *hibou*.

Fig. 52. — Vautour (rapace).

Fig. 53. — Perroquet (grimpeur).

2° Les PASSEREAUX, qui comprennent la plupart des petits oiseaux de nos forêts et de nos bosquets. Ex. : le *rossignol*, le *moineau*, la *mésange*.

Fig 54. — Héron.
Long., 1m15

3° Les GRIMPEURS, dont les doigts de pieds sont disposés de manière à leur permettre de monter contre les arbres. Ex. : le *perroquet*, le *pic*, le *coucou*.

4° Les GALLINACÉS, dont le type principal est la poule domestique. Ex. : la *pintade*, le *pigeon*, la *tourterelle*.

5° Les ÉCHASSIERS, caractérisés par leurs longues jambes, ressemblant à des échasses. Ex. : l'*autruche*, le *héron*, la *grue*.

6° Les PALMIPÈDES, dont les doigts de pieds sont reliés

par une membrane qui les rend très propres à la natation. Ex. : l'*oie*, le *canard*, la *sarcelle*.

69. Oiseaux utiles. — Les oiseaux utiles peuvent être divisés en deux séries : les *oiseaux de basse-cour* et les *espèces sauvages*.

OISEAUX DE BASSE-COUR. — Les oiseaux de basse-cour sont comme une réserve que l'homme s'est ménagée pour assurer et varier son alimentation. Les principaux sont la *poule*, le *dindon*, la *pintade*, l'*oie*, le *canard* et le *pigeon*.

Fig. 55. — Le coq et la poule.

D'un, entretien facile et peu dispendieux, la poule, indépendamment de sa chair, nous donne ses œufs, qui sont une grande ressource pour notre alimentation. Le *coq*, engraissé pour la table, prend le nom de *chapon*, et la poule, celui de *poularde*. Nos chapons du Maine et nos poulardes de Bresse ont une réputation bien méritée.

L'excellence de la chair du *dindon* est bien connue. Cet oiseau nous vient des Indes ; ce qui lui a fait donner le nom de coq d'Inde, dont on a fait plus tard, par corruption, celui de dinde et de dindon.

La *pintade* est originaire d'Afrique, d'où elle a été apportée au xve siècle par les Portugais. Sa chair est très appréciée et ses œufs sont excellents.

Fig. 56. — Canards.

Parmi les oiseaux de basse-cour, ceux dont l'entretien est le plus facile sont certainement l'*oie* et le *canard* ; ces deux palmipèdes nous donnent, avec leurs œufs, une chair bien estimée.

70. Espèces sauvages. — Les espèces sauvages des oiseaux apportent un agréable supplément à notre alimentation, par la variété et la saveur des mets que ces oiseaux nous procurent. Les plus recherchés sont les *faisans*, les *perdrix*, les *cailles*, les *canards sauvages*, les *grives* et les *bécasses*.

Fig. 57. — Vanneau
Long., 0m33.

Fig. 58. — Grive.
Long., 0m20.

Un grand nombre d'oiseaux nous sont encore très utiles à cause des insectes qu'ils dévorent chaque jour. Les principaux sont le *moineau*, l'*hirondelle*, le *rossignol*, la *fauvette*, le *roitelet* et la *mésange*. La destruction des nids des petits oiseaux est donc aussi contraire à nos intérêts qu'elle est cruelle. Les enfants qui se livrent à ce barbare plaisir, tout en commettant un acte de cruauté, privent l'agriculture de l'une de ses plus sûres protections.

Fig. 59. — Bécasse.
Long., 0m33.

Fig. 60. — Aigle (Long., 1m).

Fig. 61. — Epervier.

71. Oiseaux nuisibles. — Dans la classe des oiseaux,

on ne peut regarder comme nuisibles que les *oiseaux de proie* qui détruisent le gibier et les petits oiseaux que nous avons intérêt à protéger.

Les principaux sont l'*aigle* qui livre une guerre incessante à toutes les espèces de gibier, et qui fait même des victimes parmi les troupeaux qui paissent sur les montagnes ; le *vautour*, qui se nourrit de pigeons, de tourterelles, de perdrix et de poulets ; l'*épervier* et le *faucon*, qui détruisent une grande quantité de petits oiseaux.

DEVOIRS

16ᵉ Devoir. — 1. Nommez les quatre embranchements du règne animal. 2. Quel est le principal caractère des vertébrés? 3. Nommez les cinq classes que forment les vertébrés? 4. — les douze ordres des mammifères. 5. Qu'est-ce qui caractérise les chauves-souris? 6. — les carnivores? 7. — les rongeurs? 8. — les ruminants? 9. — les marsupiaux? 10. — les monotrèmes? 11. A quel ordre appartient le gorille? 12. — le cheval? 13. — le bœuf? 14. — la baleine? 15. — le phoque?

17ᵉ Devoir. — 1. A quelles classes appartiennent la plupart des animaux domestiques? 2. Nommez les principaux mammifères utiles. 3. — les principaux pachydermes utiles. 4. Avec quoi se fait le drap? 5. A qui la chèvre est-elle surtout utile? 6. Quel est l'animal domestique qui est particulièrement utile aux Arabes? 7. Quel est celui qui se trouve spécialement dans les régions du pôle nord? 8. — au Chili et au Pérou? 9. Quel est l'animal domestique le plus utile à l'homme? 10. Dans quels pays le mulet est surtout utile? 11. Nommez les mammifères qui rendent service à l'agriculture. 12. — ceux qui s'attaquent directement à l'homme. 13. — ceux qui font la guerre aux oiseaux de basse-cour. 14. — ceux qui s'attaquent à nos cultures. 15. — ceux qui infestent nos habitations.

18ᵉ Devoir. — 1. Qu'est-ce qui caractérise les oiseaux? 2. Nommez les six ordres des oiseaux. 3. Qu'est-ce qui caractérise les rapaces? 4. — les échassiers? 5. A quel ordre appartient le rossignol? 6. — la poule? 7. — le perroquet? 8. — le canard? 9. — le vautour? 10. Nommez les principaux oiseaux de basse-cour. 11. Quel est celui qui nous vient des Indes? 12. — de l'Afrique? 13. Nommez les oiseaux qui nous sont utiles par les insectes qu'ils dévorent. 14. Pourquoi ne faut-il pas détruire les nids des oiseaux? 15. Nommez les principaux oiseaux de proie.

SUJETS DE RÉDACTION

11ᵉ Sujet. — Énumérez les principaux services que rendent les animaux domestiques que l'on trouve dans une ferme. (*Pas-de-Calais, 1892*).

12ᵉ Sujet. — Parlez des oiseaux. En quoi les oiseaux nous sont-ils utiles? (*Aisne, 1891*).

CHAPITRE II

Classification des animaux (*suite*)

LES VERTÉBRÉS (*suite*).

Reptiles.

72. Caractères des reptiles. — Les reptiles ont le sang froid, c'est-à-dire de la température du milieu qu'ils habitent. Ils respirent au moyen de poumons ; leur cœur n'a que trois cavités : deux oreillettes et un ventricule ; le sang veineux se mélange au sang artériel, de sorte que l'organisme reçoit à la fois les deux sortes de sang. Les reptiles ont le corps couvert d'écailles ; mais ce qui les caractérise surtout, c'est leur manière de se déplacer en rampant sur le sol.

Fig. 62. — Tortue.

D'après leurs caractères particuliers, les reptiles ont été divisés en trois ordres :

1º Les CHÉLONIENS, remarquables par la boîte osseuse qui renferme et protège leur corps. Ex. : la *tortue*.

2º Les SAURIENS, qui sont munis de membres, et qui ont de la ressemblance avec le lézard. Ex. : le *crocodile*, le *caïman*, le *gavial*.

Fig. 63. — Couleuvre.

3º Les OPHIDIENS, caractérisés par l'absence complète de membres. Ex. : la *couleuvre*, la *vipère*, le *boa*.

73. Reptiles utiles. — Presque tous les reptiles sont

carnivores ; la plupart d'entre eux sont très utiles par le grand nombre d'insectes qu'ils détruisent ; tels sont le *lézard gris*, le *lézard vert* et la *couleuvre.*

De plus, la tortue, dont certaines espèces atteignent des dimensions énormes, sert à l'alimentation de l'homme, soit par sa chair, soit par ses œufs.

74. Reptiles nuisibles. — Les reptiles nuisibles sont le *caïman*, le *crocodile* et les *serpents venimeux.*

Fig. 64. — Crocodiles. (Long. 2 m.)

Le *crocodile* habite les fleuves de l'Afrique, et le *caïman* ceux de l'Amérique du Sud. Tous deux sont très dangereux ; à l'aide de leurs énormes mâchoires, ils peuvent couper un membre avec la plus grande facilité.

Les *serpents venimeux* ont la bouche armée de deux crochets aigus, creusés d'un canal par lequel s'écoule le venin ; ces crochets, habituellement couchés dans une cavité de la gencive, se redressent dès que l'animal ouvre la bouche pour mordre. La base de chacun d'eux est en communication avec une glande qui sécrète le

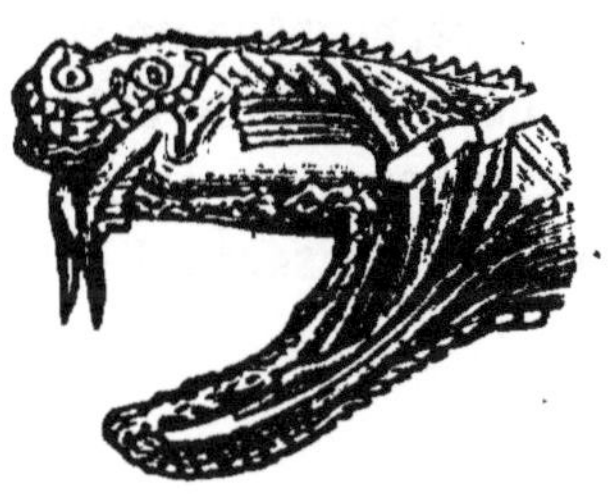

Fig. 65. — Appareil venimeux du serpent à sonnettes.

venin, et comme cette glande est comprimée par les muscles qui ferment la bouche, le serpent ne peut mordre sans qu'une partie de son venin ne s'infiltre dans la plaie.

La première chose à faire lorsqu'on a été mordu par un

serpent venimeux, est de sucer la plaie afin d'en extraire le plus possible de venin. Ce poison, très dangereux lorsqu'il est introduit directement dans le sang, pourrait être avalé sans inconvénient, à la condition toutefois de n'avoir pas de plaie à l'intérieur du canal digestif.

Après avoir sucé le venin, on lie fortement le membre avec un cordon, un peu au-dessus de la blessure, afin de gêner la circulation du sang et l'empêcher de retourner au cœur ; puis on cautérise la plaie avec de l'alcali volatil ou avec un fer rouge.

Les plus dangereux des serpents venimeux sont le *crotale*, la *vipère* et le *naja*.

Le *crotale* ou *serpent à sonnettes* ne se trouve que dans les deux Amériques ; c'est un serpent des plus dangereux à cause de l'effet rapide de son venin. La *vipère*, caractérisée par sa tête triangulaire et sa queue brusquement terminée en pointe, est le seul serpent venimeux de nos pays. Le *naja*, appelé aussi *cobra* et *serpent à lunettes*, possède un venin dont l'action est si

Fig. 66. — Vipère.

foudroyante que, chez l'homme, il amène la mort en quelques instants. Ce serpent est très commun dans les Indes.

Batraciens.

75. Caractères des batraciens. — Les *batraciens* ont pour type la grenouille. Ils se distinguent des reptiles par leur peau nue et surtout par les métamorphoses qu'ils éprouvent avant d'arriver à l'état adulte.

Dans leur premier âge, les batraciens prennent le nom de *têtards*, à cause probablement de leur grosse tête, confondue avec leur ventre volumineux; alors, ils possèdent une queue et sont dépourvus de membres; leur respiration, qui est *aquatique*, s'effectue au moyen de *branchies*, placées de

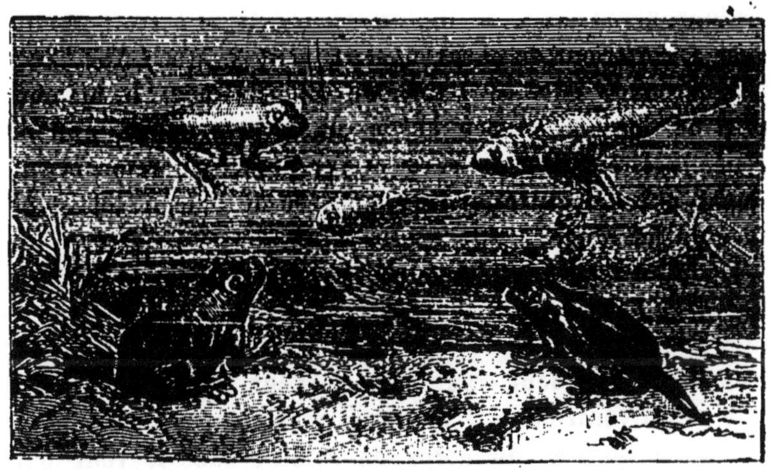

Fig. 67. — Différentes métamorphoses des batraciens.

chaque côté du cou. Plus tard, les branchies se dessèchent, la respiration devient *pulmonaire*, les membres grandissent, la queue disparaît, et l'animal qui alors a atteint son complet développement, est à l'état adulte.

On distingue deux sortes de batraciens.

1° Les ANOURES, qui, à l'état adulte, sont dépourvus de queue. Ex. : la *grenouille*, la *rainette*, le *crapaud*;

2° Les URODÈLES, qui conservent toute leur vie la queue du premier âge. Ex. : la *salamandre*, la *sirène*.

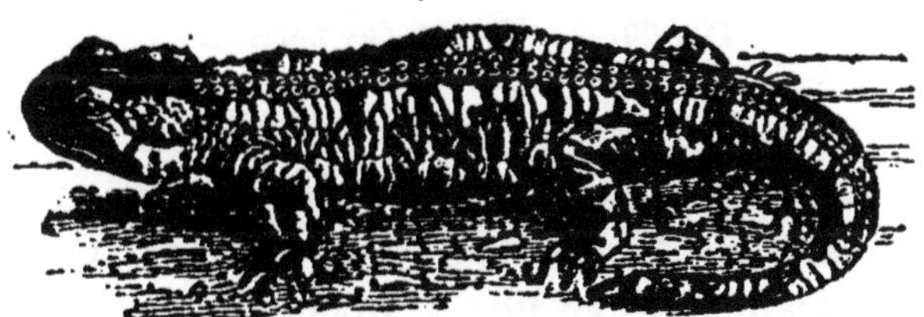

Fig. 68. — Salamandre.

La peau de quelques batraciens, et spécialement celle du crapaud et de la salamandre, sécrète une humeur visqueuse, blanchâtre, fortement vénéneuse. Il faut donc se garder de toucher ces animaux ; cependant, on ne peut pas dire qu'ils soient venimeux, car ils ne possèdent aucun moyen d'inoculer leur venin.

Les batraciens sont des animaux très utiles, car ils détruisent un grand nombre de limaçons, dont ils font leur nourriture habituelle.

Poissons.

76. Caractères des poissons. — Les *poissons* sont exclusivement conformés pour la vie aquatique. Ils respirent au moyen de *branchies* vulgairement nommées *ouïes*. Leur sang est froid et leur cœur n'a que deux cavités : une oreillette et un ventricule. L'oreillette reçoit le sang venant des différentes parties du corps, le refoule dans le ventricule, qui, à son tour, l'envoie aux branchies. Devenu artériel dans

Fig. 69. — Organes des poissons.
1. Branchies. — 2 Cœur.— 3. Foie.— 4 Vessie natatoire.— 5. Estomac.— 6. Intestin.

ces organes, le sang, sans revenir de nouveau au cœur, se répand dans tout l'organisme. Les poissons ont le corps recouvert d'écailles et, au lieu de membres, ils possèdent des nageoires, qui leur servent à produire et à distinguer leurs mouvements. Beaucoup d'entre eux ont en outre un organe très remarquable, la *vessie natatoire*, qui, à leur gré, leur permet de monter ou de descendre dans l'eau.

D'après la structure de leur squelette, on a divisé les poissons en deux groupes :

1º Les Poissons osseux, dont le squelette est formé par de véritables os. Ex. : la *carpe*, la *perche*, le *brochet* ;

2º Les Poissons cartilagineux, qui n'ont presque que des cartilages pour charpente solide. Ex. : le *requin*, la *raie*, la *lamproie*.

77. Poissons utiles. — Les poissons qui servent à l'alimentation de l'homme sont très nombreux; on peut les diviser en deux séries : les *poissons d'eau douce* et les *poissons de mer*.

Poissons d'eau douce. — Parmi les poissons d'eau douce, les plus estimés par la délicatesse de leur chair ou les plus utiles par la quantité d'aliments qu'ils nous fournissent, sont la *perche*, la *carpe*, l'*anguille*, la *truite*, le *saumon*, le *barbeau* et le *brochet*.

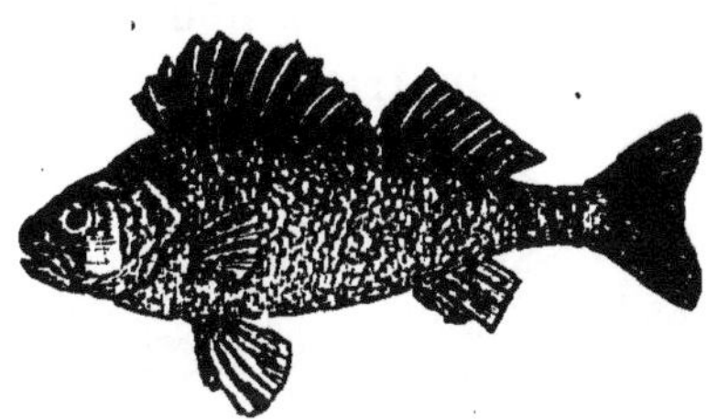

Fig. 70. — Perche (Long., 0ᵐ70).

La *perche* se trouve abondamment dans les eaux courantes des rivières; sa chair est ferme et délicate. La *carpe* est un des meilleurs poissons de nos étangs; elle vit longtemps et atteint des dimensions considérables.

Par leur corps allongé et cylindrique, les *anguilles* ressemblent un peu aux serpents ; leur chair est très

Fig. 71. — Anguille.
Elle peut atteindre 1ᵐ50.

estimée. Les *truites* habitent les eaux vives des rivières et de certains lacs; celles du lac de Genève sont très renommées.

Le *saumon* naît dans nos fleuves, croît et prend tout son développement dans la mer ; sa chair est très savoureuse. Le *barbeau* et le *brochet* forment des mets excellents, mais ils sont très carnivores et détruisent une quantité considérable de petits poissons. Le frai du barbeau est une substance vénéneuse, il est donc de toute nécessité de le rejeter lorsqu'on prépare ce poisson pour servir à l'alimentation.

78. Poissons de mer. — Les principales variétés de poissons que la mer nous donne pour notre nourriture, sont le *hareng*, la *morue*, la *sardine*, l'*anchois*, l'*esturgeon*, le *thon*, la *sole* et la *raie*.

Les *harengs* nous viennent des régions polaires par bandes immenses, occupant parfois plusieurs lieues carrées ; la pêche de ce poisson est une industrie très lucrative, à laquelle sont employés des milliers de bateaux.

La *morue* entre pour une grande part dans l'alimentation de certains peuples. Sa chair

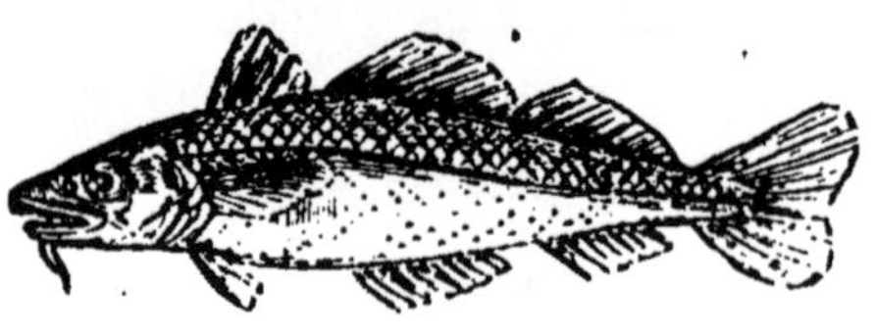

Fig. 72. — Morue (long., 0ᵐ80).

est un peu dure et coriace, mais elle est très nourrissante ; on la mange tantôt fraîche, tantôt salée. La morue se pêche en abondance dans le voisinage des bancs de Terre-Neuve.

Comme les harengs, les *sardines* et les *anchois* vont par bandes très nombreuses. La pêche de ces poissons est un revenu considérable pour les habitants des côtes de la Bretagne, où on les trouve en quantité.

L'*esturgeon* est un poisson énorme dont le poids atteint jusqu'à huit cents kilog. A des époques déterminées, il remonte les grands fleuves et c'est là qu'on le capture. Sa chair est estimée ; ses œufs servent à préparer le *caviar*, aliment très apprécié en Russie.

Le *thon* est un grand poisson que l'on pêche en quantité sur les côtes de la Méditerranée ; sa chair se rapproche beaucoup de celle du veau.

La *sole* et la *raie* sont des poissons dont le corps, large et aplati, a la forme d'un disque; leur chair est très estimée.

79. Poissons nuisibles. — Les seuls poissons à redouter sont ceux qui appartiennent aux grandes espèces marines; le plus à craindre parmi eux est le *requin*. Ce

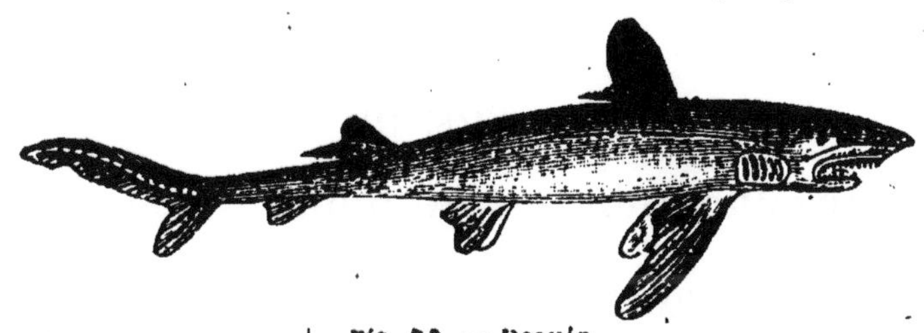

Fig. 73. — Requin.

poisson est vorace et audacieux. D'un seul coup de ses puissantes mâchoires, il peut couper un homme en deux. Aussi, fait-il chaque année de nombreuses victimes, surtout parmi les pêcheurs de perles et d'éponges, obligés de descendre au fond de la mer pour les y cueillir.

DEVOIRS

19ᵉ Devoir. — 1. Qu'est-ce qui caractérise surtout les reptiles? 2. Nommez les trois ordres des reptiles. 3. Qu'est-ce qui caractérise les chéloniens? 4. — les ophidiens? 5. A quel ordre appartient le caïman? 6. — la vipère?. 7. — la tortue? 8. Où habitent les crocodiles? 9. — les caïmans? 10. Nommez les reptiles venimeux les plus dangereux. 11. Quel est celui de nos pays? 12. Qu'est-ce qui caractérise la vipère? 13. Où se trouve le crotale? 14. — le serpent à lunettes? 15. Avec quoi faut-il cautériser la plaie faite par un serpent venimeux?

20ᵉ Devoir. — 1. Qu'est-ce qui caractérise surtout les batraciens? 2. Nommez les deux ordres des batraciens. 3. A quel ordre appartient la salamandre? 4. — la grenouille? 5. Par quoi les batraciens sont-ils utiles? 6. Combien le cœur des poissons a-t-il de cavités? 7. A l'aide de quoi les poissons respirent-ils? 8. Quel est l'organe qui leur permet de monter et de descendre dans l'eau? 9. A quel groupe de poissons appartient la carpe? 10. — le requin? 11. Quel est le poisson qui ressemble aux serpents? 12. Quel est celui dont le frai est vénéneux? 13. — qui sert à préparer le caviar? 14. Quels sont ceux qui vont par bandes considérables? 15 Quel est le plus redoutable de tous les poissons?

SUJETS DE RÉDACTION

12e Sujet. — Décrire la vipère et son appareil venimeux et dire ce qu'il faut faire lorsqu'on a été mordu par ce serpent. *(Ardennes, 1892.)*

13e Sujet. — Principaux caractères distinctifs des poissons. Les poissons les plus utiles au point de vue alimentaire. *(Seine, 1893.)*

CHAPITRE III

Classification des animaux *(suite)*.

DEUXIÈME EMBRANCHEMENT

LES ANNELÉS

80. Caractères des annelés. — Les *annelés* n'ont pas de squelette; leur corps est divisé en anneaux successifs formés par des replis de la peau. Ils ont le sang froid, et, suivant le milieu où ils vivent, les annelés respirent au moyen de *branchies* ou de *trachées*, petites ouvertures situées de chaque côté de l'abdomen. On divise les annelés en deux sous-embranchements : les *articulés* et les *vers*.

Articulés.

81. Caractères des articulés. — Les *articulés* possèdent tout au moins trois paires de pattes ; ils ont la peau durcie de manière à former une enveloppe résistante, où se fixent les muscles.

D'après leurs caractères communs, on les a groupés en quatre classes :

1º LES INSECTES, caractérisés par leur corps divisé en trois parties : la *tête*, le *thorax* et l'*abdomen*. Tous les insectes subissent des métamorphoses : au moment de l'éclosion de l'œuf, ils sont à l'état de *larve* et ont alors la forme d'une chenille ; plus tard, cette larve devient *chrysalide,* et de la chrysalide soit ensuite l'*insecte parfait.*

Ex. : Les *mouches,* les *hannetons,* les *papillons ;*

Fig. 74. — Métamorphoses du hanneton.
1 et 2. Insectes parfaits. — 3. Larve (1re année).
4. Larve (2e année). — 5. Chrysalide (3e année).

2° Les MYRIAPODES, dont le corps, très allongé, sans distinction de thorax et d'abdomen, est divisé en un grand nombre d'anneaux portant chacun une paire de pattes. Ex. : les *scolopendres,* les *iules,* les *cloportes ;*

3° Les ARACHNIDES, caractérisés par leur corps divisé seulement en deux parties : la tête et l'abdomen. Ex. : les *araignées,* les *scorpions,* les *acarus ;*

Fig. 75. — Iule.

4° Les CRUSTACÉS, dont le corps, comme celui des arach

nides, n'est divisé qu'en deux parties, mais qui sont organisés pour vivre dans l'eau.

Les crustacés respirent au moyen de branchies, tandis que les insectes, les myriapodes et les arachnides respirent à l'aide de trachées; la première de leurs quatre paires de pattes est ordinairement armée de pinces puissantes. Ex. : l'*écrevisse*, le *homard*, la *langouste*.

Fig. 76. — Araignée.

82. Insectes utiles. — Le sous-embranchement des articulés nous donne quelques crustacés comestibles, tels que l'*écrevisse*, le *homard*, la *langouste*, les *crabes*; de plus, il nous fournit un certain nombre d'insectes très utiles par les produits que nous en retirons ; les principaux sont l'*abeille*, le *ver à soie*, la *cochenille* et la *cantharide*.

Fig. 77. — Ecrevisse.

Les *abeilles* produisent le miel et la cire qu'elles vont puiser avec leur trompe au fond des corolles des fleurs. Elles vivent en troupes nombreuses appelées *essaims ;* chaque essaim se compose d'une reine, de quatre ou cinq cents bourdons et de vingt à trente mille abeilles ouvrières ; ces dernières seules travaillent.

Le *ver à soie* est la larve d'un papillon connu sous le nom de *bombyx du mûrier.* Avant de passer à l'état de chrysalide, la larve de ce papillon s'entoure d'un cocon construit

Fig. 78. — Abeille ouvrière vue par dessous.

avec un fil de soie très fin, long très souvent de plusieurs centaines de mètres ; ce sont les fils de ces cocons qui, par le tissage, servent à fabriquer nos magnifiques étoffes de soie.

La *cochenille* est un petit insecte dont on retire de très belles couleurs rouges ; l'espèce qui vit sur le nopal du Mexique est une des plus recherchées.

La *cantharide* est remarquable par sa couleur d'un beau vert doré et sa forme élégante ; on la trouve le plus souvent sur les frênes ; séchée et réduite en poudre, la cantharide sert à la préparation des vésicatoires.

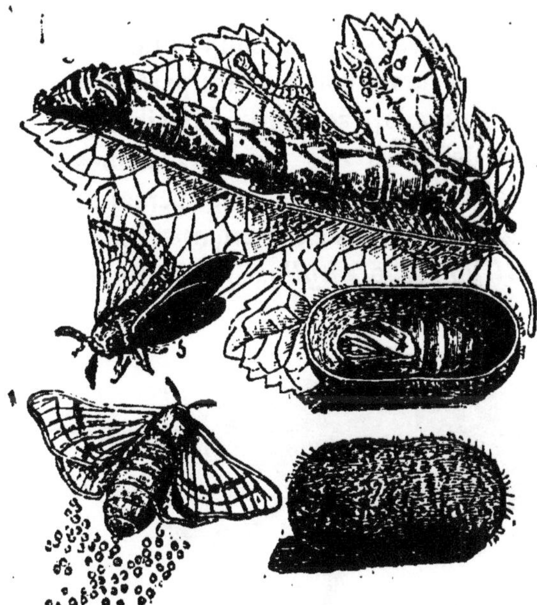

Fig. 79. — Métamorphoses du ver à soie.

1. Vers à soie après l'éclosion des œufs. 2. — après la 2e mue. 3. — après la 4e mue. 4. — à l'état de chrysalide. 5. — à l'état parfait. 6. Ponte des œufs. 7. Cocon.

Certains autres insectes nous sont d'une grande utilité, car ils dévorent une quantité considérable de chenilles, de

Fig. 80. — Nécrophore.

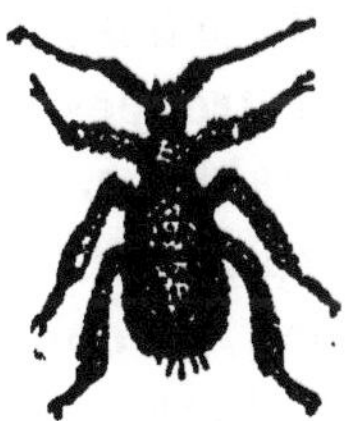

Fig. 81. — Réduve.

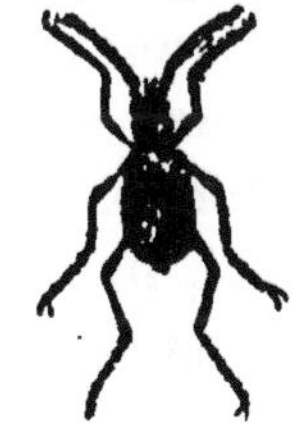

Fig. 82. — Cicindèle.

vers, de limaçons et d'autres ravageurs de nos champs et de nos jardins ; tels sont les *carabes*, les *cicindèles*, les *calo-*

somes, les *réduves*, les *nécrophores* et les *coccinelles* ou *bêtes du bon Dieu ;* ces insectes doivent donc être protégés.

83. Insectes nuisibles. — Beaucoup d'insectes sont nuisibles, soit à l'état de larve, soit à l'état parfait. Ce sont comme des légions d'ennemis, souvent invisibles, contre lesquels nous avons à défendre nos animaux domestiques, nos plantes, nos provisions et même nos personnes. Les principaux sont les *hannetons*, les *charançons*, les *criquets voyageurs*, les *courtilières*, le *phylloxéra*, la *pyrale* et la *teigne*.

Fig 83. — Courtilière.

Le *hanneton* est un des plus grands ennemis de l'agriculture ; sa larve, nommée *ver blanc*, pendant les trois années qu'elle passe dans la terre, coupe et ronge toutes les racines qu'elle rencontre. Les *charançons* sont de petits insectes qui s'attaquent à la plupart des récoltes et spécialement au blé.

Le *criquet voyageur* est le fléau des cultivateurs algériens. Ces insectes voyagent par troupes si nombreuses qu'ils forment dans les airs de véritables nuages. Lorsqu'ils s'abattent sur le sol, ils dévorent rapidement tout ce qui offre la moindre apparence de végétation. La *courtilière* ou *taupe-grillon* exerce de grands ravages dans nos jardins potagers ; elle se creuse des galeries sous terre et, avec ses pattes, coupe les racines de toutes les plantes qui se trouvent sur son passage.

De tous les insectes, celui qui depuis quelques années a causé les plus grands ravages dans nos vignobles est sans contredit le *phylloxéra vastatrix*. Cet insecte microscopique sé multiplie avec une rapidité énorme ; il se fixe aux extrémités des racines de la vigne, suce la sève de ces racines et,

1.   2.   3.

Fig. 84. — Phylloxéra vastatrix (très grossi).
1. Insecte parfait. — 2. Larve. — 3. Larve vue en dessous.

en peu de temps, fait périr la plante. A l'état d'insecte parfait, le phylloxéra prend des ailes et sort de terre ; alors, porté par les vents, il va envahir d'autres vignobles pour y continuer ses dévastations.

Fig. 85. — Pyrale.   *Fig. 86.* — Teigne.   *Fig. 87.* — Puce vue
1. Larve. — 2. Insecte parfait.   Insecte parfait.   à la loupe.

La *pyrale* est un petit papillon d'un beau jaune doré dont la chenille tord la feuille de la vigne et en fait un cornet, où elle se retire pour se transformer en chrysalide.

Avec les insectes nuisibles, on doit encore placer les *mouches*, les *cousins* et les *taons*, qui nous incommodent par leurs piqûres souvent aussi douloureuses que fatigantes ; les *puces*, les *punaises* et les *poux*, vivant en parasites sur les personnes qui ne savent pas se tenir dans un état convenable de propreté.

La classe des arachnides renferme le *scorpion* et l'*acarus de la gale.* Le scorpion porte à l'extrémité de l'abdomen un dard dont le venin est souvent mortel pour l'homme. L'acarus de la gale se loge sous l'épiderme de la peau, y creuse de vraies galeries et cause d'incessantes démangeaisons. Quelques bains sulfureux suffisent pour faire périr cet hôte incommode.

Vers.

84. Caractères des vers. — Les *vers* sont caractérisés par la souplesse de leur peau et par l'allongement de leur corps, entièrement dépourvu de membres.

On divise le sous-embranchement des vers en plusieurs classes ; les plus importantes sont :

1° Les ANNÉLIDES, dont le corps mou et cylindrique est partagé en un grand nombre de segments peu apparents, formés par des replis de la peau. Ex. : la *sangsue*, le *lombric* ou *ver de terre* ;

2° Les HELMINTHES, qui vivent en parasites dans le corps de l'homme et des animaux. Ex. : le *ténia*, la *trichine*.

Parmi les vers, la *sangsue* peut être considérée comme utile, car elle est employée en médecine pour extraire le sang accumulé dans certaines parties du corps ; au contraire, le *ténia* et la *trichine*, vivant aux dépens de ceux chez qui ils ont établi leur demeure, doivent être placés au rang des animaux nuisibles.

Le *ténia* ou ver solitaire, dont le corps formé d'anneaux aplatis atteint plusieurs mètres de longueur, se fixe dans l'intestin de l'homme au moyen des crochets et des ventouses dont sa tête est garnie.

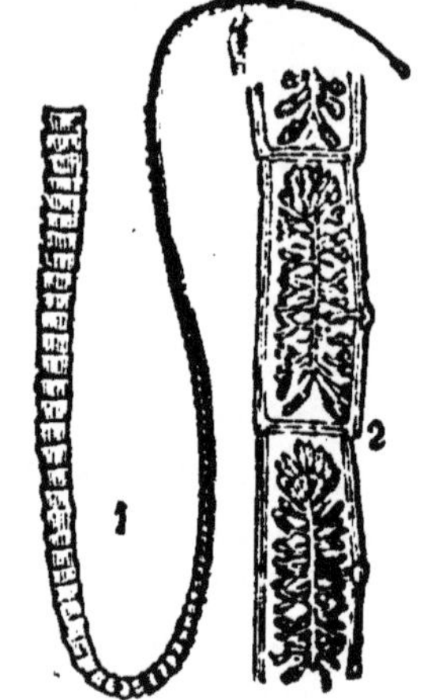

Fig. 88. — Ténia ou ver solitaire.
1. Portion du ténia.
2. Deux des anneaux.

Les *trichines*, vers excessivement petits, se trouvent au contraire disséminées dans toutes les parties du corps ; elles y provoquent des douleurs intolérables qui finissent presque toujours par amener la mort.

Les ténias et les trichines sont ordinairement communiqués à l'homme par l'ingestion de la chair du porc mangée crue ou n'ayant pas subi une cuisson suffisante.

TROISIÈME EMBRANCHEMENT

LES MOLLUSQUES

85. Caractères des mollusques. — Les *mollusques* sont caractérisés par la souplesse de leur corps. Quelques-uns ont la peau épaisse et contractile, d'autres sont renfermés

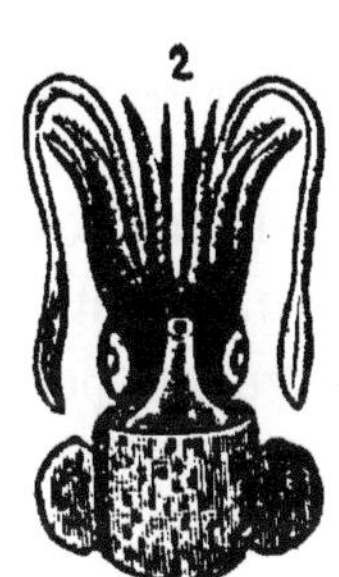

Fig. 89. — Sépiole.

Fig. 90. — Poulpe.

dans une coquille dure et résistante. Presque tous sont aquatiques et respirent au moyen de branchies.

On les divise en plusieurs classes, dont les principales sont :

1º Les GASTÉROPODES, qui rampent au moyen d'un plan charnu sous le ventre. Ex. : la *limace*, l'*escargot* ;

2º Les CÉPHALOPODES, caractérisés par les prolongements, nommés *tentacules*, qui entourent leur tête et qui leur servent à se fixer aux parois des rochers. Ex. : les *poulpes*, les *sépioles* ;

3º Les ACÉPHALES, dont la tête n'est pas distincte du reste du corps. Ex. : les *huîtres*, les *moules*.

86. Mollusques utiles. — Plusieurs mollusques sont comestibles, mais l'*huître* est le plus estimé de tous. L'huître habite une coquille bivalve, qu'elle ouvre ou ferme à son gré; c'est son seul mouvement. Les huîtres se fixent aux rochers de la mer et y forment des amoncellements souvent considérables. Les plus renommées sont celles qui nous viennent de Granville, de Cancale et de Marennes, près Rochefort.

La partie intérieure de la coquille de l'huître est polie et luisante; elle constitue la

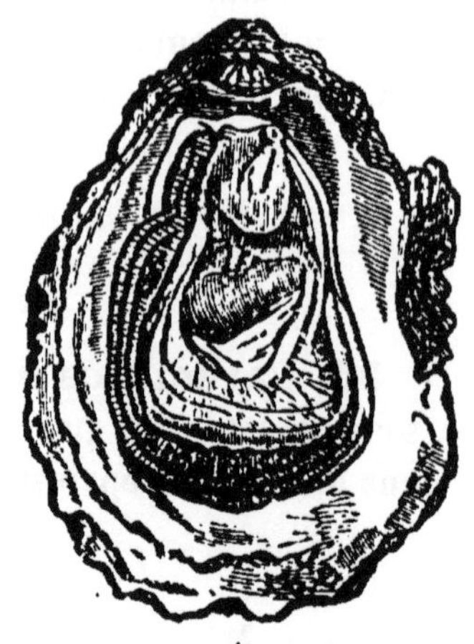

Fig. 91. — Huître comestible.

nacre, très employée dans l'industrie pour la fabrication des boutons et la décoration des objets de luxe. C'est dans la coquille d'une espèce d'huître que l'on trouve les perles précieuses si recherchées en bijouterie.

87. Mollusques nuisibles. — Les principaux mollusques nuisibles sont les *escargots*, les *limaces* et les *tarets*.

Les *escargots*, et surtout les petites *limaces grises*, causent de véritables dégâts à l'agriculture et au jardinage, en rongeant les jeunes pousses des arbres et en dévorant les légumes des potagers.

Les *tarets* sont de petits mollusques très

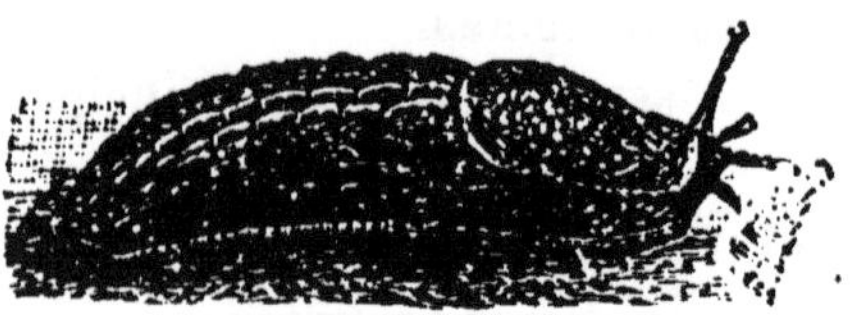

Fig. 92. — Limace.

allongés, qui sont munis d'une coquille avec laquelle ils perforent les pièces de bois submergées et y creusent d'innombrables galeries. En quelques mois, la coque d'un navire pourrait être détruite par les tarets, si l'on n'avait le soin de la revêtir extérieurement de lames de cuivre pour s'opposer à leur action déprédatrice.

QUATRIÈME EMBRANCHEMENT

LES ZOOPHYTES

88. Caractères des zoophytes. — Les *zoophytes* sont les plus imparfaits des animaux. Il est difficile de reconnaître chez eux l'existence d'un organe complet; c'est à peine si l'on y voit des traces des organes de la digestion : pour tout appareil de circulation, on n'y trouve que quelques rudiments de vaisseaux sanguins.

Ces animaux sont appelés zoophytes, nom qui signifie *animal-plante*, parce qu'ils semblent tenir autant de la plante que de l'animal; ils servent ainsi à établir le passage entre le règne animal et le règne végétal.

Fig. 93. — Corail rouge.

Les zoophytes vivent généralement dans la mer. Beaucoup ne se déplacent pas d'eux-mêmes; ils flottent au hasard à la surface des eaux. Un certain nombre d'entre eux vivent en colonies innombrables au fond des océans; par leurs amoncellements, ils forment des dépôts pierreux très importants, appelés *polypiers* ou *madrépores;* le *corail* est un de ces polypiers.

Fig. 94. — Actinies.

Fig. 95. — Actinie œillet.

Les plus importants des zoophytes sont les *astéries* ou *étoiles de mer*, dont la forme rappelle celle d'une étoile à cinq branches ; les *actinies* ou *anémones de mer*, qui ont l'apparence de belles fleurs diversement colorées ; les *oursins* armés de piquants comme les châtaignes ; les *éponges*, dont la masse gélatineuse est soutenue par la charpente filamenteuse qui constitue les éponges de commerce.

C'est encore dans l'embranchement des zoophytes que se trouvent les *infusoires*, sortes d'animalcules microscopiques qui se développent rapidement dans les eaux renfermant des substances organiques en décomposition.

Les infusoires les plus dangereux sont les *microbes*, que l'on peut considérer comme les véhicules de la plupart des maladies contagieuses, telles que la phtisie, la petite vérole, la diphtérie, etc.

La craie, dont on se sert au tableau noir, est formée par l'amoncellement de coquillages extrêmement petits, ayant appartenu à certains zoophytes, les *foraminifères*, qui vivaient au temps où se sont constitués les terrains où nous la trouvons actuellement.

DEVOIRS

21ᵉ Devoir. — 1. Quel est le caractère distinctif des annelés ? 2. Quels sont les deux sous-embranchements des annelés ? 3. Nommez les quatre classes des articulés. 4. A quelle classe appartient l'écrevisse ? 5. — le cloporte ? 6. — le scorpion ? 7. — le hanneton ? 8. Avec quoi respire le homard ? 9. — l'araignée ? 10. — le papillon ? 11. Nommez les crustacés comestibles. 12. — les insectes utiles par les produits qu'ils nous donnent. 13. — Par les chenilles, vers ou insectes qu'ils dévorent. 14. Combien un essaim a-t-il de reines ? 15. — d'abeilles ouvrières ?

22ᵉ Devoir. — 1. Quel est l'insecte qui nous donne la soie ? 2. Comment s'appelle sa larve ? 3. Quelle longueur peut avoir le fil d'un cocon de soie ? 4. Quel est l'insecte qui nous donne de belles couleurs rouges ? 5. — qui sert à préparer les vésicatoires ? 6. Sur quel arbre trouve-t-on le plus souvent ce dernier ? Quel est le nom de l'insecte appelé vulgairement bête du bon Dieu ? 8. Quels sont les principaux insectes nuisibles ? 9. Quel est celui dont la larve cause de grands ravages ? 10. Comment s'appelle cette larve ? 11. Nommez l'insecte qui s'attaque spécialement au blé. 12. — qui est un fléau pour les cultivateurs algériens. 13. — qui ravage nos jardins potagers. 14. — qui cause les plus grands ravages dans nos vignobles. 15. Nommez les insectes qui vivent en parasites sur l'homme malpropre. 16. Quels sont les arachnides nuisibles ?

23ᵉ Devoir. — 1. Par quoi sont caractérisés les vers? 2. Nommez leurs deux principales classes. 3. A quelle classe appartient la sangsue? 4. — la trichine? 5. Nommez un ver utile. 6. — Deux vers nuisibles. 7. Quel est celui des deux qui se loge dans les muscles? 8. Nommez les trois principales classes des mollusques. 9. Nommez un mollusque comestible. 10. Citez les principaux mollusques nuisibles. 11. Quels sont les mollusques qui s'attaquent aux pièces de bois? 12. Où trouve-t-on les perles précieuses? 13. Nommez les plus importants des zoophytes. 14. A quelle espèce de zoophytes appartiennent les microbes? 15. — les coquillages qui ont formé la craie?

SUJETS DE RÉDACTION

14ᵉ Sujet. — Parlez des insectes. En quoi les insectes nous sont-ils utiles. (*Morbihan, 1892.*)

15ᵉ Sujet. — Nommez les principaux insectes nuisibles et indiquez très succinctement en quoi ils sont nuisibles. (*Rhône, 1893.*)

TROISIÈME PARTIE

LES VÉGÉTAUX

CHAPITRE I

Organes de nutrition.

89. — Si l'on examine une plante, on voit qu'elle se compose de parties bien distinctes, qui en sont les organes. Ces organes servent, les uns à la *nutrition* de cette plante, les autres à sa *reproduction*. Les principaux organes de la nutrition sont les *racines*, la *tige* et les *feuilles*; ceux de la reproduction, les *fleurs* et les *fruits*.

Racines.

90. Définition. — La *racine* est la partie du végétal qui s'enfonce dans le sol pour l'y fixer et puiser l'eau et les sucs nécessaires à sa nutrition.

La racine peut être *simple*, comme dans le radis, la carotte, mais elle est généralement *ramifiée*. Les dernières subdivisions des racines forment les *radicelles* ou le *chevelu*. Ces radicelles sont très importantes pour la nutrition des végétaux, car elles seules ont la propriété d'absorber les sucs disséminés dans le sol ; aussi, lorsqu'on transplante un arbre, faut-il avoir soin de conserver le plus possible le chevelu de sa racine, pour favoriser la réussite de l'opération.

91. Différentes espèces de racines. — D'après leur forme, on distingue trois espèces principales de racines savoir :

1º Les racines *pivotantes*, qui s'enfoncent comme un

pivot dans le sol ; elles peuvent être simples ou ramifiées. Ex. : la *carotte*, le *poirier* ;

Fig. 96. — Racine pivotante simple.

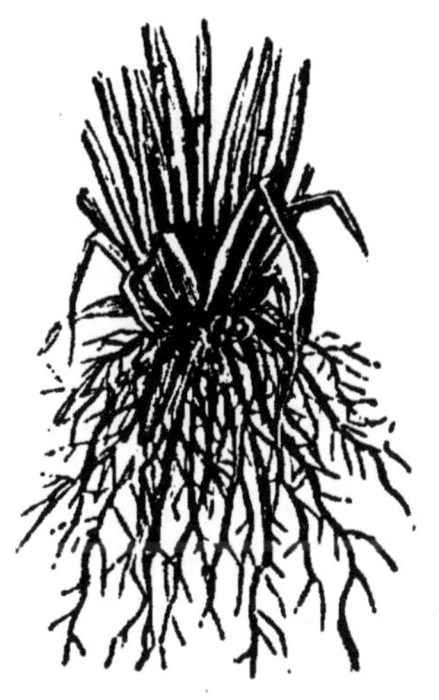

Fig. 97. — Racines fibreuses ou fasciculées.

2º Les racines *fibreuses*, formées par de faisceaux de radicelles partant toutes de l'extrémité de la tige. Ex. : le *blé*, le *jonc* ;

3º Les racines *tubéreuses*, qui présentent des renflements en forme de tubercules. Ex. : le *dahlia*, la *pivoine*.

Fig. 98. — Racines tubéreuses.

92. Bouturage. Marcottage. — Chez quelques végétaux, placés dans certaines conditions, on voit souvent la tige, les rameaux et même les feuilles produire des racines adventives, propriété qui est utilisée pour la multiplication de ces végétaux. Ce mode de reproduction se nomme, selon le cas, *bouturage* ou *marcottage*.

Le *bouturage* consiste à planter dans la terre humide une jeune branche détachée de son sujet. Après un certain temps, on voit naître de nombreuses racines des différents points en contact avec le sol; ces racines permettent à la branche de se nourrir, de croître et de devenir une nouvelle plante.

Le *marcottage* se fait en couchant en terre un jeune rameau sans le détacher du végétal auquel il appartient. Des racines adventives naissent de la partie enterrée, et lorsque ces racines sont assez développées, on sépare le rameau de la plante-mère, ce qui donne un nouveau sujet.

Fig. 99. — Marcottage.

93. Usage des racines. — Beaucoup de plantes nous offrent des racines savoureuses, recherchées pour l'alimentation; les principales sont la *rave*, le *navet*, la *carotte*, le *radis*, le *panais* et la *scorsonère*.

Un grand nombre de racines servent à préparer des médicaments: la racine de l'*ipécacuana* est employée comme vomitif; celle de la *rhubarbe*, comme purgatif; celle de la *gentiane*, comme fébrifuge.

Tige.

94. Définition. — La *tige* est la partie du végétal qui, habituellement, sort de terre et s'élève dans l'atmosphère. Elle supporte les *feuilles*, les *fleurs* et les *fruits*.

Relativement à sa forme, la tige peut être *simple* ou *rami-*

fiée, et, d'après sa consistance, elle est *herbacée*, sousligneuse ou *ligneuse*.

95. Différentes sortes de tiges.

— Les principales sortes de tiges sont le *tronc*, le *stipe*, le *chaume*, le *rhizome* et le *tubercule*.

Le *tronc* a pour type la tige des arbres de nos forêts et de nos vergers. Ex. : le *chêne*, le *poirier*.

Le *stipe* est droit et cylindrique, mais sans ramifications ; son sommet porte un bouquet de feuilles ordinairement très grandes. Ex. : le *palmier*, le *cocotier*, le *dattier*.

Le *chaume* est le plus souvent creux à l'intérieur et porte de distance en distance des nœuds d'où partent les feuilles. Ex. : le *blé*, le *roseau*, la *canne à sucre*.

Fig. 100. — Stipe du palmier.

On appelle *rhizomes* des tiges souterraines qui s'allongent horizontalement sous le sol, en émettant de loin en loin des bourgeons, qui sortent de la terre et viennent s'épanouir à l'extérieur. Ex. : l'*iris*, le *sceau de Salomon*.

Les *tubercules* sont des renflements

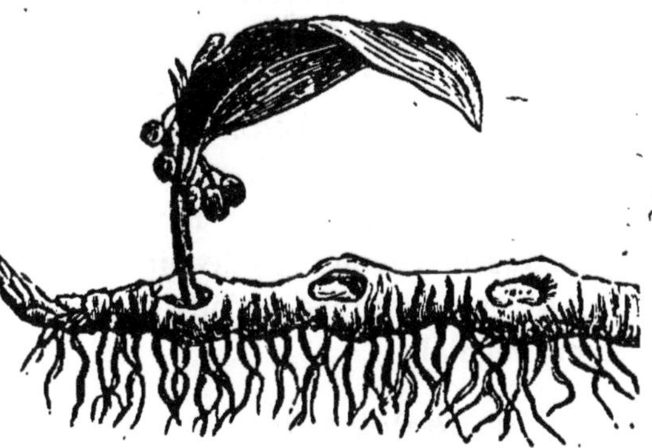

Fig. 101. — Rhizome du sceau de Salomon.

remplis de matières féculentes qui se forment aux extrémités des racines de certaines plantes. Ce qui les distingue des renflements analogues que portent les racines tubéreuses, ce sont les bourgeons qu'ils ont à leur surface, et qui sont susceptibles de se développer pour produire chacun une nouvelle plante. Ex. : la *pomme de terre*, la *patate*.

96. Structure de la tige. — Les tiges de la plupart des arbres de nos pays se composent de trois parties : la *moelle*, le *bois* et l'*écorce*.

La *moelle* occupe le centre de la tige. C'est une matière molle et souvent blanchâtre présentant différents aspects suivant l'âge et l'espèce du végétal. Autour de la moelle, se trouve le *bois*, composé d'un certain nombre de couches concentriques ; les plus internes de ces couches, qui sont les plus anciennes et les plus dures, constituent le *cœur du bois*, tandis que les autres, plus jeunes et plus tendres, forment l'*aubier*. L'*écorce* recouvre le bois et le protège ; elle est elle-même recouverte par l'*épiderme*, lequel finit par disparaître chez les végétaux à longue existence.

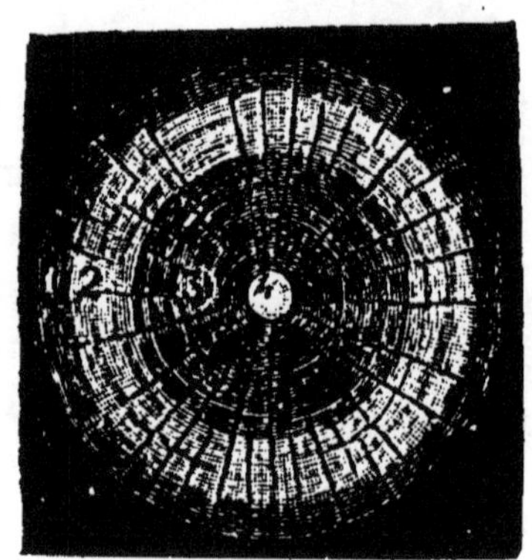

Fig. 102. — Coupe horizontale d'une tige ordinaire.

1. Écorce. — 2. Aubier. — 3. Cœur du bois. 4. Moelle.

Entre l'écorce et le bois, on trouve une mince couche d'un liquide visqueux nommé *cambium*. Ce cambium est le liquide générateur des tissus végétaux; chaque année, il forme, par ses dépôts successifs, une nouvelle couche de bois, qui s'ajoute aux anciennes. La division de ces couches est quelquefois si bien marquée, qu'elle peut suffire pour déterminer l'âge du végétal.

97. Usage des tiges. — Certaines tiges souterraines entrent pour une grande part dans notre alimentation, tels sont la *pomme de terre*, l'*oignon*, l'*ail*, l'*échalote* et le *poireau*. La médecine emploie celles de la *réglisse* et du *quinquina*.

Les tiges du *lin*, du *chanvre*, de la *ramie*, espèce d'ortie originaire de la Chine, nous fournissent les matières textiles servant à confectionner la toile.

Beaucoup de tiges, riches en matières colorantes, sont employées en teinturerie; telles sont celles du *santal*, du *quercitron*, du *fustet* et des *bois de Campêche* et du *Brésil*.

Du chaume de la *canne à sucre*, on retire un liquide sirupeux avec lequel on prépare le *sucre ordinaire*; ce liquide, fermenté sert aussi à la fabrication de l'*alcool* et du *rhum*.

Mais de tous les usages auxquels servent les tiges végétales, le plus important est, sans contredit, l'emploi que l'on en fait pour le chauffage, pour la confection des meubles et pour la construction des navires et des habitations.

98. Greffe. — La *greffe* repose sur la propriété que possède un bourgeon ou un jeune rameau, lorsqu'il est introduit entre l'aubier et l'écorce d'un arbre de même espèce ou d'une espèce voisine, de pouvoir s'y développer et produire un arbre de l'espèce du végétal d'où il a été détaché. Il y a plusieurs sortes de greffes, mais la plus commune est la *greffe en écusson*.

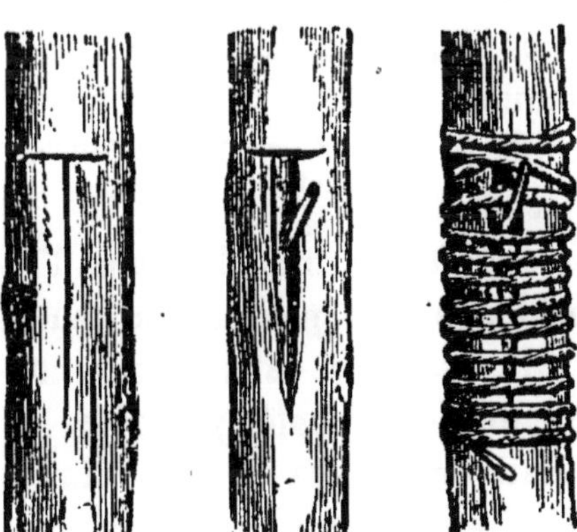

Fig. 103. — Greffe en écusson.

Pour greffer en écusson, on pratique sur l'écorce du sujet à greffer une entaille en forme de T, allant jusqu'à l'aubier. Les deux lèvres de l'entaille étant écartées, on place le greffon au-dessous et on lie soigneusement le tout avec de la laine.

Le greffon doit être un bourgeon pris à un jeune rameau.

Pour le détacher de ce rameau, on fait à l'écorce trois incisions : une horizontale, au-dessus du bourgeon, et deux latérales se rejoignant par le bas ; ces incisions permettent d'enlever facilement le bourgeon.

Feuilles.

99. Caractères généraux. — On désigne sous le nom de *feuilles* des expansions de la tige, de couleur généralement verte et de forme presque toujours aplatie.

La portion aplatie de la feuille a reçu le nom de *limbe* et l'espèce de tige plus ou moins grêle qui l'unit à la branche, celui de *pétiole*.

Le pétiole porte parfois deux petits appendices latéraux ressemblant à de petites feuilles ; ces appendices se nomment *stipules*.

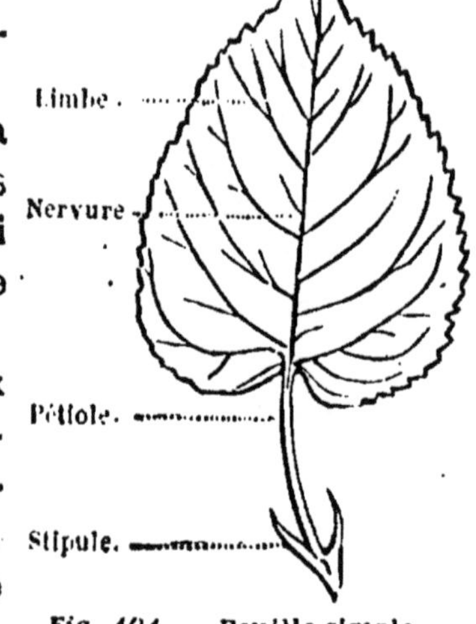

Fig. 104. — Feuille simple. Feuille de poirier.

Lorsque le limbe s'attache directement à la branche, sans l'intermédiaire du pétiole, la feuille est dite *sessile ;* dans le cas contraire, elle est appelée *pétiolée.*

Relativement à la forme du limbe, les feuilles peuvent être *simples* ou *composées.*

Les feuilles *simples* sont celles dont le limbe est d'une seule pièce, c'est-à-dire n'est pas échancré jusqu'à la nervure centrale, quels qu'en soient d'ailleurs les dentelures, lobes ou segments. Les

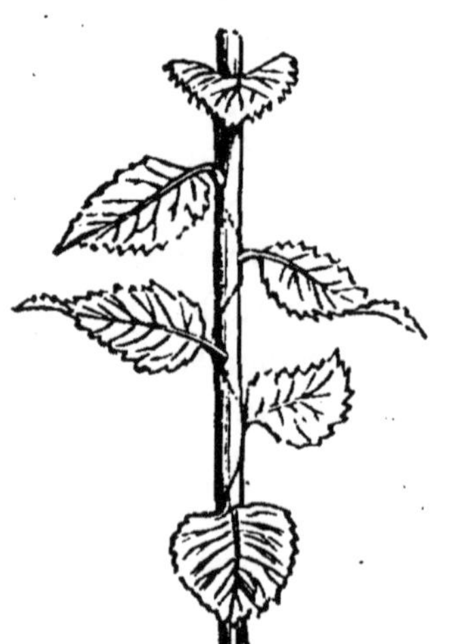

Fig. 105. — Feuilles alternes.

feuilles *composées* ont le limbe divisé en plusieurs pièces distinctes, nommées *folioles*, placées sur les parties latérales ou à l'extrémité d'un pétiole commun. Ce pétiole peut lui-même se ramifier et former ainsi des feuilles *bi-composées*.

100. Disposition des feuilles sur la tige. — Relativement à leur disposition sur la tige ou sur les rameaux, les feuilles sont dites *alternes, opposées* ou *verticillées.*

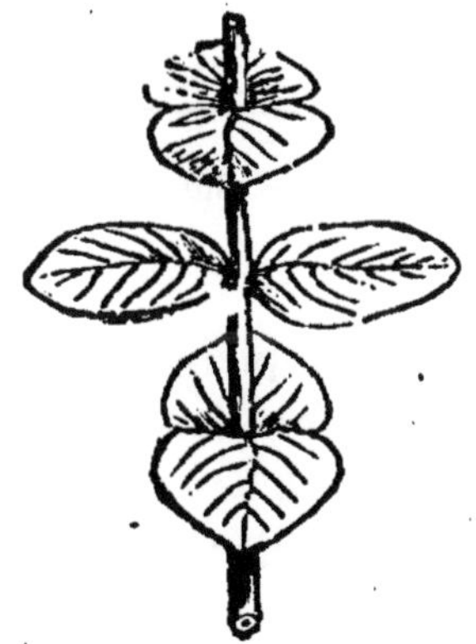

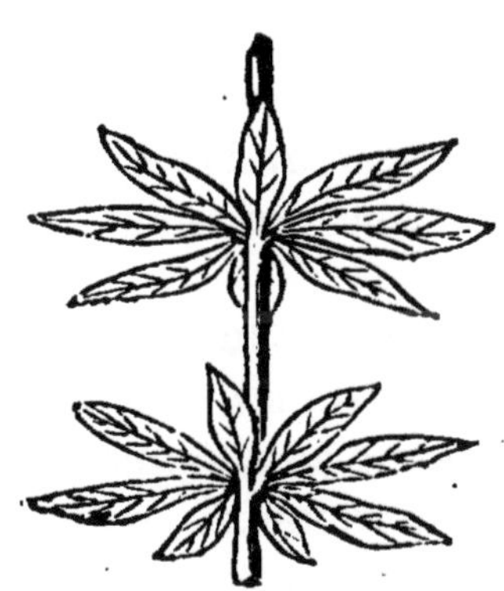

Fig. 106. — Feuilles opposées.   Fig. 107. — Feuilles verticillées.

On appelle feuilles *alternes* celles qui naissent toutes à des hauteurs différentes, mais qui sont disposées sur la tige de manière que si l'on faisait passer un fil par les points d'insertion de ces feuilles, ce fil formerait une spirale. Les feuilles *opposées* sont celles qui naissent deux par deux à la même hauteur, vis-à-vis l'une de l'autre. On les appelle *verticillées* quand elles naissent trois par trois, quatre par quatre ou davantage, d'un même nœud, en formant ainsi une sorte de collerette autour de lui.

101. Structure des feuilles. — Les feuilles sont composées de trois parties : les *nervures*, le *parenchyme* et l'*épiderme.*

Les *nervures* partent toutes du pétiole et se ramifient dans le limbe. On désigne sous le nom de *parenchyme* le tissu qui remplit les intervalles laissés par les nervures ; les cellules qui le composent renferment une substance de couleur verte très importante, c'est la *chlorophylle*.

A la surface de l'épiderme se trouvent un grand nombre de petites ouvertures nommées *stomates ;* c'est par ces ouvertures que s'effectuent continuellement, entre les feuilles et l'atmosphère, les échanges des produits gazeux déterminés par les fonctions des feuilles.

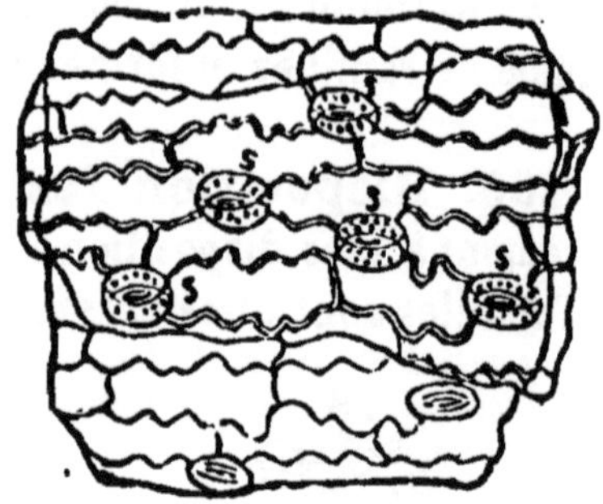

Fig. 109. — Stomates.

102. Fonction des feuilles. — Les principales fonctions des feuilles sont la *respiration*, la fonction *chlorophyllienne* et la *transpiration*.

RESPIRATION DES VÉGÉTAUX. — La respiration des végétaux, comme celle des animaux, consiste dans l'absorption de l'oxygène de l'air et dans le dégagement de l'acide carbonique provenant des phénomènes chimiques qui se produisent dans leurs tissus. Cette fonction se fait par toutes les parties des végétaux, colorées en vert ou non, pendant le jour comme pendant la nuit. Elle n'est apparente que pendant la nuit, car, pendant le jour, elle est masquée par la fonction chlorophyllienne, qui donne lieu à une absorption et à un dégagement inverses.

103. FONCTION CHLOROPHYLLIENNE. — La fonction chlorophyllienne consiste dans le fait que les feuilles, ainsi que toutes les parties vertes des végétaux, par leur chlorophylle et sous l'action de la lumière, absorbent l'acide carbonique de l'air, le décomposent, fixent le carbone dans leurs tissus et laissent dégager l'oxygène.

La fonction chlorophyllienne est beaucoup plus active que la respiration, surtout dans l'action directe des rayons solaires, de sorte que les végétaux dégagent plus d'oxygène qu'ils n'en absorbent. A l'ombre, dans la lumière diffuse, la respiration chlorophyllienne se produit encore, mais avec d'autant moins d'intensité que la lumière est plus faible.

C'est aussi sous l'influence de la lumière que se forme la chlorophylle. Cette matière cesse de se produire dans l'obscurité, car les feuilles, n'absorbant plus alors d'acide carbonique, ne peuvent fixer du carbone dans leurs tissus, et même, si l'obscurité se prolonge, la chlorophylle disparaît complètement.

Les jardiniers utilisent cette propriété lorsqu'ils veulent faire blanchir des légumes. A cet effet, ils les lient avec un jonc en les transplantant dans un endroit sombre, dans une cave, par exemple ; ces légumes étant alors privés de lumière, perdent leur chlorophylle et deviennent très tendres.

104. Transpiration des végétaux. — La transpiration est le phénomène par lequel les feuilles rejettent constamment dans l'atmosphère, à l'état de vapeur, l'excès d'eau introduit dans les végétaux par l'absorption des racines.

L'activité de cette fonction varie avec la température et l'état d'humidité de l'air : elle est d'autant plus active que la chaleur est plus forte et l'air plus sec.

Fig. 109. — Absorption de l'eau par les feuilles.

Mises en contact avec l'eau, les feuilles absorbent de ce liquide. Pour se rendre compte de ce fait, il suffit de plonger en partie dans l'eau une branche garnie de ses feuilles, et on constate que la partie non immergée conserve sa fraîcheur pendant un temps assez long.

105. Usage des feuilles. — Beaucoup de plantes nous fournissent les feuilles qui servent à préparer nos salades ;

les principales sont les *laitues*, les *chicorées* et les *dents-de-lion*.

Les feuilles du *chou*, de l'*épinard*, de l'*oseille*, du *persil*, du *cerfeuil*, de l'*estragon* rentrent aussi dans notre alimentation. Plus nombreuses encore sont les feuilles dont se nourrissent les animaux herbivores. Le *foin*, le *trèfle*, la *luzerne*, et les feuilles du *maïs*, de la *betterave* et de beaucoup d'autres végétaux, constituent la principale nourriture d'un grand nombre de nos animaux domestiques.

La médecine utilise les propriétés spéciales des feuilles de la *belladone*, de la *jusquiame*, de la *digitale*, de la *menthe*, de l'*oranger*, etc.

Ce sont les feuilles du *tabac*, qui, après avoir subi certaines préparations, nous donnent le tabac à fumer et le tabac à priser.

DEVOIRS

24ᵉ Devoir. — 1. Nommez les organes de nutrition des végétaux. 2. — ceux de reproduction. 3. Comment appelle-t-on les racines qui présentent des renflements ? 4. — celles qui sont formées de radicelles partant toutes de l'extrémité de la tige ? 5. Quelle espèce de racine a la carotte ? 6. — le dahlia ? 7. Nommez quelques racines servant à notre alimentation. 8. — employées comme médicaments. 9. Nommez deux modes de reproduction des végétaux basés sur les racines. 10. Nommez les principales sortes de tiges. 11. Quel nom porte la tige du blé ? 12. — du palmier ? 13. — celle qui s'allonge horizontalement sous terre ? 14. Qu'est-ce qui distingue les tubercules des racines tubéreuses ? 15. Nommez deux tubercules.

25ᵉ Devoir. — 1. Nommez les différentes parties de la tige. 2. Par quoi est recouverte l'écorce ? 3. Comment se subdivise le bois ? 4. Comment appelle-t-on le liquide situé entre le bois et l'écorce ? 5. Où se trouve la moelle ? 6. Nommez les plantes dont les tiges sont employées en médecine. 7. — en teinturerie 8. — pour notre alimentation. 9. De quelles tiges retire-t-on le sucre ? 10. — la matière textile de la toile ? 11. Quelle est la greffe la plus employée ? 12. Comment appelle-t-on la portion aplatie de la feuille ? 13. — l'espèce de tige qui unit la feuille à la branche ? 14. Comment nomme-t-on les feuilles qui n'ont pas de pétiole ? — 15. — les appendices du pétiole ?

26ᵉ Devoir. — Comment nomme-t-on les feuilles qui forment comme une collerette autour de la tige ? 2. — qui naissent deux par deux à la même hauteur ? 3. — qui naissent toutes à des hauteurs différentes ? 4. Nommez les trois parties dont se compose une feuille. 5. Comment appelle-t-on la substance verte des cellules du parenchyme? 6. — les petites ouvertures de l'épiderme? 7. Quelles sont les principales fonctions des feuilles? 8. Quelle est celle qui ne se produit que pendant le jour? 9. — qui a pour résultat de purifier l'atmosphère? 10. — d'absorber de l'acide carbonique? 11. — de rejeter de la vapeur d'eau dans l'atmosphère? 12. Nommez les plantes dont les feuilles servent à préparer nos salades. 13. — à notre alimentation. — 14. — à celle des animaux. 15. — dont les feuilles sont utilisées en médecine.

SUJETS DE RÉDACTION

16ᵉ Sujet. — Faire la description d'une feuille et montrer le rôle des feuilles dans la végétation. (*Orne, 1893.*)

17ᵉ Sujet. — Tige des végétaux : description de la tige des arbres ordinaires de nos forêts. — Produits que l'on retire des tiges des végétaux. (*Tarn, 1891.*)

CHAPITRE II

Organes de reproduction.

Fleur.

106. Description de la fleur. — La *fleur* est l'ensemble des organes qui servent d'une manière plus ou moins directe à la production du fruit, et, par suite, à la reproduction du végétal.

Une fleur complète comprend quatre séries d'organes, qui sont, en allant de l'extérieur à l'intérieur : le *calice*, la *corolle*, les *étamines* et le *pistil*.

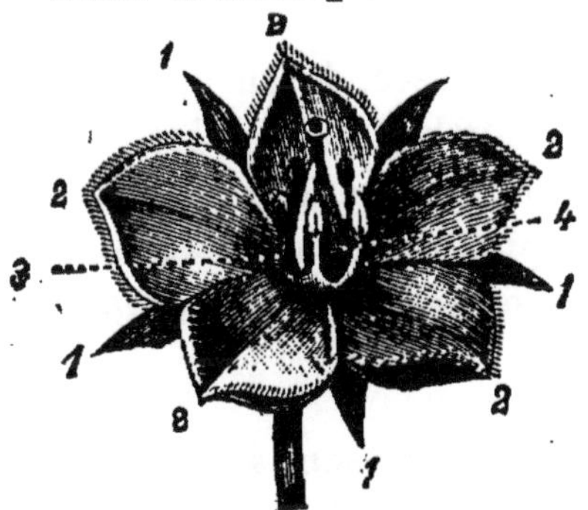

Fig. 110. — Fleur.

1. Sépales formant le calice.
2. Pétales formant la corolle.
3. Étamines. — 4. Pistil.

107. Calice. — Le *calice* est la plus extérieure des enveloppes florales. Bien qu'il soit ordinairement vert, le calice

peut être autrement coloré. Il se compose de feuilles nommées *sépales*. Lorsque les sépales sont tous soudés ensemble
par leur base, on dit que le calice est *monosépale;* quand,
au contraire, les sépales sont indépendants les uns des autres,
le calice est dit *polysépale.*

Par rapport à sa forme, le calice peut être *régulier* ou
irrégulier : il est régulier lorsqu'il est composé de sépales
égaux et symétriquement disposés, ainsi qu'on l'observe
dans la rose; il est irrégulier lorsque les sépales sont inégaux et manquent entre eux de symétrie, comme dans la
sauge et l'aconit.

Fig. 111. — Fleur vue en dessous,
montrant le calice.

Fig. 112. — Fleur vue en dessus,
montrant la corolle.

107. Corolle. — La *corolle*, seconde enveloppe florale,
est constituée par un certain nombre de feuilles, nommées
pétales, qui ont généralement une coloration vive et éclatante,
en même temps qu'une odeur plus ou moins agréable. Comme
le calice, la corolle peut être *monopétale, polypétale, régulière* ou *irrégulière.*

108. Etamines. — Les *étamines* sont situées à l'intérieur des deux premières enveloppes florales, qui en sont
les organes protecteurs. Elles peuvent être plus ou moins
nombreuses dans chaque fleur, égales ou inégales en hauteur,
indépendantes les unes des autres ou soudées entre elles.
Chaque étamine comprend trois parties : le *filet*, l'*anthère*
et le *pollen.*

Le *filet* est une faible tige qui supporte l'anthère. L'*anthère* est un petit sac membraneux, de couleur variable, de forme généralement ovoïde, renfermant le pollen. Le *pollen* est la

Fig. 113. — Fleur du liseron.
Calice monosépal.
Corole monopétale.

Fig. 114. — Étamines de la giroflée.
1. Filet. — 2. Anthère.

Fig. 115. — Pistil.
1. Ovaire. — 2. Style.
3. Stigmate.

poussière fécondante de la fleur ; il se présente sous la forme de granules excessivement fins, de couleur ordinairement jaune.

109. Pistil. — Le *pistil* est l'organe le plus central de la fleur ; comme les étamines, il comprend trois parties : l'*ovaire*, le *style* et le *stigmate*.

L'*ovaire* est une sorte de renflement placé au bas de la fleur et contenant les *ovules* ; c'est le fruit en voie de formation. Le *style* est une sorte de canal plus ou moins allongé qui surmonte l'ovaire et le fait communiquer avec le stigmate. Le *stigmate* est la partie glanduleuse qui termine le style.

110. Fleurs incomplètes. — Les fleurs qui manquent d'un ou de plusieurs des organes précédemment décrits, sont dites *incomplètes*. Celles qui possèdent des étamines et n'ont pas de pistil, sont nommées fleurs *staminées*, et celles qui ayant un pistil n'ont pas d'étamines ont reçu le nom de fleurs *pistillées*.

Certains végétaux, le chêne, le noisetier, par exemple, portent sur un même pied des fleurs staminées et des fleurs pistillées, séparées les unes des autres ; ces végétaux sont dits *monoïques*. On désigne sous le nom de plantes *dioïques* celles dont un même pied ne porte que des fleurs staminées ou que des fleurs pistillées, comme on le remarque dans le houblon, l'épinard et le chanvre.

111. Fructification. — Pour

que la fleur puisse produire un fruit, c'est-à-dire pour que l'ovaire puisse se développer, il est indispensable

Fig. 116. — Fleurs du noisetier.
1. Fleurs staminées.
2. Fleurs pistillées.

qu'il soit fécondé par le pollen des étamines. La chose est facile pour les fleurs qui renferment à la fois un pistil et des étamines. Au moment où ces fleurs sont dans la plénitude de l'épanouissement, le stigmate sécrète un liquide visqueux sur lequel se fixent les grains de pollen tombés des anthères ; parvenu sur le stigmate, le pollen descend par le style dans l'intérieur de l'ovaire.

La difficulté de la fécondation est plus grande lorsque les fleurs pistillées se trouvent distantes des fleurs staminées, soit sur le même pied, soit sur des pieds différents et éloignés. Dans ce cas, les vents, les insectes ailés, les abeilles surtout, transportent sur les fleurs pistillées la poussière pollinique indispensable au développement de l'ovaire.

Lorsque le pollen ne parvient pas sur le pistil d'une fleur, elle se dessèche et ne porte pas de fruit ; on dit qu'elle *coule*. Ce fait se produit surtout lorsqu'il pleut abondamment au moment de la floraison ; la pluie entraîne le pollen et l'empêche de se déposer sur le pistil des fleurs pour les féconder.

112. Usage des fleurs. — Les fleurs que la médecine utilise sont nombreuses ; les principales sont la *bourrache*, la *camomille*, l'*arnica*, la *mauve*, le *tilleul*, la *violette*, etc.

La parfumerie extrait des fleurs du *rosier*, du *géranium*, de l'*oranger*, du *jasmin* et de l'*héliotrope* des parfums délicieux. La teinturerie emploie aussi les fleurs du *safran* et du *carthame*.

Les fleurs sont en outre pour l'homme une source de jouissances toujours nouvelles. C'est pour lui seul qu'elles ont de l'agrément. De tout temps, elles ont été le symbole de la joie et l'expression des sentiments du cœur. Elles sont de toutes les fêtes : l'enfant emprunte leur gracieux langage pour dire sa piété filiale, et l'Eglise elle-même en décore ses autels.

Fruit

Le *fruit* n'est autre chose que l'ovaire développé et parvenu à sa maturité. Il se compose de deux parties : le *péricarpe* et la *graine*.

113. Péricarpe. — Le *péricarpe* est la portion du fruit qui provient du développement des parois de l'ovaire ; c'est le fruit proprement dit. Le péricarpe se compose de trois parties : l'*épicarpe*, le *mésocarpe* et l'*endocarpe*.

L'*épicarpe* est la pellicule qui enveloppe le fruit : c'est la pelure. Le *mésocarpe* est la partie moyenne du fruit ; il en constitue la partie comestible ; dans certains fruits, tels que la poire et la pomme, le mésocarpe atteint un développement considérable. L'*endocarpe* est la membrane interne qui tapisse la cavité où sont contenues les graines.

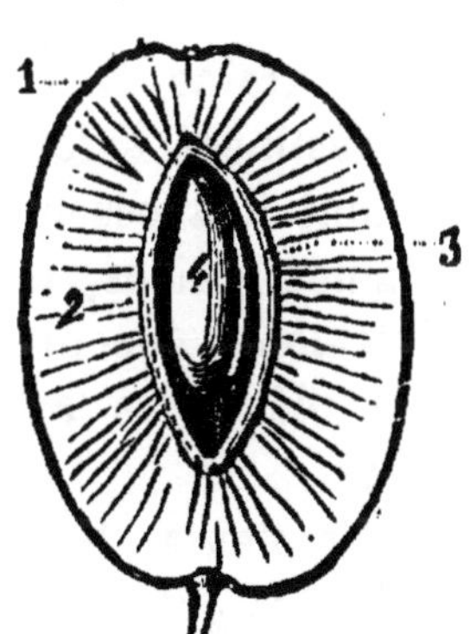

Fig. 117. — Coupe d'un fruit.

1. Epicarpe. — 2. Mésocarpe.
3. Endocarpe. — 4. Graine.

Dans quelques fruits, comme la pêche et l'abricot, cette

membrane devient dure et épaisse ; elle forme ce qu'on appelle le *noyau*.

114. Graines. — Les *graines* résultent du développement des ovules. Ce sont les graines qui placées dans des conditions favorables, reproduisent, par la germination, les plantes dont elles proviennent.

Une graine complète se compose de trois parties : le *tégument*, l'*albumen* et l'*embryon*.

Fig. 118. — Coupe d'un grain
de blé.

1. Embryon. — 2. Cotylédon.
3. Albumen. — 4. Tégument.

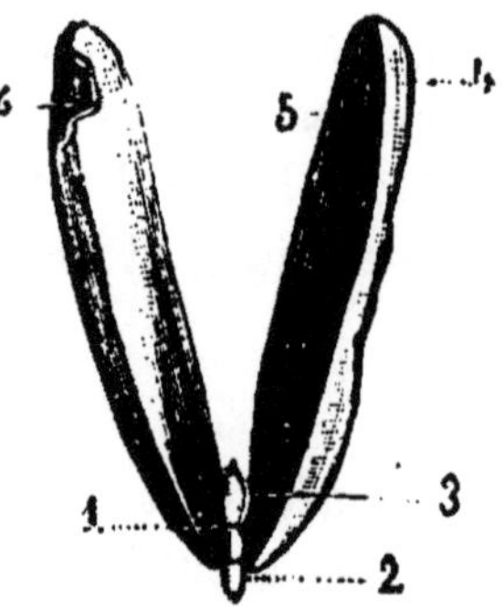

Fig. 119. — Graine de
l'amandier.

1. Tigelle. — 2. Radicule. — 3. Gemmule
4. Tégument. — 5-6. Cotylédons.

Le *tégument* constitue l'enveloppe de la graine. L'*albumen* est un amas de matières nutritives destinées à fournir à l'embryon les substances alimentaires dont il a besoin au commencement de la germination. Certaines graines, telles que le haricot et le pois, sont complètement dépourvues d'albumen, tandis que d'autres, comme le blé et les autres céréales, en renferment une riche provision.

L'*embryon* est le rudiment de la nouvelle plante. Il comprend trois parties : la *radicule*, la *tigelle* et la *gemmule*.

La *radicule* est la racine de la plante future. La *tigelle* fait suite à la radicule, c'est la partie de l'embryon qui, par son développement, doit constituer la nouvelle plante. La *gemmule* termine la tigelle ; elle est formée par un bourgeon rudimentaire, qui se développe par la germination et donne naissance aux premières feuilles du végétal.

115. Cotylédons. — Beaucoup de graines possèdent en outre un ou deux appendices latéraux fixés à la base de la tigelle ; ce sont les *cotylédons.* Comme l'albumen, les cotylédons constituent une réserve alimentaire destinée à nourrir la jeune plante pendant la première période de la germination, alors que ses racines ne sont pas encore assez développées pour puiser dans le sol les sucs qui lui sont nécessaires. Aussi les cotylédons sont-ils épais et charnus dans les graines qui sont dépourvues d'albumen, tandis qu'ils sont nuls ou tout à fait rudimentaires dans celles qui sont munies d'un albumen abondant.

116. Germination. — La *germination* consiste dans le développement de l'embryon. Elle s'accomplit toutes les fois que les graines sont placées dans des conditions qui lui sont favorables, c'est-à-dire lorsque les graines trouvent autour d'elles la chaleur, l'air et l'humidité nécessaires.

Voici alors ce qui se passe : l'embryon grandit, les enveloppes de la graine se déchirent, la radicule s'accroît, s'enfonce en terre, se ramifie et devient une véritable racine ; la tigelle s'allonge, sort de terre, en emportant avec elle la gemmule et les cotylédons. Ceux-ci, d'abord blancs et épais, deviennent verts et minces ; ils finissent par se flétrir et disparaître. La gemmule s'épanouit à son tour ; ses folioles se déploient dans l'atmosphère et acquièrent bientôt tous les caractères des feuilles, dont elles ne tardent

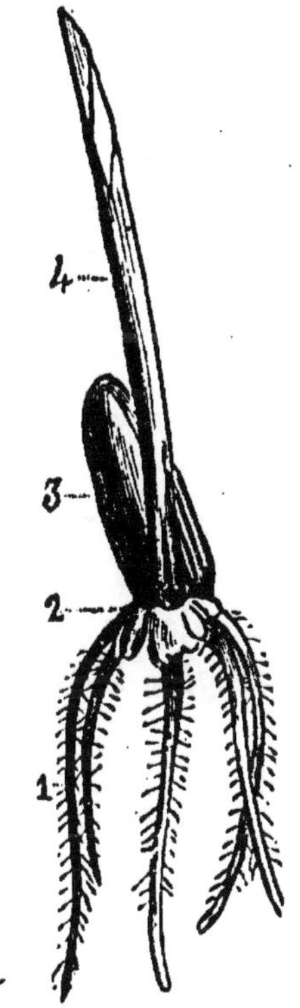

Fig. 120. — Germination du blé.

1. Racine.— 2. Cotylédons. 3. Albumen. — 4. Tigelle.

pas à remplir les fonctions. La germination est alors achevée ; la jeune plante pourvue de ses organes fondamentaux, peut vivre par elle-même et parcourir les diverses phases de la végétation.

117. Usages des fruits et des graines. — Beaucoup de fruits rentrent directement dans notre alimentation ; tels sont les *pommes*, les *poires*, les *raisins*, les *pêches*, les *abricots*, etc.

Quelques fruits nous donnent en outre notre boisson : ainsi le raisin nous fournit le *vin* ; la pomme et la poire produisent le *cidre* et le *poiré*. L'orge sert à préparer la *bière* et avec les grains de la plupart des céréales, on fabrique de l'*alcool*. Le *café* provient des grains du caféier torréfiés, réduits en poudre et infusés dans l'eau.

On extrait de l'huile de l'*olive* et de la *noix*, ainsi que de la graine du *colza*, du *lin* et de certains *pavots*.

Les céréales nous rendent d'immenses services par les grains qu'elles nous fournissent : ces grains servent à notre alimentation ou à celle de nos animaux domestiques. Les principales céréales utiles sont le *blé*, le *seigle*, l'*orge*, l'*avoine*, le *millet*, le *maïs* et le *riz*.

Plusieurs grains, telles que celles du *lin* et de la *moutarde*, servent à préparer des médicaments.

DEVOIRS

27ᵉ Devoir. — 1. Quel nom porte l'ensemble des organes servant à la reproduction du végétal ? 2. Quel est le plus extérieur des organes floraux ? 3. — le plus intérieur ? 4. — celui qui est ordinairement coloré en vert ? 5. Comment nomme-t-on les feuilles du calice ? 6. — de la corolle ? 7. Quel nom donne-t-on à la corolle lorsque ses feuilles sont distinctes ? 8. — sont soudées ? 9. Nommez les parties qui composent l'étamine ? 10. Où est situé le pollen ? 11. Qu'est-ce qui supporte l'anthère ? 12. Où est situé le pistil ? 13. Nommez les parties qui le composent ? 14. Où est situé l'ovaire ? 15. Qu'est-ce qui supporte le stigmate ?

28ᵉ Devoir. — 1. Comment appelle-t-on les fleurs qui manquent d'un des organes floraux ? 2. — qui ayant un pistil n'ont pas d'étamines ? 3. — qui ayant des étamines n'ont pas de pistil ? 4. Comment appelle-t-on les végétaux qui ont à la fois des fleurs staminées et des fleurs pistillées ? 5. — qui n'ont qu'une de ces espèces de fleurs ? 6. Quelle est la condition nécessaire pour que l'ovaire puisse se développer ? 7. Quels sont les insectes qui favorisent la fructification des végétaux monoïques ? 8. Qu'est-ce qui nuit surtout à la fructification ? Nommez les principales fleurs médicinales ? 10. Quelles sont les fleurs employées par la parfumerie ? 11. — par la teinturerie ? 12. Pour qui les fleurs ont-elles de l'agrément ? 13. — De quoi sont-elles le symbole ? 14. Que contient l'ovaire ? 15. Que devient-il par son développement.

29ᵉ Devoir. — 1. Nommez les différentes parties du fruit. 2. Quelle est celle qui atteint le plus de développement ? 3. — qui parfois forme un noyau ? 6. Quelle est la plus importante de ces parties ? 9. Qu'est-ce que le tégument ? 8. — l'albumen ? 9. Nommez les principales parties de l'embryon ? 10. Nommez quelques fruits comestibles. 11. — quelques céréales. 12. De quelles graines extrait-on l'huile. 13. Avec quelle céréale fait-on la bière ? 14. Avec quel fruit fait-on le cidre ? Quelles sont les graines utilisées en médecine ?

SUJETS DE RÉDACTION

18ᵉ Sujet. — Décrire un grain de blé et dire ce qu'il devient lorsqu'il est jeté en terre (*Ardennes, 1892*).

19ᵉ Sujet. — Faire sommairement la description d'une fleur complète. *Var, 1893*).

CHAPITRE III

Classification des végétaux.

118. Objet de la classification. — La *classification* des végétaux comme celle des animaux, a pour but de les grouper d'après l'ensemble des caractères communs que présentent leurs organes. On a divisé les végétaux en trois grands embranchements ayant pour caractères distinctifs le nombre des cotylédons de la graine :

1º Les DICOTYLÉDONES, contenant toutes les plantes dont la graine a deux cotylédons ;

2º Les MONOCOTYLÉDONES, comprenant toutes celles dont la graine n'a qu'un cotylédon ;

3° Les ACOTYLÉDONES, comprenant tous les végétaux dont la graine n'a pas de cotylédon.

Chacun de ces embranchements se divise en *familles* trop nombreuses pour qu'il soit possible de les décrire toutes dans cet ouvrage. On n'indiquera donc que celles qui renferment les végétaux les plus importants au point de vue de l'alimentation et à celui de l'industrie.

Embranchement des dicotylédones.

119. Caractères généraux. — Les plantes de l'embranchement des *dicotylédones* ont des racines pivotantes et des tiges ramifiées, formées par des zones concentriques. Les fleurs sont généralement complètes ; le nombre des pétales, des sépales et des étamines, est le plus souvent cinq ou un multiple de cinq. La graine présente toujours deux cotylédons opposés entourant l'embryon.

Les principales familles de cet embranchement sont celles des *légumineuses*, des *ombellifères*, des *rosacées*, des *crucifères*, des *cucurbitacées*, des *solanées*, des *composées*, des *amentacées* et des *conifères*.

120. Famille des légumineuses. — Cette famille est ainsi nommée parce qu'elle renferme la plupart des végétaux qui produisent nos légumes. Les fleurs des légumineuses ressemblent presque toutes à celles du pois cultivé, et les fruits sont toujours des *gousses* renfermant des graines plus ou moins arrondies.

La famille des légumineuses nous donne le *pois*, le *haricot*, la *lentille*, la *fève*, comme plantes alimentaires ; la *luzerne*, le *trèfle*, le *sainfoin*, comme plantes fourragères ; le *bois de campêche*, le *bois du Brésil*,

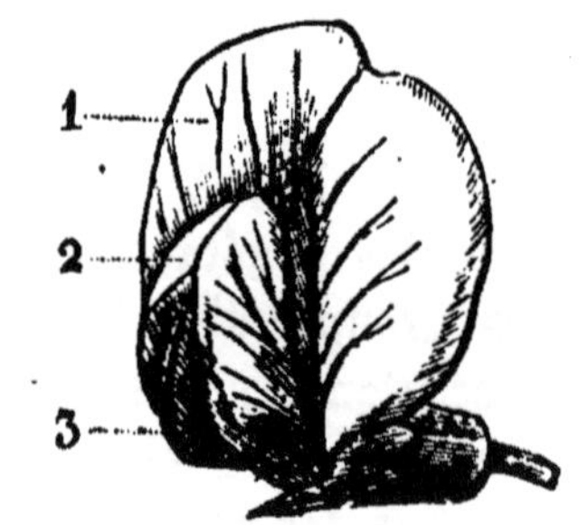

Fig. 121. — Fleur du pois.
1. Étendard. — 2. Ailes.
3. Carène.

le *genêt des teinturiers*, comme plantes industrielles ; le *séné* et la *casse*, comme plantes médicinales.

Fig. 122. — Fève.

Fig. 123. — Haricot.

121. Famille des ombellifères. — Les plantes de cette famille sont caractérisées par leur mode d'inflorescence qui est toujours en *ombelle*.

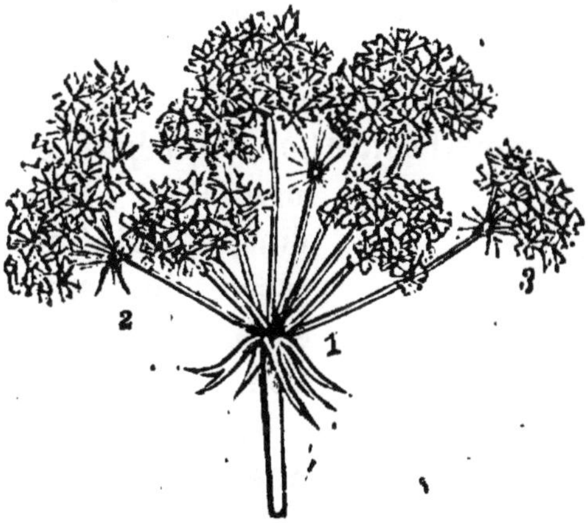

Les fleurs en ombelle sont celles qui sont portées par des axes égaux partant tous du sommet de la tige, de sorte que ces fleurs forment, dans leur ensemble, une surface légèrement convexe. Presque toutes les ombellifères sont odorantes ; les plus communes sont la *carotte*, le *persil*, le *cerfeuil*, le *céleri*, le *fenouil*, etc. La grande et la petite

Fig. 124. — Fleurs en ombelle.
1. Involucre. — 2. Involucelle. — 3. Petite ombelle.

ciguë sont des ombellifères très vénéneuses, ayant beaucoup d'analogie avec le persil.

122. Famille des rosacées. — La famille des *rosacées* tire son nom du rosier sauvage, dont la fleur a été prise comme type de celles des plantes qui la composent.

C'est à cette famille qu'appartiennent la plupart des arbres fruitiers de nos jardins, tels que le *pommier*, le *poirier*, le *prunier*, le *néflier*, le *cerisier*, l'*abricotier*, le *pêcher*, l'*amandier*, etc.

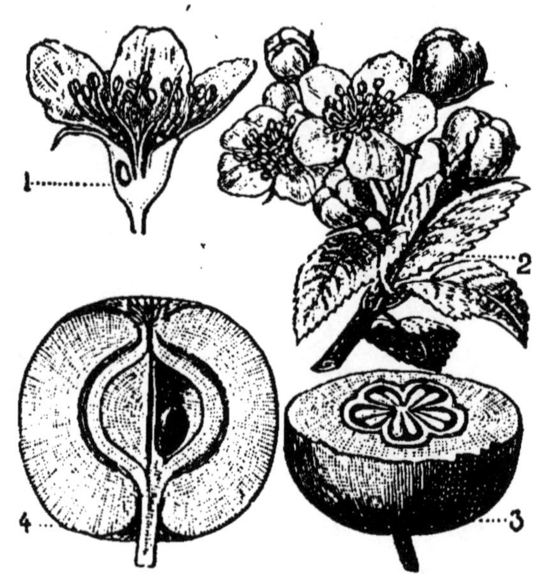

Fig. 125. — Fruit et fleurs du pommier.

1. Coupe de la fleur. — 2. Fleurs en corymbe. — 3. Coupe horizontale montrant les cinq loges des graines. — 4. Coupe verticale montrant une des graines.

Les haies lui doivent la *ronce*, l'*églantier*, l'*aubépine* et le *prunellier* ; les jardins, les différentes espèces de *roses* qui en font l'ornementation.

123. Famille des crucifères. — La famille des *crucifères* est ainsi appelée à cause de la corolle de ses fleurs, qui se compose toujours de quatre pétales distincts disposés en croix.

Fig. 126. — Fruit du néflier.

Les crucifères les plus employées dans l'économie domes-

tique sont le *chou*, le *na-
vet*, la *rave*, le *raifort*, le
radis, le *cresson* ; ces plantes entrent pour une assez
grande part dans notre alimentation. Le *colza*, la *ca-
meline* et la *navette* sont
des crucifères dont on
extrait de l'huile. Quelques
espèces de cette famille
sont cultivées comme plan-

Fig. 127. — Fleur de crucifère.

tes d'agrément, telles sont la *giroflée*, la *julienne*, la *corbeille d'or* et la *corbeille d'argent*.

Fig. 128. — Colza.

Fig. 129. — Melon.

124. Famille des cucurbitacées. — Cette famille
comprend, comme espèces principales la *courge* ou *potiron*,
qui lui donne son nom ; le *melon*, qui nous fournit un fruit
excellent; le *concombre*, dont le fruit cueilli très jeune
forme le *cornichon*, employé dans les apprêts culinaires.

125. Famille des solanées. — La famille des *solanées* se compose de plantes herbacées, d'arbrisseaux et

d'arbustes ayant les feuilles de couleur vert sombre, ce qui leur donne un aspect triste.

Fig. 130. — Tabac.

Fig. 131. — Jusquiame.

Les principales solanées alimentaires sont la *pomme de terre*, originaire du Pérou et vulgarisée en France, à la fin du XVIIIe siècle, par Parmen-tier ; la *tomate* et le *poivron*, dont les fruits sont utilisés pour l'assaisonnement de nos mets ; l'*aubergine*, qui produit un fruit formant un bon aliment.

Plusieurs solanées sont vé-néneuses, telles sont la *bella-done*, la *jusquiame* et le *tabac*. Cette dernière plante, originaire d'Amérique, nous a été apportée en France, en 1560, par Jean Nicot.

126. Famille des composées. — La famille des *composées* comprend des arbrisseaux et des plantes herba-

Fig. 132. — Fleur composée.

cées dont les fleurs très petites sont réunies en capitule sur un réceptacle commun.

Dans cette famille se trouvent le *cardon*, l'*artichaut*, la *laitue*, la *chicorée*, la *scorsonère* et le *salsifis*, plantes alimentaires, la *centaurée*, l'*armoise*, l'*absinthe*, la *camomille*, l'*arnica* et le *tussilage*, plantes médicinales.

127. Famille des amentacées. — La famille des *amentacées* se compose d'arbres et d'arbrisseaux dont les

Fig. 133. — Fleurs
du peuplier.

Fig. 134. — Glands du chêne
dans leurs capsules.

fleurs ont le caractère commun de manquer de l'un des deux organes essentiels : étamines ou pistil. Les fleurs staminées sont toujours disposées en chatons, tandis que les fleurs pistillées sont généralement solitaires ; les unes et les autres se rencontrent fréquemment sur le même pied. Le fruit des amentacées est un gland muni d'une cupule.

A cette famille appartiennent presque tous les arbres de nos forêts, tels que le *chêne*, le *châtaignier*, le *marronnier*, le *hêtre*, le *charme*, le *bouleau*, le *peuplier*, le *platane*, le *noyer*, le *noisetier*, etc.

128. Famille des conifères. — Cette famille doit son nom aux *cônes* que produisent les végétaux qui la composent ; ces végétaux sont plus particulièrement connus sous le nom d'*arbres verts*, parce qu'ils conservent leurs feuilles en toute saison.

Les conifères les plus remarquables sont le *pin* et en particulier le *pin maritime*, qui nous donne diverses matières résineuses ; les *sapins*, qui nous fournissent la plupart de nos bois de construction ; les *mélèzes*, les *cèdres*, les *thuyas*, les *ifs* et les *cyprès*, qui font l'ornement de nos parcs et de nos jardins.

Fig. 136. — Sapin commun.

DEVOIRS

30ᵉ Devoir. — 1. Nommez les trois embranchements que forment les végétaux. **2.** Nommez les principales familles de l'embranchement des dicotylédones. **3.** Nommez une ombellifère vénéneuse. **4.** Quel est le type des fleurs des rosacées ? **5.** — des légumineuses ? **6.** Nommez les ombellifères comestibles. **7.** Citez des légumineuses alimentaires. **8.** Quelles sont les principales rosacées de nos jardins ? **9.** — des haies qui bordent les chemins ? **10.** Quelle est la forme des fleurs des crucifères ? **11.** Nommez les crucifères servant à notre alimentation. **12.** — celles dont on extrait de l'huile. **13.** A quelle famille appartient la giroflée ? **14.** — la fève ? **15.** — la carotte ?

31ᵉ Devoir. — 1. Nommez quelques arbres de la famille des amentacées. **2.** Par qui la pomme de terre a-t-elle été vulgarisée en France. **3.** D'où est-elle originaire ? **4.** Nommez des solanées comestibles. **5.** — vénéneuses. **6.** Pourquoi appelle-t-on les conifères ainsi ? **7.** Comment les désigne-t-on encore ? **8.** Qui a introduit le tabac en France ? **9.** En quelle année ? **10.** Nommez des conifères. **11.** Citez des composées médicinales. **12.** — alimentaires. **13.** A quelle famille appartient la courge ? **14.** le chêne ? **15.** — la pomme de terre ?

SUJETS DE RÉDACTION

20ᵉ Sujet. — Nommez trois familles de l'embranchement des dicotylédones ; indiquez leurs caractères particuliers ainsi que les principaux végétaux qu'elles renferment. *(Orne, 1893.)*

21ᵉ Sujet. — La pomme de terre : son origine, son mode de reproduction, ses usages. *(Charente, 1893.)*

CHAPITRE IV

Classification des végétaux *(suite)*.

Embranchement des monocotylédones.

129. Caractères généraux. — Les plantes de l'embranchement des *monocotylédones* ont des racines ordinairement fibreuses, des tiges généralement simples, creuses et non formées par des zones concentriques. Les feuilles sont souvent engainantes et les fleurs, qui possèdent rarement à la fois calice et corolle, ont le plus souvent trois ou six étamines.

A cet embranchement appartiennent, comme familles prin-

Fig. 136. — Muguet de mai.　　　　Fig. 137. — Tulipe.

cipales, les *liliacées*, les *asparaginacées*, les *palmiers*, les *orchiducées* et les *graminées*.

130. Famille des liliacées. — La famille des *liliacées* comprend des plantes pour la plupart herbacées, à feuilles allongées et dont la fleur, dépourvue de corolle, est munie d'un calice vivement coloré.

Parmi les liliacées, on trouve le *lis*, la *tulipe*, la *jacinthe*, l'*ail*, l'oignon, le *poireau*, l'*aloès*; cette dernière plante donne un suc résineux souvent employé comme purgatif; les fibres de l'aloès servent à faire des câbles très résistants.

131 Famille des asparaginacées. — Cette famille a pour type l'*asperge* de nos jardins potagers.

L'asperge est cultivée pour ses jeunes pousses qui, cueillies au moment où elles sortent de terre, forment un aliment recherché.

A cette famille appartiennent encore le *muguet de mai* et la *salsepareille*, plantes médicinales.

132. Famille des palmiers. — Les végétaux qui composent cette famille sont très utiles aux habitants des pays chauds, où on les rencontre principalement : leur bois

Fig. 138. — Cocotiers.

est employé dans les constructions, leurs feuilles forment de bonnes toitures, leurs fibres servent à fabriquer de solides cordages ; leurs fruits, pour la plupart comestibles, sont d'une agréable saveur. De certains palmiers, on retire un liquide connu sous le nom de *vin de palme;* d'autres donnent une huile servant à la fabrication des bougies et des savons.

Dans la famille des palmiers se trouvent le *dattier,* le *cocotier,* et le *bananier,* qui nous fournissent des fruits excellents ; le *sagoutier,* dont on extrait le *sagou,* fécule qui constitue un bon aliment.

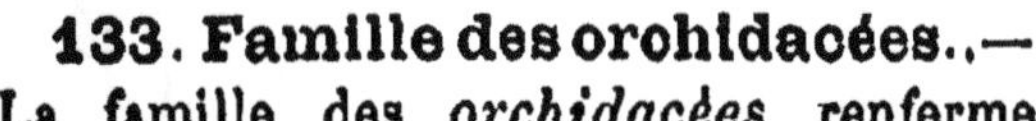

Fig. 139. — Cannes à sucre.

133. Famille des orchidacées. — La famille des *orchidacées* renferme comme espèces principales, les *ophrys* et les *orchis ;* ce sont des plantes recherchées pour leurs fleurs aussi belles que bizarres. Dans les pays chauds, on trouve un arbrisseau de cette famille, le *vanillier,* qui donne un fruit utilisé à cause de l'odeur suave de l'essence qu'on en retire.

Fig. 140. — Epillet.
1. Ovaire. — 2. Style.
3. Stigmate. — 4. Glume.

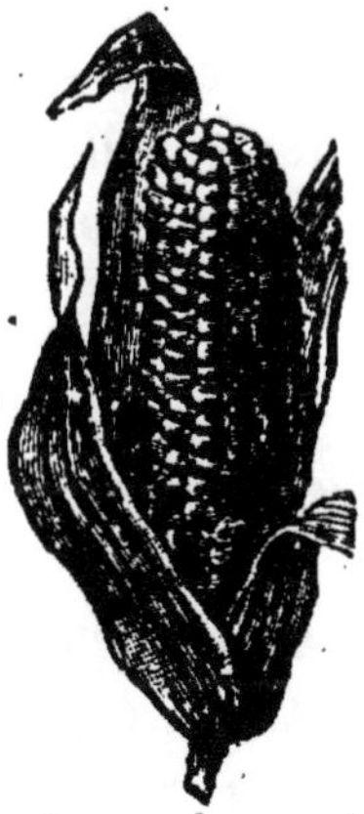

134. Famille des graminées. — Les *graminées* sont des plantes généralement herbacées, caractérisées par leurs tiges creuses, leurs feuilles engainantes et leurs fleurs, nommées *épillets,* disposées en *épis* ou en *panicules.*

Cette famille, une des plus nombreuses du règne végétal, est certainement la plus utile à l'homme, à cause des céréales qu'elle lui procure.

Fig. 141. — Epi de maïs.

Les principales céréales sont le *blé,* l'*avoine,* le *seigle,* l'*orge,* le *maïs* et le *millet.*

La *canne à sucre* est une graminée dont la tige produit un liquide d'où l'on extrait le *sucre de canne* et le *rhum*; le *bambou* en est une autre qui, par ses tiges, rend aux habitants des régions intertropicales des services inappréciables pour les constructions.

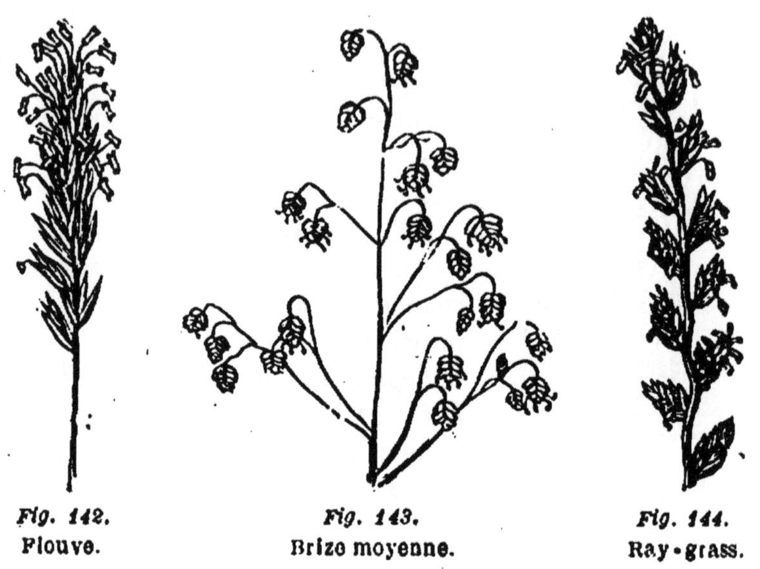

Fig. 142.
Flouve.

Fig. 143.
Brize moyenne.

Fig. 144.
Ray-grass.

A la famille des graminées, appartiennent encore la plupart des meilleures de nos plantes fourragères, telles que le *vulpin*, la *flouve*, la *brize*, le *paturin*, la *fétuque*, le *ray-grass*, etc.

Embranchement des acotylédones

135. Caractères généraux. — Les *acotylédones*, appelés aussi *cryptogames*, sont des plantes dépourvues d'embryon et par suite de cotylédons. Leur reproduction se fait d'une manière qui varie d'une plante à l'autre, mais jamais par des graines formées dans des fleurs. Cet embranchement comprend cinq groupes principaux : les *fougères*, les *mousses*, les *lichens*, les *champignons* et les *algues*.

136. Fougères. — Les *fougères* sont des plantes vivaces, qui, dans nos contrées, ne sont qu'herbacées; entre les tropiques, elles deviennent quelquefois arborescentes, et leur tige, semblable à celle des palmiers, peut atteindre jusqu'à vingt mètres de hauteur. Les feuilles des fougères sont toujours roulées en crosse avant leur complet épanouissement.

Ces végétaux n'ont jamais de fleurs; ils se reproduisent au moyen de *spores*, corpuscules excessivement petits contenues dans des capsules membraneuses placées sous les feuilles et nommées *sporanges*.

Les fougères sont très nombreuses; beaucoup contiennent un principe amer; quelques-unes renferment un principe purgatif qui les fait employer en médecine.

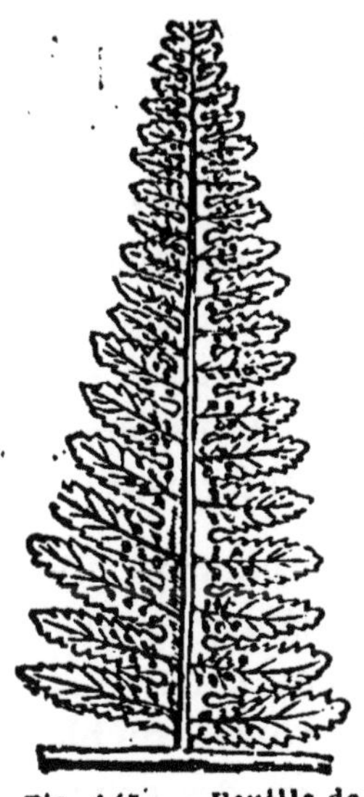

Fig. 145. — Feuille de fougère avec spores.

137. Mousses. — Les *mousses* sont de petites plantes qui croissent par touffes dans les lieux humides et ombragés. Elles sont formées par des tiges grêles, couvertes de feuilles très fines et portant à leur extrémité les organes de reproduction. Ces organes ont l'apparence de fleurs, mais on n'y reconnaît ni les étamines, ni les pistils des plantes des deux premiers embranchements.

Les mousses servent à entretenir un certain degré d'humidité et de fraîcheur à la surface de la terre; de plus, elles enrichissent de leurs débris les terres sablonneuses et les rendent ainsi très propres à la végétation. Placées sur les troncs des vieux arbres, où elles se développent d'une manière toute spéciale sur la face tournée vers le nord, les mousses protègent ces arbres contre l'action des grands froids.

138. Lichens. — Les *lichens* sont des excroissances de formes très variées qui se développent un peu partout, même sur les surfaces les plus arides, comme celles des rochers, des vieux murs, etc.

Fig. 146. — Lichen.

Le *lichen d'Islande* sert d'aliment chez les peuples des régions boréales. Nous employons certains lichens en médecine, comme toniques et adoucissants, à cause des matières mucilagineuses qu'ils renferment.

139. Champignons. — Les *champignons* croissent principalement dans les endroits frais et ombragés. Quelques-uns d'entre eux sont utiles, car ils servent à notre alimentation, mais la plupart sont nuisibles : la *rouille* du blé, l'*ergot* du seigle, les *moisissures*, la *maladie* des pommes de terre, l'*oïdium*, le *mildiou* et le *black-rot* de la vigne sont produits par des champignons; il en est de même de la maladie du cuir chevelu, désignée sous le nom de *teigne faveuse*.

Fig. 147. — Champignons.
Agarics communs.

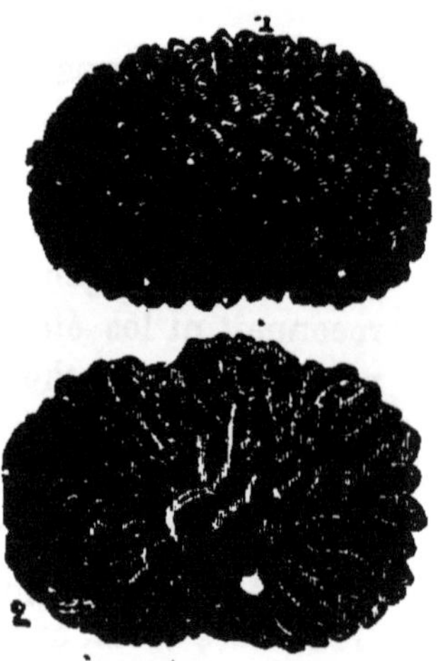

Fig. 148. — Truffes.
1. Truffe entière.
2. Truffe coupée.

Les champignons comestibles sont peu nombreux ; il est donc nécessaire d'apporter la plus grande discrétion dans le choix de ces cryptogames. Il ne faut cueillir que ceux que l'on est certain de bien connaître, et ne pas oublier que la ressemblance qui existe entre quelques espèces comestibles et d'autres qui ne le sont pas, cause chaque année de nombreux cas d'empoisonnement.

Les principaux champignons qui peuvent nous servir d'aliments sont l'*agaric commun*, le *bolet*, le *mousseron* et l'*oronge*.

Les *truffes* sont des champignons souterrains très recherchés pour leur saveur. Elles croissent, vivent et se reproduisent au sein de la terre ; tous les efforts tentés jusqu'à présent pour les soumettre à la culture régulière ont été infructueux.

140. Algues. — Les *algues* sont des plantes aquatiques vivant les unes dans l'eau douce et les autres dans la mer. Leur organisation est très simple, mais leurs dimensions peuvent être considérables ; en cite des algues qui mesurent jusqu'à un demi-kilomètre de longueur. Comme les fougères, les algues se reproduisent au moyen de spores.

Certaines espèces d'algues marines, rejetées en grande quantité sur notre littoral, sont employées comme engrais et peuvent même servir à la nourriture du bétail. Les algues d'eau douce n'ont pas d'usages.

DEVOIR

32ᵉ Devoir. — 1. Comment appelle-t-on les végétaux dont la graine n'a qu'un cotylédon ? 2. — dont la graine n'a pas de cotylédons ? 3. Nommez quelques familles de l'embranchement des monocotylédones. 4. Quelles sont les lillacées comestibles ? 5. — les asparaginacées médicinales ? 6. Quelle est la lillacée dont le suc est purgatif ? — 7. A quelle famille appartient le dattier ? 8. — le poireau ? 9. — l'asperge ? 10. — le bambou ? 11. — le blé ? 12. Nommez les céréales que vous connaissez. 13. Quels sont les cinq groupes principaux des acotylédones ? 14. Nommez les principaux champignons comestibles. 15. Au moyen de quoi se reproduisent les fougères ?

SUJETS DE RÉDACTION

22ᵉ Sujet. — Citez les plantes les plus importantes de la famille des graminées et indiquez leurs usages. (*Manche, 1893.*)

PHYSIQUE

CHAPITRE I

Notions préliminaires. — Pesanteur.

141. Objet de la physique. — La PHYSIQUE a pour objet l'étude des propriétés générales des corps et des phénomènes qui produisent sur eux des modifications passagères, sans altérer leur nature intime.

Ainsi, quand on frotte un bâton de verre avec un morceau de drap, ce bâton acquiert pour un temps la propriété d'attirer les corps légers, comme des barbes de plume, de petits morceaux de papier ; cette propriété momentanée est un phénomène physique.

142. Divers états des corps. — Les corps se présentent à nous sous trois états différents : l'état *solide*, l'état *liquide*, l'état *gazeux*.

Les corps *solides* ont une forme et un volume déterminés ; ils offrent une résistance plus ou moins grande à la rupture.

Les *corps liquides* ont un volume déterminé, mais ils n'ont pas de forme propre ; ils prennent celle des vases qui les renferment.

Les *corps gazeux* n'ont ni volume ni forme déterminés ; ils prennent la forme des vases qui les renferment et tendent toujours à acquérir un volume plus grand, en pressant sur les parois de ces vases.

Sous l'influence de la chaleur, les corps peuvent changer d'état ; ainsi l'eau et un grand nombre d'autres corps, suivant que leur température est plus ou moins élevée, se présentent à nous sous les trois états indiqués précédemment.

Tous les gaz peuvent être liquéfiés par une pression et un

refroidissement convenables ; quelques-uns même ont été solidifiés.

Pesanteur.

143. — Les différents corps qui nous entourent, *pèsent* et *tombent* quand ils ne sont pas soutenus, parce qu'ils sont attirés par la terre. Chaque partie du globe terrestre attire les corps qui sont à la surface, et la somme de ces attractions produit le même effet que si elles étaient toutes réunies à son centre. Aussi la direction qu'un corps suit en tombant est telle, que, si elle était prolongée, elle passerait par le centre de la terre. Cette direction s'appelle la *verticale ;* elle est donnée par le *fil à plomb*.

144. Chute des corps. — Lorsqu'on laisse tomber de la même hauteur deux corps de même forme et de même densité, ces corps arrivent ensemble au sol ; mais si les corps ont des densités ou des formes différentes, on obtient un tout autre résultat : le corps le plus dense tombe le plus vite.

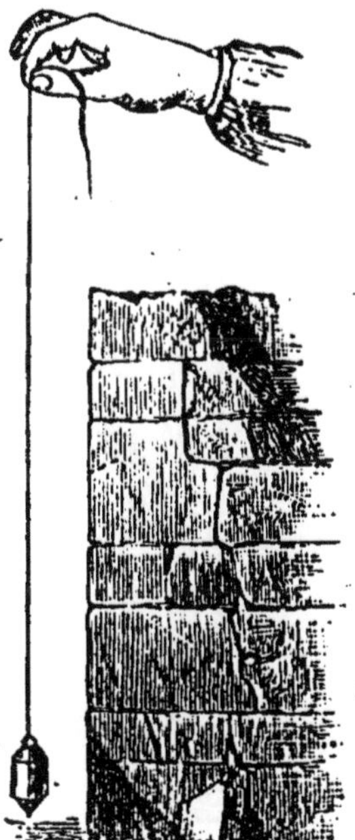

Fig. 149. — Fil à plomb.

Leur différence de vitesse provient de la résistance de l'air, résistance variable suivant la forme et la densité des corps. Un corps très lourd triomphe plus facilement de la résistance de l'air qu'un autre plus léger sous le même volume. De même, de deux corps de même poids, celui qui offre le moins de résistance à l'air est celui qui présente la plus petite surface ; ainsi, lorsqu'on laisse tomber à la fois deux feuilles de papier de même grandeur, mais dont l'une a été mise en boule, cette dernière arrive au sol bien avant l'autre, parce que la résistance de l'air a été amoindrie par le changement de forme qu'elle a subi.

En supprimant totalement la résistance de l'air, les corps, quelles que soient leur forme et leur densité, tombent avec la même vitesse. On démontre expérimentalement ce fait au moyen du *tube de Newton.*

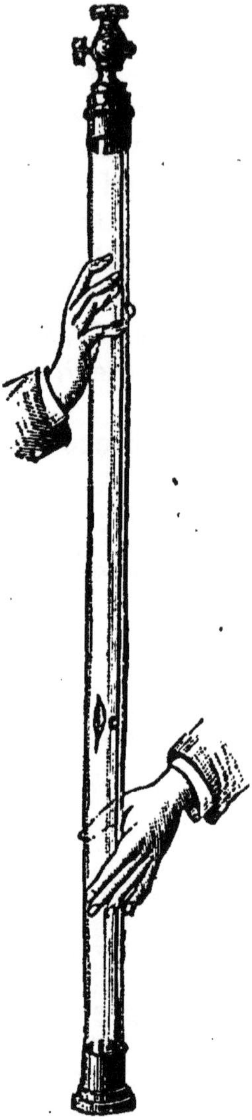

Le tube de Newton a environ deux mètres de longueur ; il est fermé à ses extrémités par des garnitures métalliques qui permettent de l'adapter à une machine pneumatique, destinée à pomper l'air. Après avoir introduit dans ce tube des morceaux de plomb, de liège, de papier, etc., on y fait le vide ; si alors on le retourne brusquement, on constate que tous les corps qu'il renfe.me, quoique de densités bien différentes, tombent avec la même vitesse.

Lorsqu'un corps tombe en chute libre, sa vitesse n'est pas uniforme : elle va en s'accélérant. Cette vitesse est constamment proportionnelle à la durée de la chute. D'après cela, un corps qui tombe pendant *deux, trois, cinq* secondes, acquiert, après chacune de ces quantités de temps, des vitesses qui sont *deux, trois, cinq* fois plus grandes que la vitesse acquise après la première seconde de chute.

Il résulte de ce qui précède que les espaces parcourus par les corps qui tombent, ne sont pas proportionnels aux temps employés à les parcourir, mais *aux carrés de ces temps.* Or, l'observa-

Fig. 150. — Tube de Newton.

tion a appris qu'un corps qui tombe librement, parcourt à peu près 4^m,90 pendant la première seconde de sa chute ; par suite, pour trouver l'espace parcouru par un corps tombant pendant un certain temps, il faut multiplier 4^m,90 par le carré du nombre de secondes employées à sa chute. Si, par exemple, le corps tombe pendant quatre secondes, l'espace qu'il parcourt, durant ce temps, est de 4^m,90 $\times$ 16 égale 78^m,40. Ces indications donnent le moyen de trouver approximativement la profondeur d'un puits, la hauteur d'un édifice, etc.

145. Leviers. — Quand on veut soulever un corps très lourd, un bloc de pierre, par exemple, on engage sous ce bloc l'une des extrémités d'une barre de bois ou de fer, on cale cette barre au moyen d'un corps résistant et on appuie fortement sur l'autre extrémité.

Fig. 151. — Levier du premier genre.

La barre ainsi employée constitue un *levier* ; le bloc à soulever forme la *résistance*, la cale dont on s'est servi constitue le *point d'appui*, et l'effort exercé sur l'extrémité du levier est la *puissance*.

D'après les positions relatives de la puissance, de la résistance et du point d'appui, on distingue trois genres de leviers :

1° Le levier du premier genre, dans lequel le point d'appui est situé entre la puissance et la résistance. Ex. : le levier du maçon, les tenailles, les ciseaux à découper ;

2° Le levier du *deuxième genre*, dans lequel la résistance est située entre le point d'appui et la puissance. Ex. : la brouette, le casse-noisettes, le couteau du boulanger ;

Fig. 152. — Levier du deuxième genre.

3° Le levier du *troisième genre*, dans lequel la puissance est située entre le point d'appui et la résistance. Ex. : les pinces à feu, les pédales d'un tour, d'un harmonium.

Les distances du point d'appui au point où s'exercent la puissance et la résistance constituent les deux *bras du levier* : celui de la puissance et celui de la résistance.

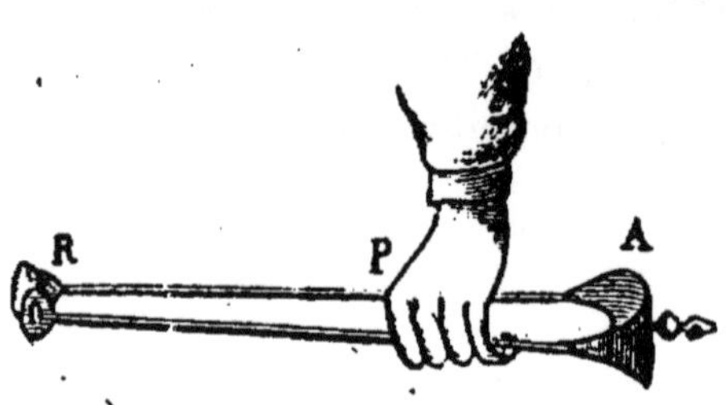

Fig. 153. — Levier du troisième genre.

Dans tout levier, l'effort à faire pour vaincre la résistance est d'autant plus faible que le bras de la puissance est plus long par rapport à celui de la résistance. Ainsi à l'aide de leviers dont le bras de la puissance est *deux*, *trois*, *cinq* fois plus long que celui de la résistance, on peut faire équilibre, avec une force donnée, à une résistance *deux*, *trois*, *cinq* fois plus grande que cette force.

146. Balances. — Les *balances* sont des appareils destinés à mesurer le poids des corps. Ces appareils ont reçu des formes variées suivant les usages auxquels on les destine. Les espèces les plus communes sont la *balance ordinaire*, la *balance de Roberval* et la *balance romaine*.

147. BALANCE ORDINAIRE. — La balance *ordinaire* est un levier du premier genre à bras égaux. Aux extrémités de ce levier, appelé *fléau*, sont suspendus deux plateaux destinés à recevoir, l'un, le corps à peser, l'autre, les poids gradués qui doivent faire équilibre à ce corps. Pour qu'une balance soit bonne, elle doit être *juste* et *sensible*.

Il est toujours possible de trouver exactement le poids d'un corps, même avec une balance faussé, pourvu qu'elle soit sensible, en se servant de la méthode des *doubles pesées*. Pour cela, on place dans un des plateaux de la balance l'objet dont on veut connaître le poids ; dans l'autre, on met une tare quelconque, de la grenaille de plomb, par exemple, de manière à lui faire équilibre, puis, retirant du premier plateau l'objet à peser, on le remplace par des poids marqués jusqu'à ce que le fléau redevienne horizontal. Les poids employés indiquent celui de l'objet, car comme lui, ils font équilibre à une même résistance, celle de la tare.

148. BALANCE DE ROBERVAL. — La balance de *Roberval*, aujourd'hui très répandue dans le commerce, repose sur le même principe que la balance ordinaire. La modification qui la distingue de cette dernière, consiste en ce que les plateaux, au lieu d'être suspendus au-dessous du fléau, sont placés au-dessus. Cette disposition rend la balance de Roberval plus commode que la précédente.

Fig. 154. — Balance romaine.

149. BALANCE ROMAINE. — La balance *romaine* est aussi un levier du premier genre, mais à bras inégaux. A l'extrémité du bras le plus court est suspendu un crochet destiné à recevoir les corps que l'on veut peser; l'autre bras qui est gradué, supporte un poids mobile appelé *curseur*. Pour peser un objet, on le suspend au crochet de la balance puis on donne au curseur la position nécessaire pour rétablir l'équilibre de l'instrument. Une simple lecture faite sur le bras gradué de l'instrument, donne le poids du corps à peser.

DEVOIRS

33ᵉ Devoir. — 1. Quels sont les phénomènes qui n'altèrent pas la nature des corps? 2. Sous quel état les corps ont-ils une forme et un volume déterminés? 3. — n'ont-ils ni forme ni volume déterminés? 4. Quel est l'agent qui permet aux corps de changer d'état? 5. Par quel moyen arrive-t-on à liquéfier les gaz? 6. Pourquoi les corps pèsent-ils? 7. Quelle direction suivent les corps en tombant? 8. Par quoi est donnée cette direction? 9. D'où provient l'inégalité de vitesse que les corps acquièrent en tombant? 10. Comment parvient-on à faire tomber tous les corps également vite? 11. De quel appareil se sert-on pour faire cette expérience? 12. Lorsqu'un corps tombe en chute libre que devient la vitesse? 13. A quoi est proportionnel l'espace parcouru? 14. — Quel est l'espace parcouru pendant une seconde? 15. — pendant quatre secondes?

34ᵉ Devoir. — 1. Quelles sont les trois choses considérées dans un levier? 2. De quel genre est un levier dont la puissance est au milieu? 3. — dont le point d'appui est au milieu? 4. A quel genre de levier appartient la brouette? 5. — la pince à feu? 6. — la balance ordinaire? 7. — la pédale d'un tour? 8. Le bras de la puissance d'un levier est cinq fois plus long que celui de la résistance, quelle puissance faut-il pour faire équilibre à une résistance de 100 kilog.? 9. — de 20 kilog.? 10. Quelles conditions doit remplir une balance pour être bonne? 11. Nommez les balances les plus usitées? 12. Au moyen de quelle méthode peut-on faire une pesée juste avec une balance fausse? 13. Comment appelle-t-on la balance dont les plateaux sont placés au-dessus du fléau? 14. Quel nom donne-t-on au poids mobile de la balance romaine? 15. Quel est l'avantage de cette balance?

SUJETS DE RÉDACTION

23ᵉ Sujet. — A quoi servent les leviers? Divers genres de leviers (*Doubs, 1892*).

24ᵉ Sujet. — De la chute des corps : inégalité de vitesse, espace parcouru.

CHAPITRE II

Hydrostatique.

On désigne sous le nom d'*hydrostatique* la partie de la physique qui a pour objet l'étude des liquides soumis à l'action de la pesanteur.

150. Pressions exercées par les liquides. — Les liquides, étant très mobiles et étant soumis à l'action de la pesanteur, exercent des pressions sur les parois des vases qui les renferment ; ces pressions sont de deux sortes :

1° *Des pressions verticales sur le fond de ces vases;*

2° *Des pressions horizontales sur leurs parois latérales.*

151. Pressions verticales. — La pression qu'exerce un liquide sur le fond d'un vase est indépendante de la forme et de la capacité de ce vase. Elle ne dépend que de la surface du fond et de la hauteur du liquide dans le vase.

On vérifie cette loi avec l'appareil de Haldat.

Cet appareil se compose d'un tube deux fois recourbé à angle droit. A l'une de ses extrémités est une garniture de cuivre qui permet d'y

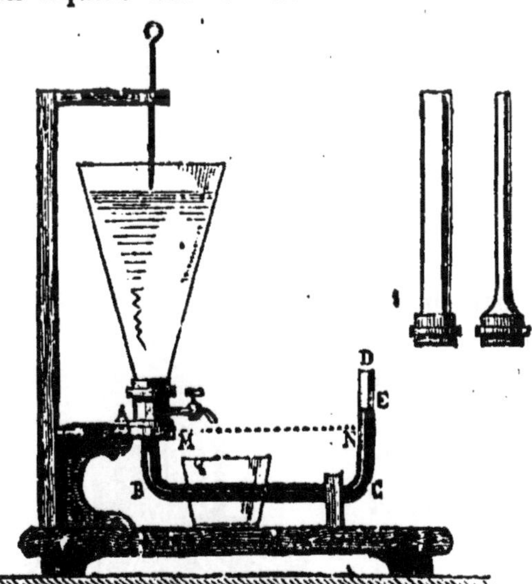

Fig. 155. — Appareil de Haldat.

adapter différents vases ouverts par le bas et de formes très diverses.

Après avoir mis du mercure dans le tube recourbé, de manière qu'il s'élève jusqu'à la garniture de cuivre, on adapte successivement les différents vases à cette garniture, et, dans ces vases, on verse de l'eau jusqu'à un même niveau. La hauteur à laquelle le mercure s'élève dans le tube libre, à chaque expérience, représente évidemment la pression qu'exerce l'eau sur le mercure qui constitue le fond du vase ; or, on constate que cette hauteur est toujours la même, quelle que soit la forme du vase.

La pression qu'un liquide exerce sur le fond d'un vase *est égale au poids d'une colonne de ce liquide ayant pour base celle du fond du vase, et pour hauteur celle du liquide dans le vase.*

152. PRESSIONS HORIZONTALES. — Les liquides exercent aussi des pressions sur les parois latérales des vases qui les contiennent. Pour s'en convaincre, il suffit de pratiquer une ouverture en un point quelconque de la paroi latérale d'un vase renfermant un liquide ; on voit aussitôt ce liquide s'échapper avec une force d'autant plus grande que cette ouverture est plus éloignée du niveau supérieur du liquide.

La pression exercée par un liquide sur une portion de la paroi latérale du vase qui la renferme *est égale au poids d'une colonne de ce liquide ayant pour base la portion de paroi considérée, et pour hauteur la distance du milieu de cette portion de paroi à la surface libre du liquide.*

153. Tonneau de Pascal. — Une expérience imaginée par Pascal donne une idée assez

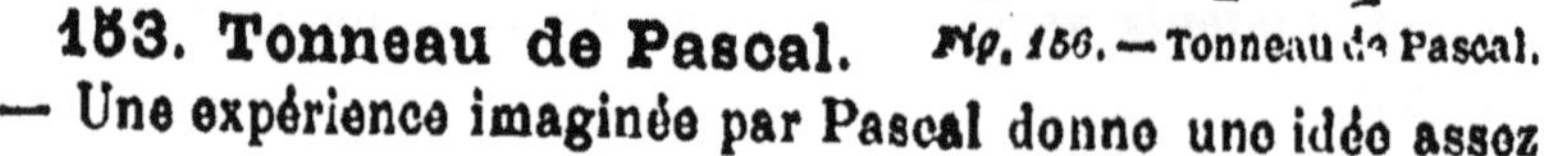

Fig. 156. — Tonneau de Pascal.

exacte des pressions considérables auxquelles sont soumises les parois des vases remplis d'un liquide dont le niveau est très élevé au-dessus d'elles. Pour la réaliser, on adapte à un tonneau plein d'eau un tube étroit et long de plusieurs mètres. On verse ensuite de l'eau dans le tube, et bientôt on voit les douves du tonneau se disjoindre et finir par se disloquer complètement sous l'influence de la pression intérieure. Cette pression produite par un litre d'eau à peine, est égale à celle qu'exercerait le liquide d'un tube de même hauteur que le précédent et ayant pour diamètre celui du tonneau.

L'expérience du tonneau de Pascal montre le danger que peut offrir un conduit quelconque amenant les eaux pluviales dans un réservoir profondément situé au-dessous du sol. Quelque solides que soient les parois de ce réservoir, elles finiraient par céder sous l'influence de la pression intérieure si le conduit venait à se remplir.

154. Vases communiquants. — Lorsqu'on verse un liquide dans un vase en communication avec plusieurs autres, ce liquide s'élève à la même hauteur dans chacun des vases. Le principe précédent se vérifie très facilement avec l'appareil représenté par la figure 157.

Cet appareil se compose d'un grand vase dont la partie inférieure peut communiquer avec une série de tubes

Fig. 157. — Vases communiquants.

de formes diverses. On met de l'eau dans le grand vase et on ouvre le robinet qui établit la communication. Aussitôt on voit le liquide monter dans les différents tubes, et ne s'arrêter que lorsque tous les niveaux de l'eau sont à la même hauteur.

C'est sur le principe des vases communiquants qu'est basé le fonctionnement des *jets d'eau* et celui des *fontaines artificielles* pour la distribution de l'eau dans les villes.

155. JETS D'EAU. — Les jets d'eau sont une application de la tendance qu'ont les liquides à se mettre de niveau dans les vases communiquants. L'eau que l'on voit ainsi jaillir, vient toujours d'un niveau plus élevé que celui où se trouve le jet. Théoriquement, un jet d'eau devrait s'élever à une hauteur égale à celle du niveau de l'eau dans le réservoir d'où elle s'écoule, mais il n'en est jamais ainsi, car le jet a trois sortes de résistances à vaincre : c'est d'abord le frottement de l'eau dans le tube qui la conduit, puis la résistance de l'air et enfin le choc des gouttelettes liquides qui, en retombant sur le jet, ralentissent son mouvement ascensionnel.

156. DISTRIBUTION DE L'EAU DANS LES VILLES. — Pour distribuer l'eau dans les différents quartiers d'une ville, on amène cette eau, par un moyen quelconque, dans de grands réservoirs placés aux points les plus élevés de la ville. De ces réservoirs partent des conduits sur lesquels sont greffés d'autres conduits secondaires, que l'on distribue dans les rues, les places publiques et les habitations. L'eau des conduits tend constam-

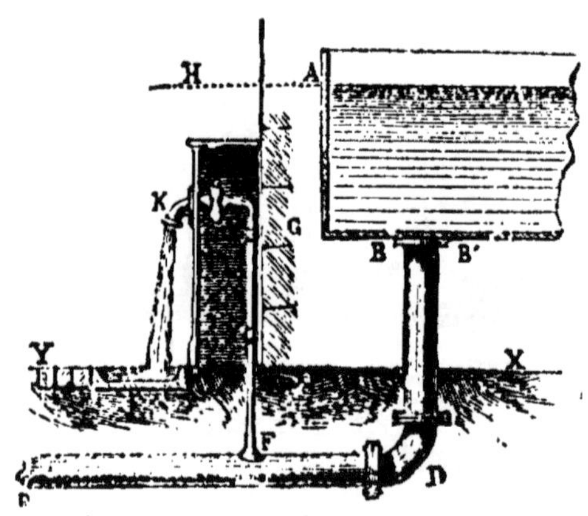

Fig. 158. — Fontaine artificielle.

ment à s'élever à la hauteur du niveau de celle des réservoirs ; pour avoir des fontaines artificielles, il suffit donc d'adapter des robinets à ces conduits.

157. Principe d'Archimède. — Les liquides exercent des pressions non seulement sur les parois des vases

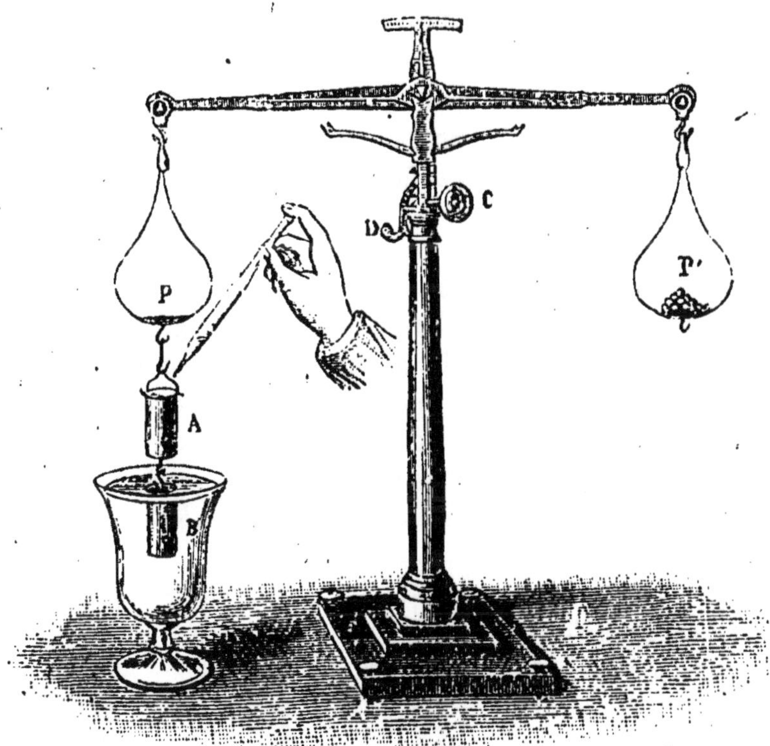

Fig. 159. — Balance hydrostatique.

qui les contiennent, mais encore sur celles des corps immergés. Ce principe, découvert par Archimède peut s'énoncer ainsi :

Tout corps plongé dans un liquide y subit une poussée verticale de bas en haut égale au poids du liquide qu'il déplace.

On vérifie le principe d'Archimède à l'aide de la *balance hydrostatique.* Cette balance ne diffère de la balance ordi-

naire que par les crochets dont chaque plateau est muni. A
l'un des plateaux, on suspend un cylindre creux A, en laiton,
et au-dessous de celui-ci on accroche un cylindre plein B,
ayant un volume parfaitement égal à la capacité du cylindre
creux, puis on établit l'équilibre à l'aide d'une tare P., placée dans l'autre plateau. On fait ensuite plonger le cylindre
plein dans l'eau, et l'équilibre est aussitôt détruit : le fléau
incline du côté de la tare. On constate que pour ramener le
fléau à l'horizontalité, il suffit de remplir d'eau le cylindre
creux. Par cette expérience, on voit que le cylindre plein, en
plongeant dans l'eau, a perdu un poids égal à celui du liquide
qu'il a déplacé.

158. Conséquences du principe d'Archimède.—
D'après le principe précédent, un corps plongé dans l'eau est
soumis à une poussée qui agit en sens inverse de la pesanteur. Cette poussée peut être *inférieure*, *égale* ou *supérieure* au poids du corps ; de cela, il résulte que trois phénomènes différents peuvent se produire : lorsque la poussée est
inférieure au poids du corps, celui-ci *tombe* au fond du
liquide ; quand
elle est égale, il
*reste en équili-
bre* dans son sein,
et lorsqu'elle est
plus grande, le
corps, sollicité
par une force qui
tend à le faire
mouvoir de bas
en haut, *remonte*
à la surface du li-
quide, où il vient

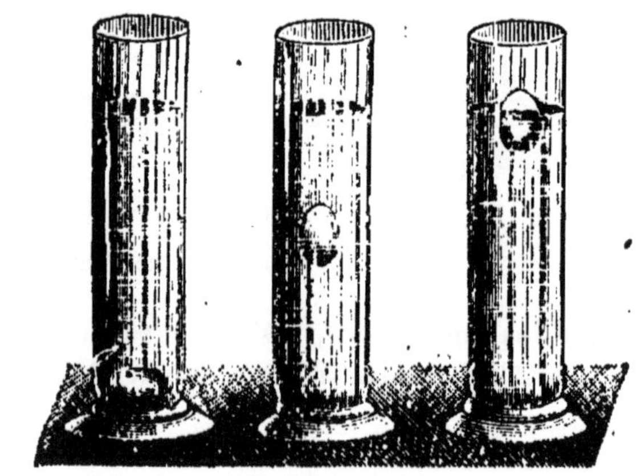

Fig. 160. — Expérience servant à constater les trois
conditions de la poussée des liquides.

émerger en déplaçant un poids de liquide exactement égal au
sien ; on dit alors qu'il *flotte*.

Il est facile, au moyen de l'expérience de l'œuf et de l'eau salée, de réaliser ces trois conditions de la poussée des liquides. Un œuf frais s'enfonce dans l'eau ordinaire, mais il flotte sur l'eau saturée de sel, plus dense que la première. En mélangeant convenablement ces deux liquides, on peut en former un troisième au milieu duquel l'œuf restera suspendu.

159. REMARQUE. — Un vaisseau flotte sur l'eau, parce qu'il déplace un grand volume de liquide, dont la poussée contre-balance son poids, tandis qu'un grain de sable tombe, parce qu'il ne déplace qu'un très petit volume de liquide, dont la poussée est inférieure à son poids.

Tous les corps, quelle que soit leur densité, peuvent flotter sur l'eau, lorsqu'on leur donne une forme convenable. Le fer en bloc ne peut flotter, car, en cet état, il ne déplace pas un volume suffisant de liquide pour que la poussée annule son poids ; mais si on le réduit en feuilles, et si avec ces feuilles on construit un bateau suffisamment grand, ce bateau surnagera. Supposons, en effet, que le poids du bloc de fer soit de 1.000 kilos, et le volume extérieur du bateau construit, de 10 mètres cubes. Pour enfoncer, ce bateau devrait déplacer dix mètres cubes d'eau, ce qui lui ferait éprouver une poussée de bas en haut de 10.000 kilos ; or, comme il ne pèse que 1.000 kilos, son poids est insuffisant pour combattre la poussée du liquide. Il en résulte que le bateau flottera et que pour enfoncer, il devra être chargé d'un poids supérieur à 10.000 — 1.000 ou à 9.000 kilos.

160. Vessie natatoire des poissons. — On trouve chez un grand nombre de poissons un organe spécial rempli d'air et désigné sous le nom de *vessie natatoire*. Cet organe est placé dans l'abdomen, au-dessous de l'épine dorsale. Au moyen de leur vessie natatoire, les poissons peuvent, à leur gré, monter, descendre, ou se maintenir immobiles dans l'eau. Veulent-ils descendre, ils compriment cette vessie par un effort musculaire ; ils diminuent alors de volume, et, déplaçant moins d'eau, leur poids l'emporte sur celui du liquide qu'ils déplacent. Au contraire, s'ils veulent s'élever, ils détendent les muscles qui compriment la vessie natatoire ; celle-ci se dilate aussitôt, et le poisson, augmentant de volume sans augmenter de poids, est alors soulevé par la poussée du liquide.

161. Natation. — Le corps humain est un peu moins lourd, dans son ensemble, que le volume d'eau qu'il peut déplacer. Il surnage donc de lui-même et d'autant plus facilement que son volume est plus grand. Cependant la natation n'est pas naturelle à l'homme ; pour y réussir, il lui faut de l'exercice. Cela tient à ce que le poids de son corps n'est pas réparti d'une manière uniforme; la moitié supérieure pèse plus que la moitié inférieure. Couché sur l'eau, le corps du nageur s'incline en avant : la tête s'enfonce et les pieds se relèvent. Mais pour respirer, le nageur doit avoir la tête hors de l'eau ; il doit donc faire des mouvements qui tendent à cette fin.

La position la plus favorable à la natation est évidemment celle où le nageur déplace le plus d'eau possible. La densité du liquide influe aussi beaucoup sur la facilité de la natation ; ainsi dans l'eau de mer, on nage plus aisément que dans l'eau douce, parce que ce premier liquide étant plus dense que le second, on doit en déplacer moins pour éprouver une poussée de bas en haut égale au poids du corps.

DEVOIRS

35ᵉ Devoir. — 1. Comment appelle-t-on la partie de la physique qui s'occupe des liquides ? 2. Quels genres de pression exercent les liquides sur les parois des vases qui les renferment ? 3. De quoi dépend la pression exercée par un liquide sur le fond du vase qui le contient ? 4. A quoi est égale cette pression ? 5. Avec quel appareil la vérifie-t-on ? 6. A quoi est égale la pression exercée par un liquide sur une portion de paroi du vase qui le renferme ? 7. Sur quel principe est basé le fonctionnement des jets d'eau ? 8. Quelles sont les causes qui tendent à diminuer la hauteur d'un jet d'eau ? 9. Énoncez le principe d'Archimède ? 10. Un bloc de pierre pèse 10 kilos, son volume est de 1 dm³., combien pèsera-t-il dans l'eau pure ? 11. Quel volume d'eau pure déplace un corps flottant pesant 10 kilogr. ? 12. Pourquoi un œuf flotte-t-il sur l'eau salée ? 13. Un bateau dont le volume extérieur

est de un mètre cube, pèse 400 kilos, de combien faudra-t-il le charger
pour le faire enfoncer dans l'eau ordinaire. 14. — dans l'huile de densité
0.970 ! 15 Quel est l'organe qui permet aux poissons de monter et de descendre dans l'eau ?

SUJETS DE RÉDACTION

25ᵉ Sujet — Pressions que les liquides exercent sur les parois des vases
qui les renferment. (*Cher, 1893*).

26ᵉ Sujet. — Principe d'Archimède ; conséquences de ce principe. (*Pas-
de-Calais, 1892*).

CHAPITRE III

Pression atmosphérique.

162. Pesanteur de l'air. — L'air est pesant. Pour
le vérifier, on suspend à l'un des plateaux d'une balance un grand ballon muni d'un robinet. On fait la tare
dans l'autre plateau, et, lorsque l'équilibre est ré-
tabli, on enlève le ballon pour y faire le vide, à l'aide
d'une machine pneumatique. On remet ensuite le
ballon au-dessous du plateau de la balance, et on
constate que le fléau incline du côté de la tare. Le ballon vide pèse donc moins que le ballon plein d'air.
Pour rétablir l'équilibre, il suffit d'ouvrir le robinet,
c'est-à-dire de faire entrer de l'air dans le ballon. Un
litre d'air pèse 1 gr. 30.

Fig. 161. — Ballon servant à déterminer le poids des gaz.

La densité de l'air n'est pas uniforme. En effet, si l'on sup-

pose l'atmosphère partagée en couches horizontales superposées, il est évident que les couches inférieures, supportant le poids de toute l'atmosphère, sont plus comprimées,
et, par suite, plus denses que les couches supérieures qui
supportent un poids moins considérable. L'atmosphère est
donc de plus en plus raréfiée à mesure que l'on s'élève. Sa
hauteur est limitée ; on croit généralement qu'elle ne
dépasse pas 70 kilomètres.

163. Pression atmosphérique. — La pression atmosphérique est le poids de la couche d'air qui enveloppe la terre.
Elle décroît à mesure qu'on s'élève dans l'atmosphère ; car à
mesure que l'on monte, on a moins d'air au-dessus de soi.

Parmi les nombreuses expériences que l'on fait pour constater la pression atmosphérique, en voici quelques-unes que l'on
peut facilement réaliser.

Dans une carafe, on projette un papier enflammé : on laisse
ce papier brûler pendant quel-
ques instants, puis on bouche
l'ouverture de la carafe avec
un œuf cuit dur et dépouillé de
sa coquille. Le papier enflammé s'éteint, l'œuf pénètre peu
à peu dans le goulot et finit
par se précipiter au fond de
la carafe. Voici ce qui se passe :
l'air de la carafe, échauffé par
la flamme du papier, se dilate
et une partie de cet air est chassée au dehors ; lorsque le papier s'éteint, l'air se refroidit ;
alors la pression atmosphé-

Fig. 162. — Expérience de l'œuf
rentrant dans la carafe.

rique, n'étant plus contrebalancée par la pression intérieure,
fait pénétrer l'œuf dans la carafe.

Une deuxième expérience consiste à remplir exactement un
verre ordinaire avec de l'eau, à glisser une feuille de papier

sur l'ouverture du verre; puis, mettant un livre sur la feuille de papier pour l'empêcher de tomber, à retourner le verre sens dessus dessous. On constate alors, qu'après avoir retiré le livre, l'eau et la feuille de papier restent en place; c'est la pression atmosphérique qui les empêche de tomber.

Fig. 163. — Eau soutenue par la pression atmosphérique.

Pour constater l'existence de la pression atmosphérique par une troisième expérience, on prend une cloche ou un simple verre, on jette un papier enflammé dans cette cloche, puis on l'abouche sur l'eau contenue dans une cuvette quelconque. Le papier continue à brûler pendant quelques instants, puis il finit par s'éteindre. On voit alors l'eau de la cuvette monter peu à peu dans la cloche et s'arrêter lorsqu'elle occupe environ le cinquième de son volume. Cette ascension de liquide a lieu parce que la combustion du papier, en absorbant l'oxygène de l'air, produit un vide dans la cloche; alors la pression atmosphérique n'étant plus contreba-

Fig. 164. — Eau soulevée par la pression atmosphérique.

lancée par l'air de l'intérieur, fait pénétrer de l'eau dans la cloche de manière à combler ce vide.

164. Mesure de la pression atmosphérique. — La valeur de la pression atmosphérique a été mesurée pour la première fois en 1643, par Torricelli, disciple de Galilée. Pour répéter l'expérience qui servit à Torricelli à évaluer cette pression, on prend un tube de verre d'un mètre de

longueur et fermé à l'une de ses extrémités. On remplit ce
tube avec du mercure, on bouche avec le doigt son extrémité
ouverte, puis on la renverse sur une cuvette contenant aussi
du mercure. Après avoir retiré le doigt, on voit la colonne
mercurielle descendre dans le tube, et s'arrêter lorsque son

niveau supérieur est à environ 0ᵐ76 au-dessus de
celui de la cuvette. La colonne de mercure qui est
maintenue en suspension
dans le tube par la pression
atmosphérique, représente
la valeur de cette pression.

Si, pour faire l'expérience
de Torricelli, l'on prenait
de l'eau au lieu de se servir
de mercure, il en faudrait
une colonne beaucoup plus
haute, pour faire équilibre
à la pression atmosphéri-
que, car l'eau est environ
13 fois 60 moins dense que
le mercure.

Pascal voulut réaliser
cette expérience. Pour cela,
il prit un tube de fer-blanc
de 11 mètres de longueur,
et, l'ayant rempli d'eau, il
le renversa sur un vase
contenant également de
l'eau ; il constata alors que

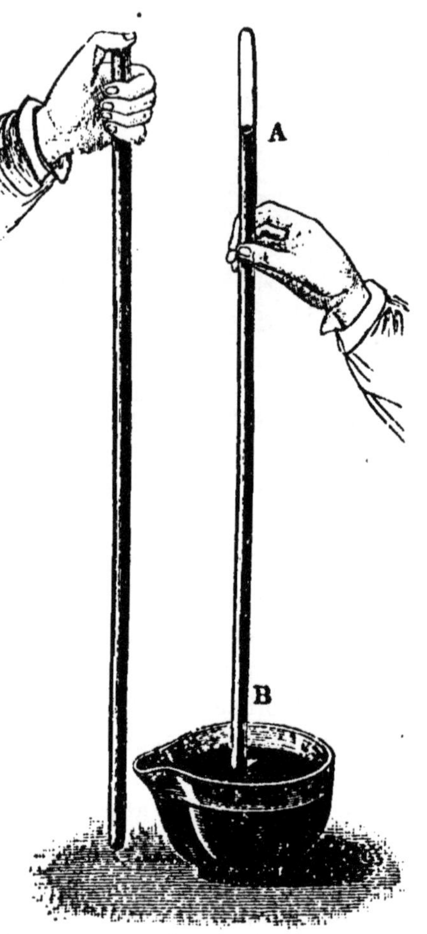

Fig. 165. — Expérience de Torricelli.

la colonne liquide de son appareil se maintenait à la hauteur de 10ᵐ33. Le nombre 10ᵐ33 égalant 0,76 × 13,60,
l'expérience de Pascal confirme parfaitement celle de Torricelli.

Il est facile d'évaluer le poids de la colonne de mercure

maintenue en suspension dans le tube de Torricelli ou dans celui de Pascal par la pression atmosphérique, et par suite de mesurer cette pression.

En supposant à la colonne mercurielle un centimètre carré de surface de section, le volume de mercure serait de $1 \times 76 = 76$ centimètres cubes, et son poids, de $13,6 \times 76 = 1.033$ gr. 60. La pression atmosphérique, faisant équilibre à une colonne de mercure pesant 1 Kg.033 par centimètre carré, doit exercer elle-même cette pression pour la même unité de surface.

Pour une surface de un mètre carré, la pression atmosphérique serait de 1 Kg. $033 \times 10.000 = 10.330$ kilos. Ce nombre nous donne une idée du poids considérable que nous avons constamment à supporter par la pression que l'air exerce sur notre corps, poids qui atteint une moyenne de 15.000 kilogrammes, car la surface du corps humain est à peu près de un mètre carré et demi. Nous ne sommes pas écrasés par cette pression énorme, et même nous la supportons sans nous en apercevoir, parce qu'elle s'exerce également dans tous les sens, de l'intérieur à l'extérieur, comme de l'extérieur à l'intérieur. Pour qu'il y ait écrasement, il est nécessaire qu'un côté cède, qu'il soit moins pressé que les autres, ce qui n'est pas, car notre corps est constamment entouré de pressions égales.

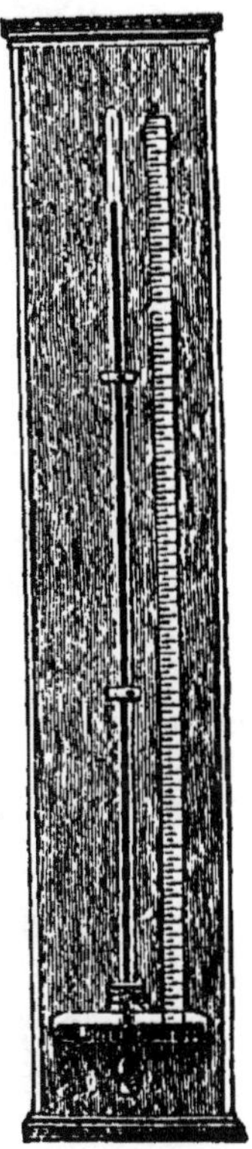

Fig. 166. — Baromètre à cuvette.

165. Baromètre. — La pression atmosphérique n'est pas uniforme : elle varie pour des causes qui nous sont généralement encore inconnues. Pour la mesurer à chaque instant du jour, on se sert d'instruments nommés *baromètres*.

Le plus simple de ces instruments est le *baromètre cuvette*, qui n'est autre chose qu'un tube de Torricelli auquel on a adapté une échelle divisée en millimètres; le zéro de cette échelle correspond au niveau du mercure dans la cuvette.

On donne quelquefois au tube barométrique la forme d'un siphon dans lequel les variations des pressions atmosphériques sont indiquées par une aiguille qui se meut sur un cadran gradué. L'axe de l'aiguille porte une poulie sur laquelle s'enroule un fil de soie; ce fil est tiré d'un côté par un contrepoids, et de l'autre par un flotteur, qui plonge en partie dans le mercure de la branche ouverte du siphon et qui s'é-

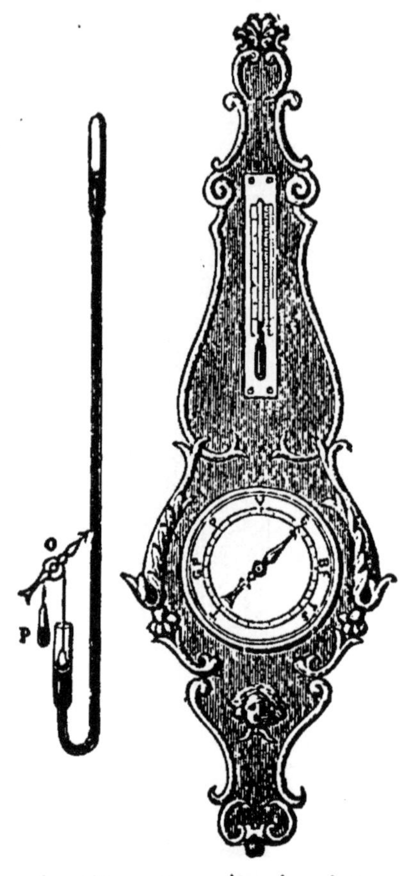

Fig. 167. — Baromètre à cadran.

lève ou s'abaisse avec ce liquide. Quand la pression diminue, le mercure descend dans la branche fermée du baromètre et monte dans la branche ouverte ; alors le contrepoids tire le fil de soie et fait tourner l'aiguille à gauche. Le contraire arrive quand la pression augmente.

166. Usages du baromètre. — Le baromètre sert à la prévision du temps et à la mesure des hauteurs.

Dans nos climats, on a remarqué que le temps se met au beau quand la colonne barométrique monte d'une manière lente et régulière; au contraire, qu'une baisse graduelle de cette colonne est le présage de la pluie, et qu'une variation brusque dans la pression atmosphérique annonce ordinairement un grand vent. D'après ces observations, on a divisé en sept parties égales la partie de la colonne barométrique comprise entre les hauteurs 0^m731 et 0^m785, limites extrêmes des variations observées; à ces divisions on a écrit ces mots : *tempête, grande pluie, pluie ou vent, variable, beau temps, beau fixe, très sec,* qui représentent les états de l'atmosphère auxquels ces pressions correspondent habituellement.

Le baromètre peut encore servir à évaluer les hauteurs, car à mesure qu'on s'élève dans l'atmosphère, la couche d'air supérieure devenant moins épaisse, exerce une moindre pression sur le mercure contenu dans la cuvette du baromètre. Aussi a-t-on constaté que la colonne barométrique diminue proportionnellement à la hauteur à laquelle on s'élève. Cette diminution est environ de 1 millimètre pour une différence d'altitude de 10^m50. Pour évaluer la hauteur d'une montagne, par exemple, il suffit donc de multiplier par 10,50 la différence en millimètres des hauteurs barométriques observées à son pied et à son sommet.

167. Aérostats. — Le principe d'Archimède s'applique aussi bien aux gaz qu'aux liquides; car, comme ces derniers, les gaz exercent des pressions sur les parois des objets qui y sont plongés. Appliqué au gaz le principe d'Archimède s'énonce ainsi · *tout corps plongé dans un gaz, éprouve une poussée de bas en haut égale au poids du gaz déplacé.*

D'après ce principe, si un corps pèse plus que l'air sous le même volume, il tombe; s'il pèse autant, il reste suspendu dans l'atmosphère, et s'il pèse moins, il s'élève avec une force ascensionnelle égale à l'excès du poids de l'air déplacé sur le poids du corps. C'est sur ce principe que repose la théorie des *ballons* ou *aérostats.*

Les ballons se composent d'une ou de plusieurs enveloppes de forme sphéroïdale, en étoffe légère et imperméable. que l'on a remplies d'hydrogène, de gaz d'éclairage ou même d'air chaud.

Pour qu'un ballon puisse s'élever dans l'atmosphère, il faut que l'ensemble de ses enveloppes, du gaz qui a servi à le gonfler et de tous ses accessoires pèse moins que l'air déplacé.

Les ballons destinés à porter des voyageurs sont entourés d'un filet à mailles serrées auquel est attachée une nacelle.

L'aéronaute prend place dans cette nacelle et il y met aussi un certain nombre de sacs de sable, servant à lester le ballon et à régler sa force ascensionnelle.

Pour que la montée du ballon ne soit pas trop rapide, on règle sa force ascensionnelle de manière qu'au départ, elle ne soit que de quelques kilogrammes. A mesure qu'il s'élève, le

Fig. 168. — Aérostat.

ballon, rencontrant de l'air de moins en moins dense, perd de sa force ascensionnelle ; pour la maintenir, l'aéronaute jette un peu du sable contenu dans la nacelle.

A la partie supérieure du ballon, se trouve une soupape que l'aéronaute manœuvre à volonté, au moyen d'une corde qui aboutit dans la nacelle. Quand il ouvre cette soupape, une partie du gaz s'échappe ; le ballon diminuant alors de volume, déplace moins d'air et descend. Quand l'aéronaute veut monter, il allège le ballon en jetant du lest dont il a fait provision.

L'aéronaute doit se munir d'un baromètre. Cet instrument lui permet de reconnaître s'il monte ou s'il descend, quand il est parvenu dans les hautes régions de l'atmosphère : lorsqu'il monte, la colonne de mercure baisse ; au contraire, quand il descend, le mercure monte. C'est aussi à l'aide du baromètre que l'aéronaute évalue la hauteur à laquelle il se trouve.

DEVOIRS

36ᵉ Devoir. — 1. Quelle est la cause de la pression atmosphérique ? 2. Combien pèse un litre d'air ? 3. Citez des expériences permettant de constater la pression atmosphérique. 4. Quel est le physicien qui, le premier, a mesuré cette pression ? 5. De quel liquide se servit-il ? 6. A quelle hauteur le mercure se maintint-il ? 7. De quel liquide Pascal se servit-il pour répéter l'expérience de Torricelli ? 8. A quelle hauteur se maintint la colonne d'eau dans son expérience ? 9. Quelle est la valeur de pression atmosphérique par centimètre carré de surface ? 10. — par mètre carré ? 11. Pourquoi ne sommes-nous pas écrasés par cette pression ? 12. Avec quel instrument mesure-t-on la pression atmosphérique ? 13. Que fait le mercure dans le tube barométrique lorsque la pression augmente ? 14. — lorsqu'elle diminue ? 15. Quels sont les usages du baromètre ?

37ᵉ Devoir. — 1. Que fait le mercure du baromètre lorsque le temps se met à la pluie ? 2. — au beau ? 3. Quelles sont les limites extrêmes des observations barométriques observées ? Quelle différence d'altitude indique une variation de 1ᵐᵐ dans la colonne barométrique ? 5. Pourquoi les ballons s'élèvent-ils dans l'atmosphère ? 6. Avec quels gaz gonfle-t-on les ballons ? 7. Pourquoi emploie-t-on le gaz hydrogène ? 8. Que fait l'aéronaute pour maintenir au ballon sa force ascensionnelle ? 9. De quel instrument se sert l'aéronaute pour connaître s'il monte ou descend, lorsqu'il est parvenu à une grande hauteur ? 10. Que fait l'aéronaute lorsqu'il veut monter ? 11. — descendre ? 12. A l'aide de quel instrument peut-il apprécier la hauteur à laquelle il se trouve ? 13. Citez le principe d'Archimède appliqué aux gaz. 14. Pourquoi un ballon gonflé d'air chaud peut-il s'élever ? 15. Quelle condition essentielle faut-il pour qu'un ballon puisse s'élever ?

SUJETS DE RÉDACTION

27ᵉ Sujet. — On vous a fait une leçon sur le baromètre ; vous écrivez à un de vos amis et lui dites ce que vous savez de cet instrument, de son principe et de son utilité. *(Corse, 1892).*

28ᵉ Sujet. — Dites ce que vous savez sur les ballons. *(Morbihan, 1893).*

CHAPITRE IV

Pompes. — Siphon.

168. Pompes. — Les *pompes* sont des appareils destinés à élever des liquides. Les plus importantes sont la *pompe aspirante*, la pompe *foulante* et la pompe *aspirante* et *foulante*.

169. Pompe aspirante. — La pompe *aspirante* se compose d'un corps de pompe, dans lequel se meut un piston, et d'un tuyau d'aspiration, qui plonge dans l'eau.

Deux soupapes *c* et *a*, sont placées, l'une au piston et l'autre à la jonction du corps de pompe et du tuyau d'aspiration. Ces soupapes s'ouvrent de bas en haut.

Lorsque le piston est au bas de sa course, c'està-dire à l'extrémité inférieure

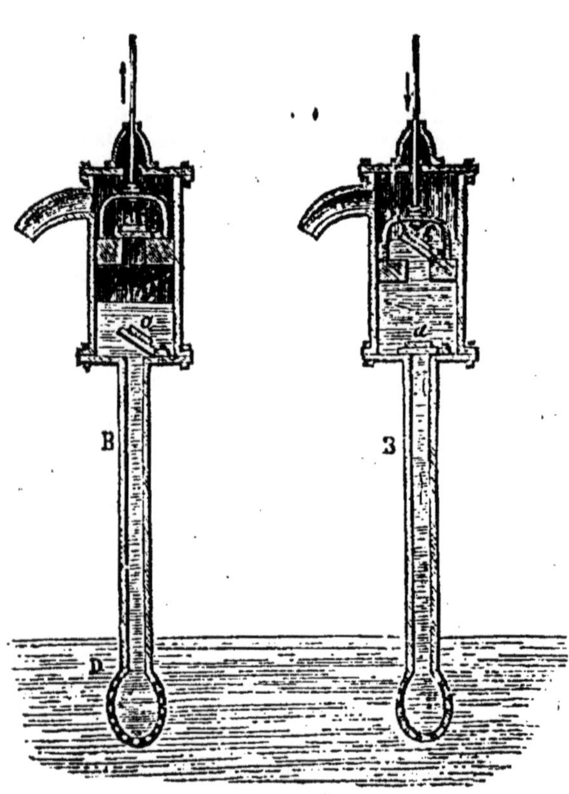

Fig. 169. — Pompe aspirante.

du corps de pompe, les deux soupapes sont fermées. Quand on soulève le piston, le vide se fait au-dessous de lui et l'air du tuyau d'aspiration, soulevant la soupape *a*, passe en partie dans le corps de pompe. L'air intérieur, occupant alors un plus grand espace, perd un peu de sa force élastique ; la pression atmosphérique fait aussitôt monter de l'eau dans le tuyau d'aspiration, jusqu'à ce que la force élastique de l'air de la pompe, ajoutée à la pression de la colonne liquide déjà soulevée, fasse équilibre à la pression atmosphérique.

Lorsqu'on abaisse le piston, la soupape *a* se ferme ; l'air qui s'est introduit dans le corps de pompe, acquiert bientôt par la pression une force qui le rend capable de soulever la soupape *c* du piston pour s'échapper au dehors. Chaque fois que le piston est soulevé, l'eau monte dans le tuyau d'aspiration ; elle finit par pénétrer dans le corps de pompe, par passer au-dessus du piston et par arriver dans le conduit qui sert au déversement.

Théoriquement, la pression atmosphérique devrait faire monter l'eau à la hauteur de 10^m33 dans le tuyau d'aspiration des pompes ; mais à cause de l'imperfection des appareils, l'eau ne peut atteindre cette limite. Dans la pratique, on ne donne jamais au tuyau d'aspiration plus de 7 à 8 mètres de hauteur verticale.

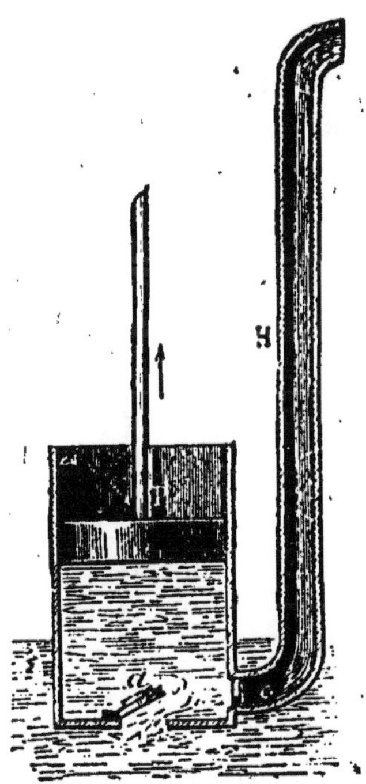

Fig. 170. — Pompe foulante.

170. Pompe foulante.—

La pompe *foulante* n'a pas de tuyau d'aspiration ; elle se compose d'un corps de pompe, qui plonge en partie dans l'eau, et d'un tuyau de *refoulement*. Deux soupapes, *a* et *c*, s'ouvrant tous deux de bas en haut, sont placées, l'une à la partie inférieure du corps de pompe, et l'autre, à la partie inférieure du tuyau de refoulement. Le piston ne porte pas de soupape.

Le mécanisme de la pompe foulante est très simple. Lorsqu'on soulève le piston, l'eau du réservoir ouvre la soupape a et remplit le corps de pompe. Quand le piston descend, l'eau du corps de pompe, comprimée par la pression, ferme la soupape a, ouvre la soupape c, et monte dans le tuyau de refoulement.

171. Pompe aspirante et foulante. — Cette pompe n'est que la combinaison des deux précédentes. Elle se compose d'un tuyau d'aspiration, d'un corps de pompe, muni d'un piston plein, et d'un tuyau de refoulement. La pompe aspirante et refoulante aspire l'eau pendant la montée du piston et la refoule pendant sa descente.

172. Siphon. — Le *siphon* est un appareil destiné à transvaser les liquides. Il consiste en un tube recourbé, à branches d'inégales longueurs.

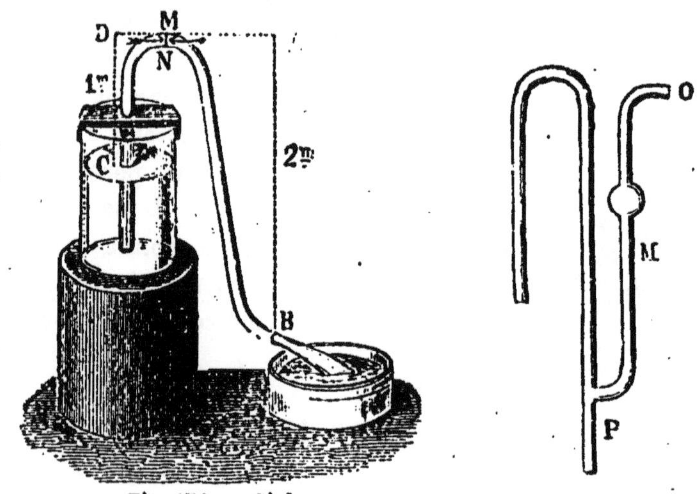

Fig. 171. — Siphon.

Fig. 172. — Siphon avec tube latéral.

Pour faire usage de cet instrument, on commence par *l'amorcer*. Dans ce but, après avoir placé sa petite branche dans le liquide à transvaser, on aspire avec la bouche l'air de la grande branche, jusqu'à ce que le siphon soit rempli de liquide, puis on laisse l'écoulement se produire.

Quand on opère sur des liquides vénéneux ou corrosifs, on se sert d'un siphon dont la grande branche porte un tube latéral. La petite branche du siphon étant plongée dans le liquide, on ferme l'extrémité de la grande branche, et l'on aspire avec la bouche par l'extrémité du tube latéral. Lorsque le liquide commence à pénétrer dans le tube, on ouvre la grande branche du siphon et l'écoulement se produit aussitôt.

173. Fontaines intermittentes. — C'est en se basant sur le principe du siphon qu'on explique le fonctionnement des fontaines intermittentes naturelles. Supposons dans l'intérieur d'un rocher une cavité communiquant avec l'extérieur par un conduit en forme de siphon, comme le représente la figure 173, et recevant par infiltration les eaux de pluies. Ces

Fig. 173. — Fontaine intermittente.

eaux séjourneront dans cette cavité tant qu'elles ne seront pas arrivées à la hauteur E H, sommet du siphon, mais une fois qu'elles y seront parvenues, elles s'écouleront jusqu'à ce que leur niveau soit descendu au-dessous de l'ouverture B du siphon. L'écoulement cessera alors pour recommencer lorsque le niveau des eaux de la cavité intérieure aura de nouveau atteint le niveau E H.

Certaines fontaines intermittentes coulent plusieurs jours de suite sans s'arrêter ; d'autres coulent et s'arrêtent plusieurs fois dans une heure, suivant le rapport qui existe entre leur cavité intérieure, les sources qui l'alimentent et le débit des siphons qui leur servent de déversoir. La fontaine de Colmar, dans les Basses-Alpes, jaillit et tarit de sept minutes en sept minutes ; celle de Puits-Gros, près de Chambéry, coule toutes les six heures : le matin, à midi, le soir et à minuit.

174. Pipette. Tâte-vin. — Pour transvaser de petites quantités de liquide on emploie un instrument désigné sous le nom de *pipette*. Cet instrument se compose d'un tube en verre renflé en son milieu et terminé à sa partie inférieure par un petit orifice.

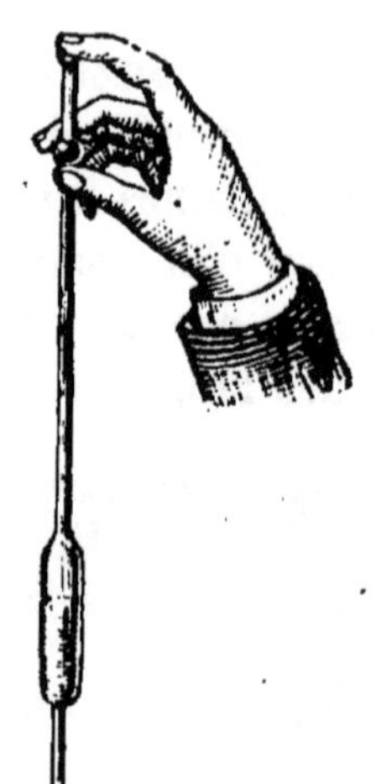

Fig. 174. — Pipette.

La pipette étant pleine de liquide, si l'on applique le doigt sur son ouverture supérieure, de manière à la fermer hermétiquement, le liquide ne s'écoulera pas : il sera maintenu par la pression atmosphérique, qui ne s'exercera sur le liquide que par l'ouverture inférieure de la pipette ; mais si l'on enlève le doigt, la pression atmosphérique s'exercera alors aux deux extrémités de l'instrument et le liquide s'écoulera en vertu de son poids. Le *tâte-vin* n'est qu'une modification de la pipette.

Fig. 175. — Tâte-vin.

DEVOIR

38ᵉ Devoir. — 1. Comment appelle-t-on les appareils destinés à élever les liquides ? 2. Nommez les pompes les plus importantes. 3. Où se trouvent les soupapes dans la pompe aspirante ? 4. — dans la pompe foulante ? 5. Qu'est-ce qui fait monter l'eau dans la pompe aspirante ? 6. — dans la pompe foulante ? Quelle est théoriquement la plus grande hauteur que peut avoir un tuyau d'aspiration ? 8. Quelle est dans la pratique, celle qu'on lui donne ? 9. Pourquoi ne dépasse-t-on pas cette hauteur ? 10. Comment appelle-t-on la pompe qui n'a pas de tuyau d'aspiration ? 11. Comment appelle-t-on le tuyau qui, dans la pompe foulante, sert à élever l'eau ? 12. De quel appareil se sert-on pour transvaser les liquides ? 13. Quel est le phénomène naturel basé sur la théorie du siphon ? 14. Citez quelques fontaines intermittentes. 15. Nommez d'autres instruments dont le fonctionnement est dû à la pression atmosphérique.

SUJETS DE RÉDACTION

29ᵉ Sujet. — Pompes : différentes sortes de pompes ; théorie de la pompe aspirante. (*Cher, 1892*).

30ᵉ Sujet. — Dites ce que vous savez sur le siphon, la pipette et le tâte-vin.

CHAPITRE V

Chaleur.

175. Définition. — La *chaleur* est la cause qui produit en nous la sensation du *chaud* et du *froid*.

Les corps nous paraissent chauds ou froids au toucher, selon que leur température est supérieure ou inférieure à celle de la partie de notre corps en contact avec eux. Ainsi, lorsque après avoir plongé l'une des mains dans un vase plein d'eau très froide et l'autre dans un vase rempli d'eau chaude, on les met toutes les deux dans un troisième renfermant de l'eau de température moyenne, ce liquide produit une impression de froid sur la seconde,

La chaleur a deux effets très apparents sur les corps : elle les *dilate* et *change leur état.*

176. Dilatation des corps solides. — Dans les solides, on distingue deux sortes de dilatation : la dilatation *linéaire* et la dilatation en volume.

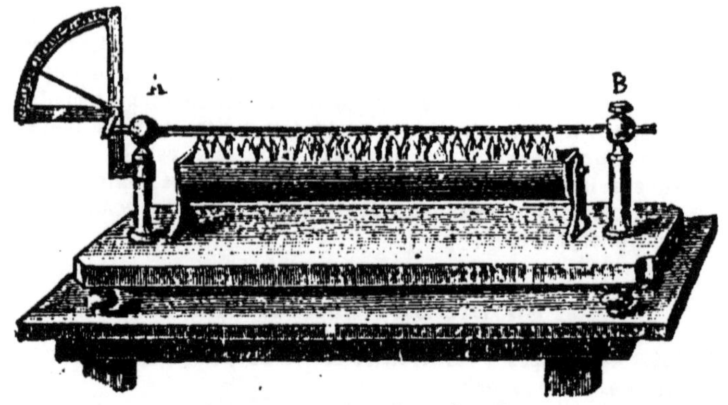

Fig. 176. — Pyromètre à cadran.

On démontre la dilatation linéaire au moyen du *pyromètre à cadran.* Cet appareil se compose d'une tige métallique fixée à l'une de ses extrémités par une vis de pression; l'autre extrémité de la tige est en contact avec le petit bras d'une aiguille coudée, mobile sur un cadran gradué. Quand on chauffe la tige du pyromètre, on voit l'aiguille se déplacer d'un certain nombre de divisions sur le cadran, par suite de l'allongement que prend cette tige.

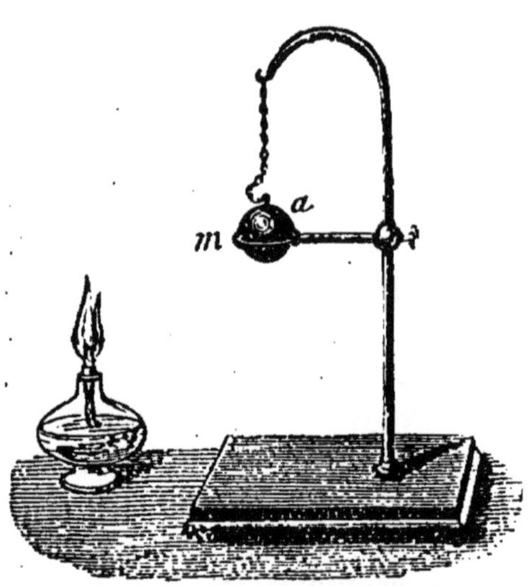

Fig. 177. — Anneau de S'Gravesande.

La dilatation en volume se constate à l'aide de l'anneau de S'Gravesande. Cet appareil se compose d'un anneau dans lequel peut passer librement, à la température ordinaire, une sphère en métal d'un diamètre peu inférieur à celui de l'anneau. Quand on chauffe cette sphère, on observe qu'elle ne peut plus passer dans l'anneau, à cause de l'accroissement de volume qu'elle prend par la chaleur.

177. Dilatation des liquides. — La dilatation des liquides est facile à constater. Pour cela, il suffit de remplir exactement un ballon de verre avec un liquide quelconque, de le fermer à l'aide d'un bouchon traversé par un tube et de le chauffer. On voit aussitôt le liquide monter dans le tube, et d'autant plus rapidement que la source de chaleur est plus intense.

178. Dilatation des gaz. — Pour rendre visible la dilatation des gaz, on se sert d'un ballon plein d'air, dont le bouchon est traversé par un tube droit, contenant une petite colonne de mercure servant à intercepter la communication entre l'air de l'intérieur et celui de l'extérieur. La chaleur de la main appliquée sur le ballon suffit pour faire dilater l'air qu'il contient et avancer l'index de mercure vers l'extrémité libre du tube.

Fig. 178. — Spirale de papier mise en mouvement par l'air chaud qui s'élève au-dessus d'un poêle.

Les gaz en se dilatant sous l'influence de la chaleur, deviennent plus légers. Ce fait explique pourquoi dans un appartement chauffé, l'air n'a pas partout la même température : l'air le plus chaud occupe les couches voisines du plafond, tandis que l'air froid reste dans la partie inférieure de l'appartement.

On peut constater le mouvement ascensionnel de l'air chaud au moyen d'une spirale de papier supportée par un pivot et placée au-dessus d'un poêle en activité. L'air devenant plus léger à mesure qu'il s'échauffe, s'élève au-dessus de la source de chaleur, et, rencontrant obliquement les parois de la spirale de papier, communique à celle-ci un mouvement qui l'oblige à tourner autour de son support.

C'est encore à la dilatation que l'air subit par la chaleur, qu'il faut attribuer le double courant d'air qui s'établit lorsqu'on ouvre la porte d'un appartement chauffé pour le mettre en communication avec un autre plus froid.

Fig. 179. — Double courant d'air établi par la porte de communication de deux appartements inégalement chauffés

tre plus froid. L'air chaud du premier appartement, plus léger que celui du deuxième, s'échappe par le haut de la porte, tandis que l'air froid entre par le bas pour venir le remplacer. Il est facile de constater l'existence de ce double courant d'air au moyen d'une bougie allumée que l'on place successivement en haut et en bas de l'ouverture de la porte : en haut, la flamme se dirige vers le dehors, elle est entraînée par l'air qui sort de l'appartement ; en bas, elle prend une direction contraire.

179. Applications de la dilatation. — On utilise la dilatation des corps solides dans plusieurs circonstances et notamment dans le cerclage des roues de voiture, dans l'assemblage des feuilles de tôle qui constituent les chaudières à vapeur, et dans la manière d'ouvrir les flacons bouchés à l'émeri.

Cerclage des roues de voiture. — Afin d'augmenter la solidité des roues de voiture, le charron les entoure d'un cercle de fer. Il fait le diamètre de ce cercle un peu plus petit que celui de la roue. Ce cercle étant chauffé, se dilate assez pour qu'il puisse être aisément mis en place. Par son refroidissement, que l'on accélère au moyen de l'eau, il se contracte et resserre fortement toutes les parties de la roue.

Fig. 180. — Cerclage des roues de voiture.

Assemblage des feuilles de tôle. — Les plaques de tôle dont sont composées les chaudières des machines à vapeur, sont assemblés au moyen de clous à river. Ces clous sont employés à la température rouge ; ils sont alors plus faciles à river et ont en outre la propriété de resserrer très fortement les différentes parties de l'assemblage, par suite de la contraction qu'ils éprouvent en se refroidissant.

Flacons bouchés à l'émeri. — Il arrive quelquefois que les bouchons des flacons bouchés à l'émeri adhèrent très fortement au goulot des flacons. Pour enlever ces bouchons, il suffit de chauffer le goulot du flacon à la flamme d'une bougie et la chaleur fait dilater le verre, ce qui permet de déboucher facilement ces flacons.

180. Remarque. — Dans la construction des chemins de fer, on est obligé de tenir compte de la dilatation linéaire du fer. Un léger intervalle est ménagé entre les rails, pour laisser un libre cours à leur allongement. Sans cet intervalle, pendant l'été, les rails se pousseraient les uns les autres avec une force irrésistible, et seraient arrachés des traverses de bois qui les supportent.

Les barreaux de fer que l'on place aux fenêtres ne doivent

être scellés qu'à l'une de leurs extrémités. Sans cette précaution, en été, ils se courberaient à cause de leur allongement,
et, en hiver, ils s'arracheraient de leurs scellements. Pour une
raison analogue, les feuilles de zinc ou de plomb qui composent certaines toitures, ne doivent être clouées que sur un de
leurs côtés.

181. Thermomètres. — Les *thermomètres* sont des
instruments qui servent à indiquer la
température des corps. Ils sont basés sur
le phénomène de la dilatation.

Presque tous les corps pourraient servir à la construction des thermomètres;
mais on choisit de préférence les liquides,
parce que leur dilatation se prête mieux
que celle des autres corps à l'observation
des variations moyennes de température.
Les liquides dont on fait usage pour la
construction des thermomètres sont le
mercure et l'*alcool*. Le mercure parce
qu'il se dilate uniformément et surtout
parce qu'il ne bout qu'à une température
très élevée, 350°, et ne se congèle qu'à
un froid très intense, — 40°; l'alcool,
parce qu'il ne se congèle qu'à la température de — 130°.

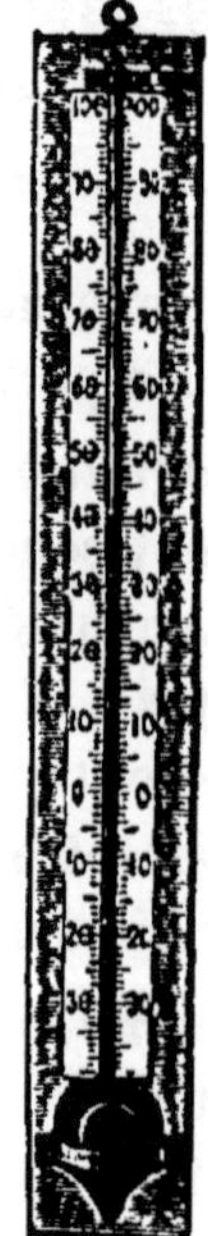

Fig. 181. — Ther-
momètre.

182. Graduation du thermomètre. — Deux points
fixes ont été adoptés pour la graduation du thermomètre : le
point *0* et le point *100*. Le premier est donné par la tempéra-
rature de la glace fondante, et le second, par celle de la
vapeur d'eau bouillante. Pour déterminer la position de ces
deux points sur le tube thermométrique, on place d'abord
l'instrument pendant quelque temps dans un vase rempli de
glace fondante : le liquide qu'il contient descend dans le tube
et finit par s'arrêter ; son niveau supérieur est alors celui du

0 de l'échelle thermométrique. On plonge ensuite le thermomètre dans une étuve à vapeur d'eau bouillante ; le liquide monte et finit par atteindre un point fixe, où l'on marque *100*. Ces deux points étant obtenus, on divise en parties égales, appelées *degrés*, l'espace compris entre eux et l'on prolonge la division au-dessous du zéro s'il y a lieu.

183. Remarque. — La sensibilité d'un thermomètre à liquide dépend des deux conditions suivantes :

1º Du rapport qui existe entre la capacité du réservoir et le diamètre du tube : plus le réservoir est grand et le tube étroit, plus l'instrument est sensible.

2º De la nature du liquide : plus le liquide est dilatable, plus la sensibilité est grande. C'est pour cette raison que les thermomètres à alcool sont plus sensibles que les thermomètres à mercure.

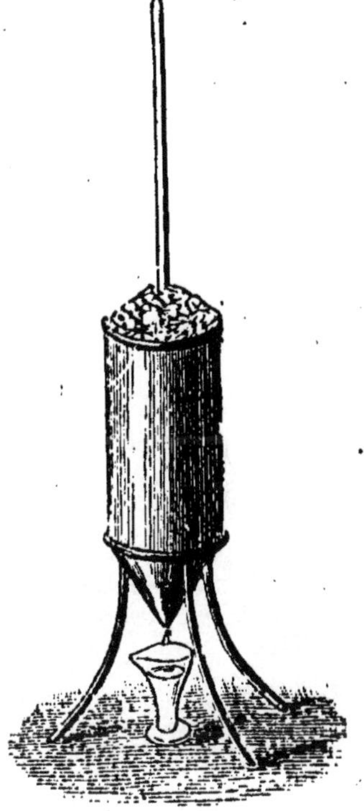

Fig. 182. — Appareil servant à déterminer le *0* du thermomètre.

184. Maximum de densité de l'eau. — L'eau présente dans sa dilatation une particularité bien remarquable ; comme les autres corps, elle se contracte en se refroidissant, mais seulement jusqu'à la température de 4 degrés au-dessus de zéro ; si le refroidissement devient plus grand, elle se dilate.

L'eau ayant son maximum de concentration à 4 degrés au-dessus de zéro, doit aussi avoir son maximum de densité à cette même température. Ce fait explique pourquoi dans les lacs et dans les mers, l'eau, à partir d'une certaine profondeur, conserve invariablement, en été comme en hiver, la température de 4 degrés.

En se congelant, l'eau diminue encore de densité, car elle augmente de volume ; cette augmentation de volume est accompagnée d'une force expansive considérable. Pour en constater l'existence, on a exposé à un froid de plusieurs degrés au-dessous de zéro des bombes pleines d'eau et solidement fermées par un bouchon en fer. Quelques-unes de ces bombes ont eu leur bouchon chassé à une grande distance, d'autres ont éclaté et d'épais bourrelets de glace se sont formés à leur surface.

Fig. 183. — Effets de la force expansive de la glace.

C'est la force expansive de la glace qui fait déliter certaines pierres sous l'influence de la gelée ; ces pierres s'imprègnent facilement de l'eau de la pluie, qui, sous l'action du froid, se convertit en glace, et la force expansive de cette dernière les désagrège complètement. C'est aussi à la même cause qu'il faut attribuer les funestes effets de la gelée sur les jeunes tissus des végétaux.

185. Remarque. — La légèreté spécifique de la glace et le maximum de densité de l'eau sont pour nous des bienfaits du Créateur. En effet, par suite de la seconde de ces deux propriétés, l'eau ne se congèle qu'à la surface. Elle conserve ainsi au-dessous {(de la couche glacée qui la protège contre le refroidissement, la fluidité nécessaire à la vie des poissons.

Si la glace était plus dense que l'eau, elle tomberait au fond des lacs et des fleuves à mesure qu'elle se formerait, et bientôt les eaux de ceux-ci seraient entièrement congelées. La vie des animaux aquatiques deviendrait impossible dans certaines contrées, ce qui priverait leurs habitants d'une de leurs principales ressources alimentaires. De plus, les chaleurs de l'été seraient insuffisantes pour fondre cette glace, et, les lits des fleuves se trouvant encombrés par une matière solide, il s'ensuivrait de vastes inondations qui, chaque année, désoleraient les pays riverains.

DEVOIRS

39e Devoir. — 1. Quelle est la cause qui produit en nous la sensation du chaud et du froid? 2. Quels sont les effets de la chaleur sur les corps? 3. Combien compte-t-on de sortes de dilatation dans les corps solides? 4. Avec quel appareil démontre-t-on la dilatation linéaire? 5. — la dilatation en volume? 6. Où se trouvent les couches d'air les plus chaudes dans un appartement chauffé? 7. Pourquoi l'air chaud tend-il à monter? 8. Quel phénomène physique utilisent les charrons pour le cerclage des roues de voitures? 9. Pour quelles autres opérations met-on encore à profit la dilatation des corps solides? 10. Qu'arriverait-il, en été, si l'on fixait aux deux extrémités les barreaux des fenêtres? 11. — en hiver? 12. — Si l'on faisait toucher bout à bout les rails du chemin de fer? 13. De quels instruments se sert-on pour mesurer la température des corps? 14. Sur quel phénomène physique sont-ils fondés? 15. De quels liquides se sert-on de préférence pour leur construction?

40e Devoir. — 1. Quelle est la température d'ébullition du mercure? 2. — sa température de congélation? 3. A quelle température se congèle l'alcool? 4. Quels sont les deux points fixes adoptés par la graduation des thermomètres? 5. Par quoi est donné le point 0? 6. — le point 100? 7. De quoi dépend la sensibilité d'un thermomètre? 8. Quelle est la température du maximum de densité de l'eau? 9. Comment appelle-t-on la force qui se développe par la congélation de l'eau? 10. Comment a-t-on constaté l'intensité de cette force? 11. Pourquoi les pierres gélives se délitent-elles si facilement? 12. A quoi faut-il attribuer les funestes effets de la gelée sur les jeunes végétaux? 13. A quelle température reste constamment l'eau située à une grande profondeur? 14. Pourquoi les fleuves ne se congèlent-ils qu'à la surface? 15. Quels inconvénients résulteraient pour les riverains si la densité de la glace était plus grande que celle de l'eau?

SUJETS DE RÉDACTION

31e Sujet. — De la dilatation des corps solides : applications de cette dilatation ; précautions à prendre. (*Hautes-Alpes, 1898*).

32e Sujet. — Comment applique-t-on la dilatation des liquides à la mesure de la température des corps?

CHAPITRE VI

Chaleur (suite).

Dans les changements d'état, les corps éprouvent quatre phénomènes distincts, savoir la *fusion*, la *solidification*, la *vaporisation* et la *liquéfaction*.

186. Fusion. — La *fusion* est le passage d'un corps de l'état solide à l'état liquide, sous l'influence de la chaleur. Ce phénomène est soumis aux deux lois suivantes :

1° La température à laquelle s'opère la fusion est invariable pour chaque corps ;

2° La température d'un corps en fusion demeure constante pendant toute la durée de la fusion.

Cette deuxième loi montre que la chaleur cédée par un foyer à un corps en fusion, est tout entière employée à opérer le changement d'état de ce corps ; elle devient *latente*, c'est-à-dire cachée, et n'a aucun effet sensible.

L'expérience suivante donne une idée exacte de ce qu'on entend par chaleur latente, et montre aussi que la quantité de chaleur sensible absorbée dans la .fusion est considérable.

On verse 1 kilo d'eau à 79° sur un kilogramme de neige ou de glace pilée à 0° ; celle-ci fond immédiatement et on obtient 2 kilogrammes d'eau à 0°. Le kilogramme d'eau chaude a donc perdu 79 degrés de chaleur pour fondre la neige ; le kilogramme de neige ne s'est pas échauffé, mais il a changé d'état ; pour ce changement d'état, il a absorbé les 79 degrés de chaleur sensible de l'eau.

187. Solidification. — La *solidification* est le passage d'un corps de l'état liquide à l'état solide. Elle est soumise aux trois lois suivantes :

1° La température de solidification d'un corps est constante ; elle est la même que celle de fusion ;

2° La température d'un corps reste constante pendant toute la durée de la solidification ;

3° La solidification est accompagnée du dégagement de toute la chaleur sensible absorbée pendant la fusion.

L'eau, dans quelques circonstances fait exception à la première de ces lois. Placée dans un vase à l'abri de toute agitation, elle peut être refroidie jusqu'à 12 degrés au-dessous de zéro sans se solidifier, mais le moindre ébranlement amène sa congélation. Ce phénomène est connu sous le nom de *surfusion.*

188. Vaporisation. — La *vaporisation* est la transformation des liquides en vapeurs. Elle se fait de deux manières : par *évaporation* et par *ébullition.*

L'*évaporation* est la formation lente des vapeurs à la surface des liquides, tandis que l'*ébullition* est un dégagement rapide et tumultueux de ces mêmes vapeurs se formant au sein même des liquides. Le phénomène de l'ébullition est soumis aux deux lois suivantes :

1° Un même liquide, placé dans les mêmes conditions, commence toujours à bouillir à la même température ;

2° La température d'un liquide reste constante pendant toute la durée de son ébullition.

Ici, comme pour la fusion, la chaleur cédée par un foyer à un liquide en ébullition est tout entière employée à opérer le changement d'état de ce corps; elle devient latente. La quantité de chaleur sensible nécessaire pour faire passer à l'état de vapeur un kilogramme d'eau bouillante est considérable : elle est de 540 unités de chaleur.

189. Froid produit par l'évaporation. — Le passage d'un corps de l'état liquide à l'état gazeux, ne peut se faire, soit par l'ébullition, soit par l'évaporation, sans qu'il y ait absorption d'une quantité considérable de chaleur sensible, qui devient latente. Plus la vaporisation est rapide, plus le refroidissement est grand.

Quelques gouttes d'alcool ou d'éther versées sur la main ne tardent pas à y produire une impression de froid. Les frissons que l'on ressent en sortir du bain, ont pour cause le froid produit par l'évaporation de la couche légère de liquide qui reste adhérente à la peau.

L'emploi des *alcarazas*, dont on se sert dans les pays chauds pour maintenir à l'eau sa fraîcheur, est fondé sur ce même principe. Les alcarazas sont des vases en terre poreuse; l'eau qu'ils renferment, suinte constamment à travers leurs parois et vient s'évaporer à leur surface; elle emprunte pour cela une certaine quantité de chaleur au liquide intérieur, et celui-ci se refroidit.

Le froid produit par l'évaporation de la sueur est un phénomène analogue aux précédents. La sueur ne peut s'évaporer sans emprunter de la chaleur au corps, et cela en quantité d'autant plus considérable que l'évaporation est plus rapide. Aussi, est-il très prudent de ne pas s'exposer à un courant d'air quand on est en moiteur, et de remplacer par du linge sec celui qui est mouillé par la transpiration.

190. Liquéfaction. — La *liquéfaction* est le passage d'un corps de l'état gazeux à l'état liquide. Elle est produite par le refroidissement ou par la pression.

Lorsque les vapeurs se condensent, elles restituent aux corps environnants leur chaleur latente de vaporisation, qui redevient chaleur sensible. Un kilogramme de vapeur d'eau à 100° peut donc, en se condensant dans l'eau froide à 0°, porter 5 kg. 40 de cette eau à la température de l'ébullition.

191. Distillation. — La *distillation* est basée sur la propriété qu'ont les liquides de passer à l'état de vapeur au moyen de la chaleur, et de reprendre leur état primitif par le refroidissement. Elle a pour objet d'isoler les liquides des substances qu'ils tiennent en dissolution, ou de séparer les uns des autres des liquides inégalement volatils.

Les appareils qui servent à la distillation, se nomment

alambics. Ils se composent de trois parties principales : une chaudière appelée *cucurbite,* dans laquelle on met la substance à distiller; un *chapiteau,* qui ferme exactement la cucurbite, et un long tube métallique, appelé *serpentin,* contourné en spirale et placé dans un vase rempli d'eau froide

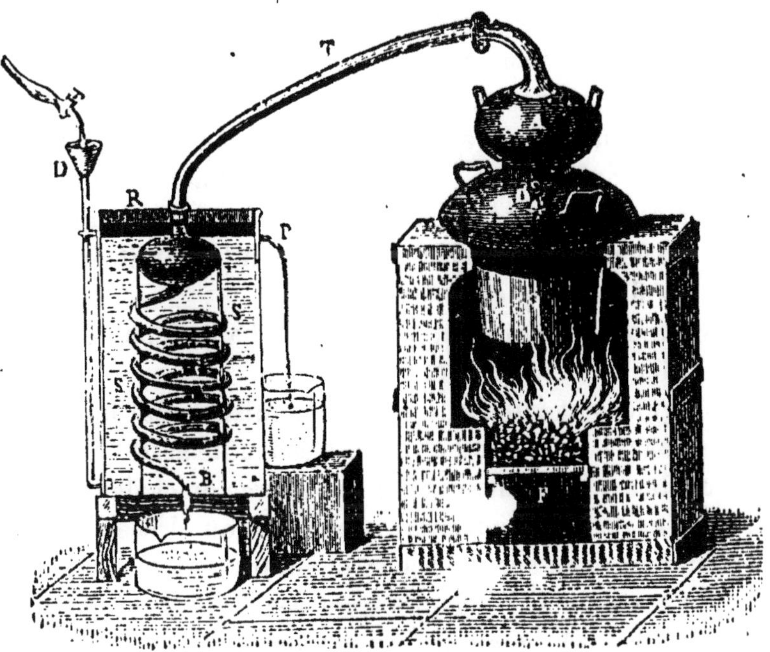

Fig. 181. — Alambic.

nommé *réfrigérant.* Le serpentin communique avec le chapiteau, reçoit les vapeurs qui s'échappent de la cucurbite, et leur fait subir un abaissement de température suffisant pour déterminer la condensation.

Propagation de la chaleur.

192. — La chaleur peut se transmettre d'un corps à un autre de deux manières différentes : par *conductibilité* et par *rayonnement.* Dans le premier cas, elle se communique de molécule à molécule dans toute la masse du corps, dans le

second, elle franchit directement les intervalles qui séparent les corps.

193. Conductibilité. — La *conductibilité* est la propriété dont jouissent les corps de transmettre la chaleur de proche en proche dans l'intérieur de leur masse.

Tous les corps ne sont pas également conducteurs de la chaleur. Ainsi lorsqu'on plonge l'extrémité d'une cuillère métallique dans l'eau bouillante, cette cuillère s'échauffe rapidement à l'autre extrémité, tandis qu'avec une cuillère de bois, le même phénomène n'a pas lieu. De même, on peut tenir sans inconvénient avec les doigts une allumette enflammée à l'une de ses extrémités ; mais on se brûlerait en tenant de la même manière une épingle dont la pointe serait introduite dans une flamme quelconque.

Les corps qui conduisent le mieux la chaleur sont les métaux et spécialement l'*argent* et le *cuivre*.

Les liquides et surtout les gaz conduisent mal la chaleur. Si une masse liquide ou gazeuse s'échauffe assez facilement lorsqu'elle est en contact avec une source de chaleur, ce n'est que par suite des courants ascendants ou descendants qui s'établissent dans son intérieur, et qui transportent la chaleur en tous ses points. L'échauffement des liquides et des gaz se fait donc par *déplacement* et non par *conductibilité*.

194. Application de la conductibilité. — La faible conductibilité de certains corps pour la chaleur offre une foule d'applications aussi utiles qu'ingénieuses. Ainsi, nous employons le duvet, les fourrures, la laine et le coton pour nous préserver des rigueurs du froid parce que ces substances conduisent mal la chaleur, à cause de la couche d'air qu'elles emprisonnent dans leurs tissus. Placées autour d'un corps chaud, ces mêmes substances lui maintiennent sa température, car elles s'opposent à la déperdition de sa chaleur.

C'est pour une raison analogue que la neige protège les plantes contre la gelée.

Pendant l'été, on conserve la glace en la préservant de la température extérieure au moyen de matières peu conductrices de la chaleur, comme la paille, la sciure de bois, etc. La construction des glacières repose sur ce principe.

On adapte des poignées de bois aux manches des instruments destinés à être placés sur le feu, parce que le bois est mauvais conducteur de la chaleur. Si, dans nos habitations, les carrelages en briques nous paraissent plus froids que les parquets, c'est parce qu'ils conduisent mieux la chaleur.

Pour rendre les appartements plus chauds en hiver et plus frais en été, on a recours à l'emploi des doubles portes et des doubles fenêtres ; la couche d'air emprisonnée entre ces portes et ces fenêtres, conduisant mal la chaleur, empêche l'atmosphère extérieure d'agir aussi facilement sur la température de l'appartement.

Dieu, dans sa parfaite sollicitude pour tous les êtres de la création, a donné aux animaux des régions glacées du Nord des fourrures longues et soyeuses, qui s'opposent parfaitement à la déperdition de la chaleur du corps. Ceux des pays chauds n'ont reçu qu'un pelage ras et peu serré, qui facilite l'évaporation de la sueur cutanée, évaporation qui est pour ces animaux une cause considérable de rafraîchissement.

Météorologie.

195. La *météorologie* est l'étude des phénomènes atmosphériques appelés *météores*. Les principaux de ces phénomènes sont la *rosée*, la *gelée blanche*, les *brouillards*, les *nuages*, la *neige*, la *pluie*, la *grêle* et les *vents*.

196. Rosée. Gelée blanche. — On désigne sous le nom de *rosée* les gouttelettes que l'on voit, le matin, sur les plantes et sur les autres corps situés à la surface du sol. La rosée est produite par la condensation de la vapeur atmosphérique. Pendant la nuit, lorsque le temps est serein, la terre rayonne de sa chaleur et se refroidit. Ce refroidissement se communique aux couches d'air qui sont en contact avec elle, et une partie de la vapeur d'eau que ces couches renferment, passe à l'état liquide.

Les causes qui empêchent le refroidissement du sol, empêchent aussi le dépôt de la rosée ; ainsi, lorsque le ciel est couvert, il ne se forme pas de rosée, parce que les nuages s'opposent au rayonnement de la chaleur terrestre, et par conséquent à son refroidissement.

La *gelée blanche* n'est autre chose que la rosée congelée. Elle se produit lorsque le refroidissement du sol a été considérable, et qu'il est descendu au-dessous de zéro degré après la formation de la rosée.

197. Brouillards. Nuages. — Les *brouillards* sont le résultat d'un commencement de condensation de la vapeur d'eau contenue dans les couches d'air avoisinant le sol. En son état normal, la vapeur d'eau est invisible ; mais lorsqu'un abaissement de température survient, elle se condense en gouttelettes extrêmement fines, qui altèrent la transparence de l'air. Le même phénomène de condensation, opéré à une certaine hauteur, donne naissance aux *nuages*.

198. Neige. Pluie. Grêle. Verglas. — La *neige* résulte de la congélation de la vapeur d'eau contenue dans

Fig. 185. — Cristaux de neige.

les régions élevées de l'atmosphère. Lorsque l'air est tranquille, la neige prend des formes cristallines d'une parfaite régularité, ayant beaucoup de rapports avec l'hexagone.

La *pluie* provient des nuages dont les gouttelettes, par suite d'une condensation plus complète, acquièrent un poids tel qu'elles ne peuvent plus se maintenir en équilibre au sein de l'atmosphère. La quantité de pluie qui tombe annuellement varie selon chaque région ; à Paris, si toutes les eaux tombées pendant une année étaient soustraites à l'action de l'infiltration et de l'évaporation, elles formeraient en moyenne une couche de 0m36 de hauteur.

La *grêle* est produite par des gouttes de pluie qui se congèlent en traversant certaines couches atmosphériques, dont la température a été considérablement refroidie.

Le *verglas* est formé par la pluie lorsque le sol sur lequel elle tombe a une température inférieure à zéro degré; cette pluie se congèle à mesure qu'elle arrive sur le sol.

199. Vents. — Les *vents* sont des déplacements plus ou moins rapides de certaines parties de l'air atmosphérique. Ils sont occasionnés par des changements de température ou par la condensation de la vapeur d'eau contenue dans l'atmosphère. Lorsque dans une contrée l'air avoisinant le sol s'échauffe plus qu'ailleurs, il se dilate, et, devenant plus léger, il s'élève dans les régions supérieures de l'atmosphère ; l'air des milieux voisins se précipite pour le remplacer et il en résulte des courants atmosphériques doués quelquefois d'une grande puissance. De même, quand un nuage se résout en pluie ou en grêle, il y a rupture d'équilibre dans l'atmosphère, déplacement d'air et production de vent.

Les *vents* qui soufflent constamment dans la même direction et à des époques déterminées, sont appelés vents *réguliers*. Ces sortes de vents existent dans les régions intertropicales : ce sont les *vents alizés*, la *mousson* et le *simoun*.

DEVOIRS

41ᵉ Devoir. — 1. Quels sont les phénomènes éprouvés par les corps dans leurs changements d'état? 2. Comment appelle-t-on le passage d'un corps de l'état solide à l'état liquide? 3. — de l'état gazeux à l'état liquide? 4. — de l'état liquide à l'état gazeux? 5. — de l'état liquide à l'état solide ! 6. Enoncez les deux lois de la fusion ! 7. Comment appelle-t-on la chaleur employée à opérer la fusion ! 8. Quelle quantité de chaleur faut-il pour fondre 1 kilog. de glace ! Enoncez les lois de la solidification. 10. A quelles températures l'eau se solidifie-t-elle ! 11. De combien de manières se fait la vaporisation ! 12. Comment appelle-t-on la formation des vapeurs au sein même des liquides ! 13. — à la surface des des liquides ! 14. Enoncez les lois de l'ébullition. 15. Quelle quantité de chaleur faut-il pour vaporiser 1 kilog. d'eau !

42° Devoir. — 1. Pourquoi l'éther versé sur la main y produit-il une impression de froid ! Pourquoi ressent-on des frissons au sortir du bain ! 3. De quoi se sert-on dans les pays chauds pour conserver à l'eau sa fraîcheur ! 4. Que doit-on éviter lorsqu'on a le linge de corps mouillé par la transpiration ! 5. Par quoi la liquéfaction est-elle produite ! 6. Combien 1 kilog. de vapeur à 100° peut-il porter de kilos d'eau de 0° à 100° ! 7. Comment se nomment les appareils servant à la distillation ! 8. Nommez les principales parties d'un alambic. 9. Comment se transmet la chaleur ! 10. Quels sont les corps qui conduisent le mieux la chaleur ! 11. Comment se fait l'échauffement des liquides ! 12. Nommez les principaux phénomènes météorologiques. 19. Par quoi est produite la rosée ! 14. — la gelée blanche ! 15. Nommez les principaux vents réguliers.

SUJETS DE RÉDACTION

33° Sujet. — Expliquez les phénomènes de la rosée, de la gelée blanche, du brouillard, des nuages et de la pluie. *(Seine, 1892)*.

34° Sujet. — Dites ce que vous savez sur la conductibilité des corps pour la chaleur.

CHAPITRE VII

Électricité.

200. Définition. — L'*électricité* est un agent, encore inconnu, qui se manifeste à nous par les phénomènes qu'il produit. Les principaux de ces phénomènes sont des attractions, des commotions organiques, des combinaisons chimiques, des effets lumineux, calorifiques, etc.

Les sources les plus importantes d'électricité sont le *frottement*, l'*influence des corps électrisés*, les *actions chimiques* et les *machines d'induction*.

201. Développement de l'électricité par le frottement. — Certains corps, tels que le verre, le caoutchouc durci, le soufre, etc..

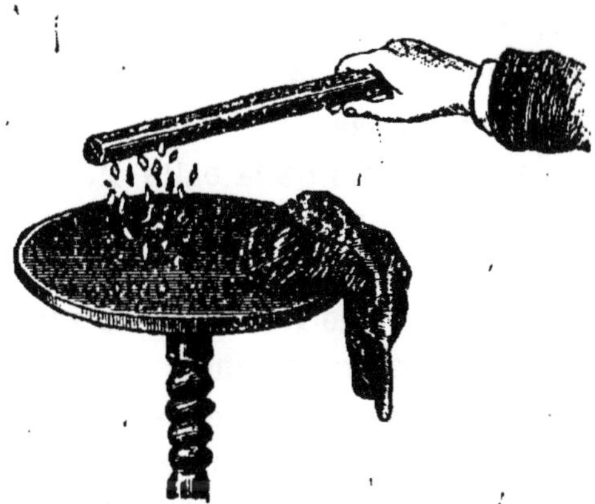

Fig. 186. — Corps électrisés par le frottement.

acquièrent la propriété d'attirer les corps légers lorsqu'on les frotte avec une étoffe de laine ou une peau de chat. On dit alors que ces corps sont *électrisés*.

Pour constater plus facilement l'état électrique d'un corps, on se sert de certains instruments nommés *électroscopes*. Le plus simple est le *pendule électrique*, formé d'une petite balle en moelle de sureau, suspendue à un support au moyen d'un fil de soie.

202. Corps bons conducteurs. — **Corps mauvais conducteurs.** — Relativement à l'électricité, les corps se divisent en corps *bons conducteurs* et en corps *mauvais conducteurs*. Les bons conducteurs sont ceux que l'électricité parcourt aisément, tels sont les métaux, le corps humain, le sol, l'air humide, etc. Les corps mauvais conducteurs ne se laissent pas traverser par l'électricité ; les principaux de ces corps sont le verre, le caoutchouc, les résines, la soie, etc.

Lorsqu'un corps bon conducteur est mis en communication par un seul point avec une source d'électricité, il s'électrise sur toute sa surface. Au contraire, les corps mauvais conducteurs ne s'électrisent qu'aux points en contact avec les corps isolés.

203. Attractions et répulsions électriques. — Quand on approche d'un pendule électrique, un bâton de verre poli frotté avec un morceau de drap, la balle de sureau est attirée ; elle vient toucher le verre, s'électrise à son contact, puis est vivement repoussée.

Si, avec un bâton de résine frotté de la même manière, on répète l'expérience précédente sur la balle d'un autre pendule électrique, on observe des phénomènes identiques : la balle est d'abord attirée, puis repoussée.

Lorsqu'on approche le bâton de verre de la balle électrisée par le bâton de résine, cette balle est attirée ; on constate de même que la résine a la propriété d'attirer la balle électrisée par le verre, et on observe de plus que les balles de sureau différemment électrisées tendent à se rapprocher.

De ces expériences, on a déduit les conséquences suivantes :

1° *Il y a deux espèces d'électricité :* celle qui se développe sur le *verre* et celle qui se développe sur la *résine.*

2° *Les corps chargés de la même électricité se repoussent et ceux qui ont des électricité contrairés s'attirent.*

L'électricité qui se développe sur le verre est dite *positive ;* elle se représente par le signe +. Celle qui se produit sur la résine est appelée électricité *négative ;* elle se représente par le signe —.

204. Théorie de l'électrisation. — D'après l'opinion de la plupart des physiciens, tous les corps possèdent à la fois les deux espèces d'électricité. Lorsque ces deux électricités sont en quantité égale sur un corps, elles se neutralisent. Mais si l'on frotte l'un contre l'autre deux corps à l'état neutre, leurs électricités se séparent : l'un de ces corps prend l'électricité positive et l'autre la négative.

Il est facile de s'assurer de ce fait par des expériences. En effet, si l'on frotte l'un contre l'autre deux disques isolés, l'un de verre et l'autre de bois recouvert de drap, on constate que les deux disques s'électrisent et qu'ils n'ont pas le même effet sur un pendule chargé d'électricité positive : le premier le repousse tandis que le second l'attire ; ce qui prouve que le disque de verre s'est électrisé positivement et le disque de bois négativement.

De même, lorsqu'une personne, montée sur un tabouret à pieds isolants, frappe avec une peau de chat sur une autre personne, placée sur un tabouret semblable, elles s'électrisent toutes deux. La première se charge d'électricité négative, et la seconde, d'électricité positive. Si l'air est bien sec, on peut tirer des étincelles de chacune des deux personnes.

205. Electrisation par influence. — L'électricité se développe non seulement par le frottement, mais encore à distance, par *influence*.

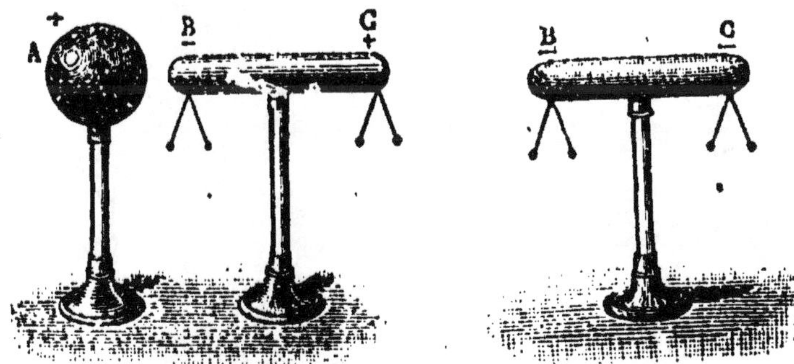

Fig. 187. — Cylindres électrisés par influence.

Soit l'appareil représenté par la figure 187. Supposons la sphère A électrisée positivement. Son électricité décompose par influence le fluide neutre du cylindre voisin, attire vers l'extrémité la plus rapprochée le fluide négatif de ce cylindre et repousse à l'autre extrémité le fluide positif. Les petits pendules que porte le cylindre en B et en C, s'électrisent de la même manière que les extrémités du cylindre où ils sont attachés, et, comme ils ont deux à deux le même fluide électrique, ils se repoussent. De plus, on constate que vers le milieu du cylindre, il se trouve une ligne qui ne présente aucune trace d'électrisation ; cette ligne a été nommée la ligne *neutre*.

Lorsqu'on éloigne le cylindre de la sphère électrisée, il perd toute son électricité, car les deux fluides se combinent de nouveau et constituent le fluide neutre. Mais si avant

d'écarter le cylindre de la sphère, on touche un point quelconque de sa surface, toute son électricité positive, repoussée
par l'électricité de même nom que possède la sphère, disparaît dans le sol par le corps de l'opérateur. Alors on peut
écarter le cylindre de la sphère et il reste électrisé négativement.

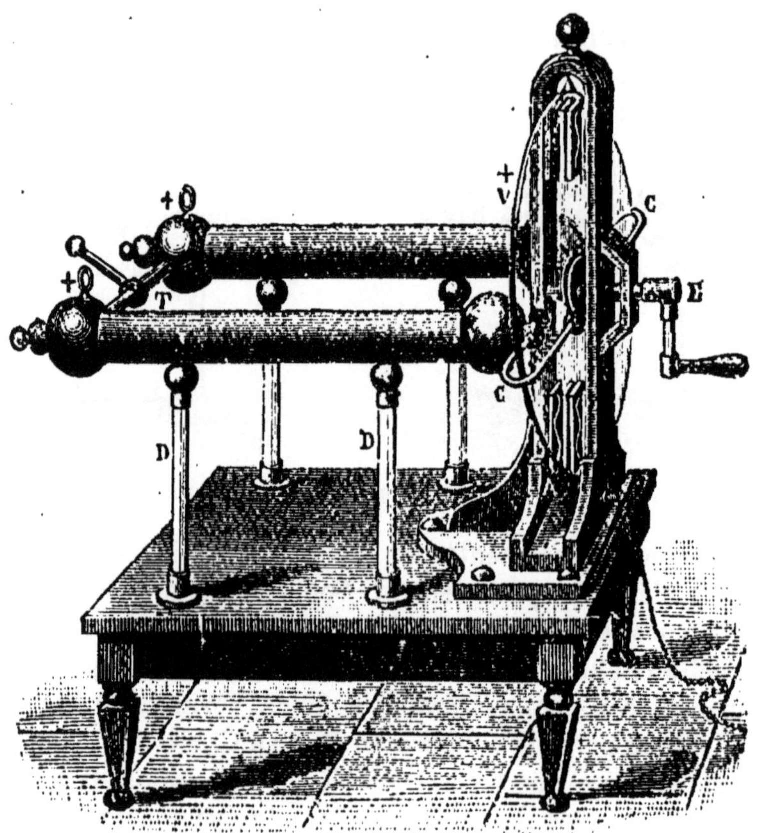

Fig. 188. — Machine électrique de Ramsden.

206. Machines électriques. — Les machines électriques sont des appareils qui servent à développer de l'électricité. La plus connue est celle de *Ramsden*.

La machine électrique de Ramsden se compose d'un plateau de verre, tournant à frottement doux entre deux paires

de coussins en cuir rembourrés de crin. En avant du plateau, se trouvent deux cylindres creux, en laiton, isolés par des supports de verre : ce sont les *conducteurs*. Les conducteurs communiquent entre eux par une tige transversale et se terminent, du côté du plateau, par deux pièces métalliques contournées en fer à cheval, appelées *mâchoires* ou *peignes*. Ces pièces embrassent le plateau de verre et sont intérieurement garnies de pointes qui se terminent très près de lui.

Le fonctionnement de cette machine est facile à comprendre. Les coussins, par leur frottement, développent de l'électricité positive sur le plateau de verre. Cette électricité positive décompose par influence l'électricité neutre des conducteurs ; elle attire leur électricité négative, qui s'échappe par les pointes des peignes et vient neutraliser la surface du plateau. Les deux conducteurs, étant ainsi privés de leur électricité négative, restent électrisés positivement.

Fig. 189. — Charge de la bouteille de Leyde.

207. Bouteille de Leyde. — La *bouteille de Leyde*, ainsi nommée à cause de la ville de Hollande où elle fut inventée, en 1746, est un appareil destiné à accumuler de grandes quantités d'électricité. Elle se compose d'un flacon en verre rempli de minces feuilles d'or ou de cuivre ; ces feuilles constituent l'*armature intérieure* de la bouteille. A l'extérieur, le flacon est recouvert jusqu'aux deux tiers de sa hauteur d'une feuille d'étain, qui en forme l'*armature extérieure*. Une tige métallique traverse le bouchon de liège qui ferme le goulot, plonge au milieu des feuilles d'or et s'y termine en pointe.

Pour charger une bouteille de Leyde, on la présente à une machine électrique de manière que l'extrémité de sa tige métallique soit en contact avec un des conducteurs de la machine. Les feuilles d'or s'électrisent positivement ; leur électricité agit par influence à travers le verre sur le fluide neutre de la feuille d'étain ; elle repousse dans le sol l'électricité positive de cette feuille et attire la négative contre le verre ; à son tour, cette électricité négative attire l'électricité positive des feuilles d'or et la condense contre la paroi intérieure du flacon ; ce qui permet aux feuilles d'or de recevoir de nouvelles quantités d'électricité, qui agiront comme précédemment. Quand la bouteille de Leyde est chargée, ses deux armatures renferment des quantités considérables d'électricité, qui se retiennent mutuellement en présence, séparées seulement par la feuille de verre du flacon.

Pour décharger la bouteille de Leyde, il suffit de mettre ses deux armatures en communication par un corps bon conducteur ; alors, une vive étincelle jaillit, accompagnée d'une forte crépitation. Si, tenant la bouteille d'une main, on touchait de l'autre la sphère qui termine sa tige, la décharge se ferait dans l'intérieur du corps et on éprouverait une violente commotion. Avec une grande bouteille, l'expérience pourrait être dangereuse.

208. Effets de l'électricité. — Les différents effets produits par l'électricité peuvent se diviser en trois classes, savoir : les effets *physiques*, les effets *chimiques* et les effets *physiologiques*.

209. Effets physiques. — Les effets physiques de l'électricité consistent principalement en production de lumière et de chaleur, et en certaines actions mécaniques, telles que la rupture et la perforation des substances peu conductrices de ce fluide.

Lorsqu'on approche un corps bon conducteur d'une machine suffisamment chargée d'électricité, il se produit des étincelles dont la forme dépend de la force de la machine et de la distance à laquelle elles jaillissent. Si cette distance est faible, les étincelles sont rectilignes ; à une distance plus grande, elles prennent une forme sinueuse avec des ramifications très déliées. Avec une machine très puissante, les étincelles présentent la forme en zigzag observée dans les éclairs.

La production d'une étincelle est toujours accompagnée d'un dégagement de chaleur ; aussi, avec l'étincelle électrique, est-il très facile d'enflammer le coton-poudre, l'éther, l'alcool, etc. ; la décharge d'une forte bouteille de Leyde est suffisante pour fondre et même volatiser le fer, l'or, le platine réduits en fils très fins.

Fig. 190. — Pistolet de Volta.

210. Effets chimiques. — Le passage de l'électricité dans les corps composés a généralement pour effet de les décomposer en leurs éléments. Dans certains cas, au contraire, l'étincelle électrique détermine la combinaison des corps simples, comme on le démontre à l'aide du *pistolet de Volta*. Cet appareil est un petit flacon métallique portant sur sa partie latérale un tube de verre traversé par une tige de laiton, qui se termine à une faible distance de la paroi opposée. Pour faire fonctionner le pistolet de Volta, on le remplit d'un mélange d'hydrogène et d'air, et après l'avoir bouché, on approche sa tige métallique d'une machine électrique en activité. Une étincelle jaillit dans l'intérieur du pistolet et détermine la combinaison des deux gaz, laquelle est accompagnée d'une violente détonation.

211. Effets physiologiques. — L'électricité agit fortement sur l'organisme : l'étincelle d'une machine électrique produit une commotion aux articulations des doigts et du poignet : celle d'une bouteille de Leyde, beaucoup plus forte, donne des secousses d'un caractère particulier, qui se ressentent dans les bras et la poitrine. Ces secousses peuvent être ressenties par plusieurs personnes à la fois ; pour cela, il suffit que ces personnes se tiennent par la main et que les deux d'entre elles qui sont placées aux extrémités de la chaîne ainsi formée, touchent en même temps, l'une l'armature extérieure, et l'autre l'armature intérieure d'une bouteille de Leyde chargée.

112. Electricité atmosphérique. — Les premiers physiciens qui observèrent les phénomènes électriques produits par nos machines, furent frappés de la ressemblance qui existe entre ces phénomènes et ceux qui sont occasionnés par la foudre. Ce fut vers le milieu du siècle dernier que deux savants, un Français, Dalibard, et un Américain, Franklin, en démontrèrent l'identité.

Les nuages sont d'ordinaire fortement électrisés ; les uns sont chargés d'électricité positive et les autres d'électricité négative. Lorsque deux nuages différemment électrisés se rapprochent suffisamment l'un de l'autre, une vive étincelle jaillit entre eux et leurs fluides se combinent en produisant une violente détonation. D'autres fois, il arrive qu'un nuage électrisé, en passant près du sol, décompose par influence le fluide neutre de la terre ; il attire à lui l'électricité contraire à la sienne et détermine une décharge électrique, qui éclate entre lui et le point du sol le plus rapproché. Le phénomène

qui se produit dans ces deux cas a reçu le nom de *foudre ;*
l'étincelle résultant de la combinaison des fluides forme
l'*éclair* et la détonation qui l'accompagne constitue le *ton-
nerre.*

213. Paratonnerre. — Le *paratonnerre*, inventé par
Franklin, sert à garantir les habitations de la foudre. Il consiste en une tige de fer de 8 à 10 mètres de hauteur, placée
au sommet du bâtiment qu'elle protège et mise en communication avec le sol par un conducteur métallique.

Fig. 191. — Habitation surmontée d'un paratonnerre.

La théorie du paratonnerre est très simple. Lorsqu'un
nuage électrisé passe au-dessus d'une maison munie d'un
paratonnerre, la tige et le conducteur de ce paratonnerre
s'électrisent par influence : l'électricité de même nom que
celle du nuage est refoulée dans le sol, tandis que celle de
nom contraire, attirée à la pointe du paratonnerre, s'écoule
en abondance par cette pointe pour aller neutraliser le nuage
électrisé.

Il arrive quelquefois que l'écoulement n'est pas assez
rapide pour neutraliser à temps le nuage ; alors l'étincelle

jaillit et la foudre éclate, mais sur la tige seulement, parce qu'elle est le point de l'édifice le plus électrisé, le meilleur conducteur et le plus rapproché du nuage.

214. Piles. — Les *piles* sont des appareils conducteurs d'électricité, basés sur les actions chimiques que les corps exercent entre eux.

La première pile fut inventée par Volta, en 1800. La pile de Volta se compose de plusieurs séries de disques différents *empilés* toujours dans le même ordre : un disque de cuivre, un disque de drap imbibé d'eau acidulée et un disque de zinc. L'action chimique se produit entre l'eau acidulée et les disques de zinc ; ces derniers s'électrisent négativement, et l'eau, positivement ; l'eau étant en contact avec les disques de cuivre, leur transmet son électricité positive.

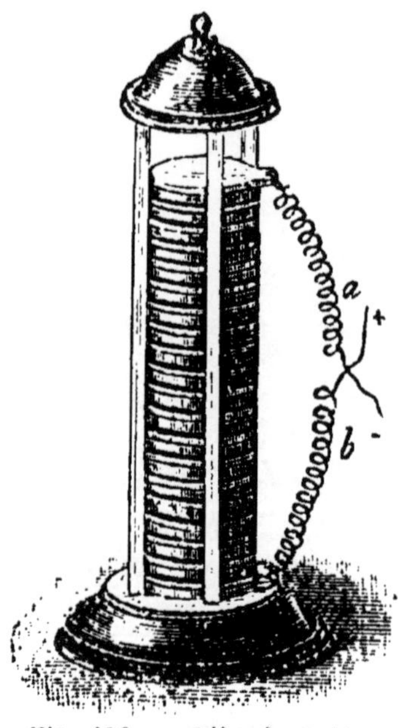

Les extrémités de la pile, formées l'une par un disque de cuivre et l'autre par un disque de zinc en constituent les deux *pôles;* le pôle *positif* correspond au disque de cuivre et le pôle *négatif* à celui de zinc.

Fig. 192. — Pile de Volta.

A chacun de ces pôles est fixé un conducteur métallique nommé *rhéophore.*

Lorsqu'on approche l'une de l'autre les extrémités de ces deux conducteurs, une étincelle jaillit, d'autant plus puissante que la pile compte un plus grand nombre d'éléments. Si l'on fait toucher les rhéophores, il ne se produit pas d'étincelle, mais il s'établit dans leur intérieur un courant d'électricité allant du pôle positif au pôle négatif : ce courant est continu, car l'action chimique de la pile se renouvelle à chaque instant.

La pile de Volta a le grand inconvénient de ne pas conserver sa force primitive, parce que le poids des disques de cuivre, faisant couler l'eau acidulée des rondelles de drap, les fait trop vite dessécher ; de plus, l'eau acidulée devient de moins en moins active à mesure qu'elle attaque le zinc et finit par n'avoir plus d'action sur ce métal. Aussi la pile de Volta a-t-elle été remplacée depuis longtemps par d'autres piles bien plus puissantes et dans lesquelles on a paré au double inconvénient qu'elle présente. Ces piles, dites à *courant constant,* peuvent être associées en grand nombre et produire des courants dont l'intensité est considérable.

Parmi les piles à courant constant, les plus employées sont celles de *Grenet* et *Leclanché.*

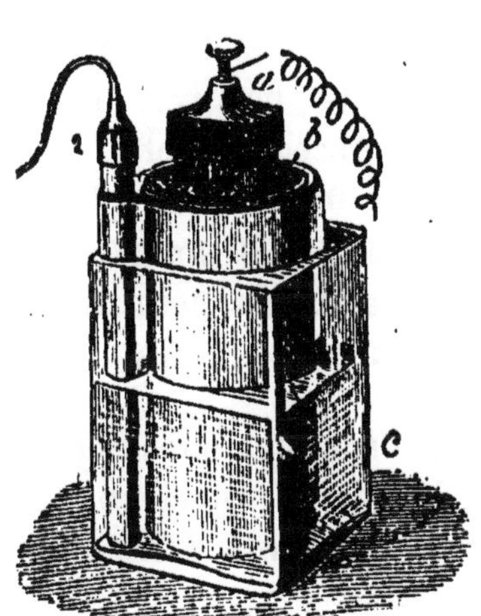

Fig. 103. — Pile de Grenet.

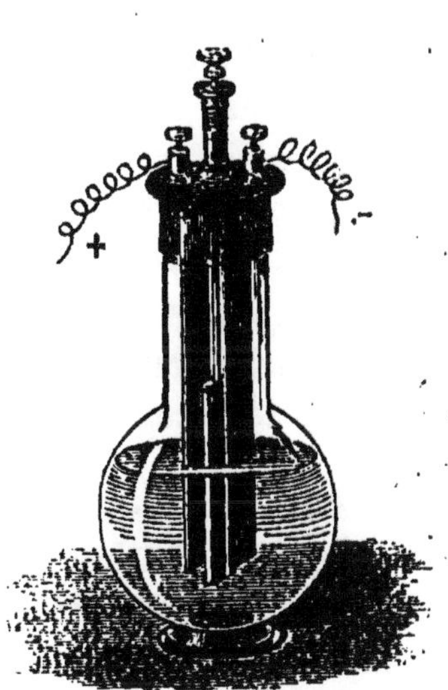

Fig. 104. — Pile Leclanché.

215. PILE GRENET. — Cette pile, appelée aussi pile au *bichromate de potasse,* se compose d'un flacon contenant une dissolution saturée de bichromate de potasse, additionnée du vingtième de son poids d'acide sulfurique. Dans cette dissolution plonge une lame de zinc placée au milieu de deux plaques de charbon des cornues. La plaque de zinc peut être élevée ou abaissée à l'aide d'une tige ; la pile ne fonctionne

que lorsque le zinc plonge dans le liquide. La lame de zinc
forme le pôle négatif, et les plaques de charbon le pôle
positif. Cette pile est très énergique, mais elle ne fonctionne
que pendant un temps assez limité : lorsqu'elle a servi pendant une dizaine d'heures, on est obligé de renouveler sa
dissolution de bichromate de potasse.

216. Pile Leclanché. — Chaque élément de la pile *Leclanché* se compose d'un vase en verre dans lequel se trouve
un vase en terre poreuse renfermant un prisme de charbon
des cornues. Dans le vase en verre, on met une dissolution de
chlorhydrate d'ammoniaque, et dans le vase en terre poreuse
on place, autour du charbon, des fragments de bioxyde de
manganèse. Une baguette de zinc plonge dans la dissolution
de sel ammoniac et forme le pôle négatif de la pile, tandis
que le charbon recueille l'électricité positive. La pile
Leclanché, moins énergique que la précédente, offre l'avantage d'une longue durée ; elle peut fonctionner plusieurs
mois sans qu'il soit nécessaire d'y apporter la moindre modification ; aussi l'emploie-t-on habituellement pour les télégraphes, les téléphones et les sonneries électriques.

217. Aimants. — Les *aimants* sont des substances qui
ont la propriété d'attirer le fer, l'acier et quelques autres
métaux. On distingue deux sortes d'aimants : les aimants
naturels et les aimants *artificiels*.

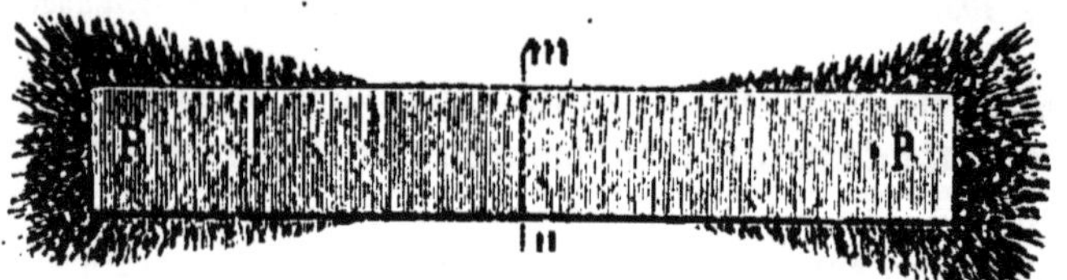

Fig. 195. — Aimant ayant été plongé dans la limaille de fer.

Les aimants naturels sont constitués par un minerai de fer
que l'on trouve abondamment en Suède et en Norwège. Les
aimants artificiels sont des barreaux d'acier auxquels on a

communiqué la propriété magnétique par des procédés spéciaux.

Lorsqu'une aiguille aimantée repose en son millieu sur un pivot autour duquel elle peut tourner librement, une de ses extrémités se dirige toujours vers le nord et l'autre vers le sud; si on détourne l'aiguille de cette position, elle y revient après quelques oscillations. Cette propriété de l'aiguille aimantée la fait employer par les marins pour se guider sur la mer; cár, connaissant la position d'un des points cardinaux il leur est

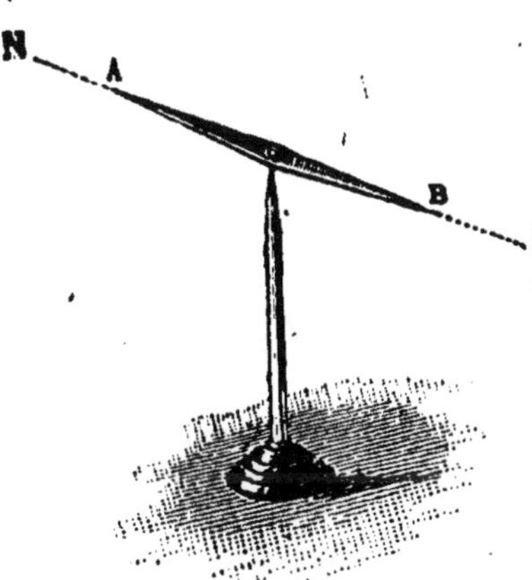

Fig. 196. — Aiguille aimantée placée sur un pivot.

facile d'en déduire celle des autres. L'instrument dont les marins se servent pour s'orienter porte le nom de *boussole*. Il se compose d'une aiguille aimantée qui oscille sur le contour d'un cercle gradué où l'on a marqué la position de chacun des points cardinaux.

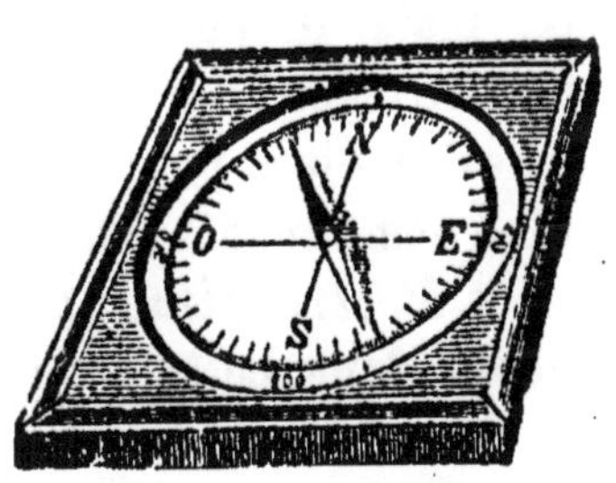

Fig. 197. — Boussole de déclinaison.

218. Aimantation. —

Pour aimanter un barreau d'acier il suffit de le frotter un grand nombre de fois, et toujours dans le même sens, avec un aimant que l'on tient dans une position perpendiculaire à celle de ce barreau. Si le barreau à aimanter est un peu volumineux, il est nécessaire de le frotter sur toutes ses faces.

Il existe un autre procédé d'aimantation bien plus puissant que le précédent; ce procédé a été découvert en 1820 par Arago, physicien français. Ce savant a constaté que lorsqu'on fait passer un courant électrique dans un conducteur métallique isolé et enroulé un grand nombre de fois autour d'un barreau d'acier, ce barreau s'aimante d'autant plus fortement que le courant est plus intense et l'enroulement plus considérable. Par suite, pour constituer un aimant, il suffit d'enrouler autour d'un barreau d'acier un fil de cuivre revêtu de soie et de faire passer un courant électrique dans ce conducteur métallique.

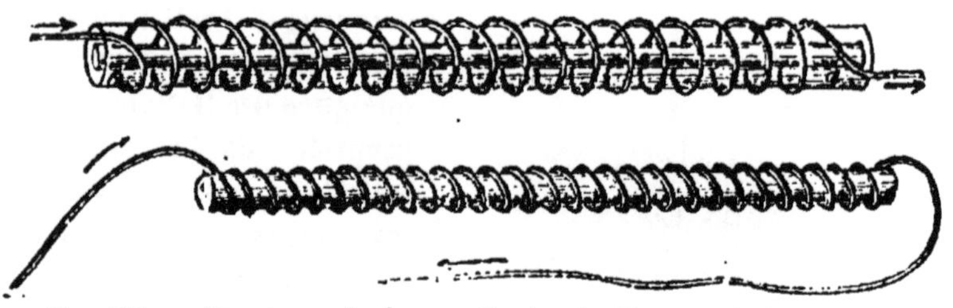

Fig. 198. — Barreaux de fer ou d'acier isolés pour l'aimantation par les courants.

219. Electro-aimant. — Comme l'acier, le fer doux, c'est-à-dire le fer pur, s'aimante sous l'influence des courants, mais il perd son aimantation aussitôt que cesse l'influence électrique. Cette propriété est utilisée pour la construction des aimants artificiels, nommés *électro-aimants* très employés dans certains appareils et notamment dans les *sonneries* et les *télégraphes électriques*.

Pour construire un électro-aimant, on prend un barreau cylindrique de fer doux, ordinairement recourbé en fer à cheval, et sur les branches de

Fig. 199. — Electro-aimant.

ce barreau, on enroule un grand nombre de fois, toujours dans le même sens, un fil de cuivre revêtu de soie. Dès que les extrémités libres du fil de cuivre sont en communication avec les pôles d'une pile, le fer doux s'aimante et devient capable de soulever des poids souvent considérables : on a construit des électro-aimants qui peuvent supporter plusieurs centaines de kilogrammes.

220. Courants d'induction. — Comme on vient de le dire, lorsqu'on fait passer un courant électrique dans le voisinage d'un barreau de fer doux, ce barreau devient un aimant. Ce phénomène a son inverse. En effet, quand on approche un aimant d'un conducteur métallique roulé en bobine, il se produit immédiatement un courant électrique dans ce conducteur, courant désigné sous le nom de *courant d'induction*.

L'action des aimants sur les conducteurs métalliques a été utilisée pour la construction des machines dites d'*induction*, qui forment actuellement la plus puissante source d'électricité que nous ayons à notre disposition. Ce sont ces machines d'induction appelées *dynamos*, qui nous donnent les courants nécessaires à l'éclairage électrique, et qui nous permettent déjà de produire une force suffisante pour remplacer celle de la vapeur dans beaucoup de nos appareils de traction et de nos machines industrielles.

221. Eclairage électrique. — Les deux principaux systèmes d'éclairage électrique sont la *bougie Jablochkoff* et la *lampe à incandescence*.

La bougie Jablochkoff, inventée en 1876 par le jeune ingénieur russe qui lui a donné son nom, se compose de deux baguettes de charbon placées parallèlement l'une à côté de l'autre et séparées par une matière isolante. Aussitôt que le courant électrique d'une machine d'induction passe dans ces baguettes, leurs pointes deviennent incandescentes ; il se produit entre elles un arc lumineux dont l'éclat est comparable à celui du soleil, et dont la température est suffisante pour volatiliser la matière isolante à mesure que les charbons se consument.

Le système d'éclairage électrique par incandescence, dû à l'Américain Edison, consiste à faire passer un courant électrique dans des fils de charbon aussi fins que des cheveux, placés dans de petits globes de verre où l'on a fait le vide.

Fig. 200. — Bougie Jablochkoff.

Fig. 201. — Lampe Edison.

Dès que le courant passe, les fils de charbon deviennent incandescents, et projettent une vive lumière ; cette lumière, qui est blanche, fixe et douce à la vue, possède un grand pouvoir éclairant.

DEVOIRS

43ᵉ Devoir. — 1. Quelles sont les principales sources d'électricité ? 2. De quoi se sert-on pour constater si un corps est électrisé ? 3. Quel est le plus simple des électroscopes ? 4. Nommez des corps bons conducteurs de l'électricité. 5. — des corps mauvais conducteurs. 6. Comment désigne-t-on l'électricité qui se développe sur le verre ? 7. — sur la résine ? 8. Énoncez la loi des attractions électriques. 9. Comment désigne-t-on l'état d'un corps qui possède ces deux électricités ? 10. Citez des expériences qui permettent de séparer les deux électricités d'un corps à l'état neutre. 11. Pourquoi les pendules, que porte en B et en C le cylindre de la figure 187, s'écartent-ils ? 12. Que devient l'électricité positive de ce cylindre quand on touche un point de sa surface ? 13. Quelle est la machine électrique la plus connue ? 14. Quelle espèce d'électricité se développe sur cette machine ? 15. En quelle année fut inventée la bouteille de Leyde ?

44ᵉ Devoir. — 1. Comment divise-t-on les effets produits par l'électricité ? 2. Quelle forme peut avoir l'étincelle électrique ? 3. Quel effet produit généralement le passage de l'électricité dans les corps composés ? 4. Comment démontre-t-on que l'électricité peut déterminer la combinaison des corps simples ? 5. Par quoi est produite la foudre ? 6. Qui a inventé le paratonnerre ? 7. Comment appelle-t-on les appareils où l'électricité est produite par des actions chimiques ? 8. Par qui fut inventée la première pile ? 9. Par quoi sont constitués les aimants naturels ? 10. Quelle est la direction que tend à prendre l'aiguille aimantée ? 11. Qui a découvert le procédé d'aimantation par les courants électriques ? 12. De quel métal se sert-on pour construire les électro-aimants ? 13. Quelles sont les machines qui nous donnent les courants électriques les plus puissants ? 14. Nommez les deux principaux systèmes d'éclairage électrique. 15. Quel est l'inventeur de la lampe à incandescence ?

SUJETS DE RÉDACTION

35ᵉ Sujet. — L'électricité atmosphérique. — Expliquer comment le paratonnerre préserve de la foudre.

36ᵉ Sujet. — Aimants naturels, aimants artificiels, électro-aimants. Applications.

CHAPITRE VIII

Acoustique. — Optique.

222. Définition. — *L'acoustique* est la partie de la physique qui a pour objet l'étude des sons et des lois d'après lesquels ils se produisent et se propagent.

223. Production du son. — Le *son* est le résultat du mouvement vibratoire des corps sonores. Tous les corps, au moment où ils émettent des sons, ont leurs molécules animées d'un mouvement vibratoire très rapide. Si l'on arrête ce mouvement, le son cesse aussitôt de se faire entendre. Lorsqu'on pince une corde de violon ou de harpe pour en tirer un son, on distingue très bien les vibrations qu'elle exécute de chaque côté de sa position d'équilibre.

Pour que les vibrations produisent des sons, il faut qu'elles aient une certaine rapidité. Ainsi, quand on fixe dans un

étau une longue lame d'acier, et qu'après l'avoir écartée de
sa position d'équilibre, on l'abandonne à elle-même, cette
lame exécute une série de vibra-
tions très lentes mais elle ne rend
aucun son. Si l'on raccourcit peu
à peu la lame d'acier, les vibrations deviennent de plus en plus
rapides, et il arrive un moment où
l'on entend un son. D'abord très
grave, ce son devient d'autant plus
aigu que la partie vibrante est
rendue plus courte et, par conséquent, que les vibrations sont plus
rapides. Des expériences très pré-
cises ont démontré que le son le
plus grave que notre oreille puisse
percevoir, correspond à 16 vibrations par seconde et le plus aigu,
à 48.000.

224. Propagation du son.
— Le son ne se propage pas dans
le vide. Pour le vérifier, on place
sous la cloche d'une machine
pneumatique un mécanisme d'hor-

Fig. 202.— Mouvements vibra-
toires d'une lame d'acier.

logerie à l'aide duquel un petit marteau frappe continuellement sur un timbre. Tant que la cloche reste pleine d'air, on
entend parfaitement le son du timbre ; mais à mesure qu'on
fait le vide, le son s'affaiblit de plus en plus, et il cesse complètement de se faire entendre lorsque la raréfaction de l'air
est arrivée à un degré suffisant.

Le son se propage donc dans l'air, mais l'air n'est pas le
seul véhicule du son : les autres gaz, les liquides et les
solides peuvent aussi servir à le transmettre. Ainsi, quand
on frappe deux pierres l'une contre l'autre, sous l'eau, au
fond d'une rivière, on entend parfaitement de la rive le bruit

du choc, inversement, un plongeur entend au fond de l'eau ce que l'on dit sur le rivage.

La conductibilité des solides pour les sons est telle, que le bruit produit par le plus léger frottement à l'extrémité d'une poutre peut être perçu à l'autre extrémité. Le sol conduit si bien les sons, que, la nuit, en appliquant l'oreille contre terre, on peut entendre à de grandes distances le galop d'un cheval et même les pas d'un voyageur. En mettant l'oreille contre la poitrine d'une personne, on entend distinctement le bruit des battements du cœur et celui que l'air produit par son passage dans les poumons. Les médecins utilisent cette propriété pour ausculter leurs malades.

Fig. 203. — Sonnerie dans le vide.

Fig. 204. — Propagation du son.

225. Mode de propagation du son dans l'air. — L'air transmet le son en entrant lui-même en vibration. Ainsi, lorsqu'on frappe une cloche à l'aide de son battant,

la cloche vibre et communique son mouvement vibratoire
aux molécules d'air en contact avec elle; celles-ci font vibrer
à leur tour des molécules plus éloignées, et ainsi de suite;
de sorte que, d'une molécule à la molécule suivante, les
vibrations de la cloche sont transmises à l'oreille de l'auditeur.
Les molécules d'air en vibration produisent des ondulations
analogues à celles qui prennent naissance à la surface des
eaux quand on y laisse tomber un objet quelconque. Ces
ondes sonores forment des sphères concentriques dont le
centre est occupé par le corps producteur du son.

Fig. 205. — Tuyau acoustique.

226. Tuyaux acoustiques. — Porte-voix. —

Lorsque le son se propage dans un tube, il peut parcourir
de grandes distances sans s'affaiblir sensiblement parce que
les parois du tube, en réfléchissant les ondes sonores, leur conservent presque toute leur intensité. Les *tuyaux acoustiques*
et les *porte-voix* sont basés sur cette propriété.

Les *tuyaux acoustiques* se composent d'un tube de la
grosseur du doigt, terminé à ses deux extrémités par un
pavillon fermé à l'aide d'un petit sifflet que l'on peut enlever
à volonté.

Pour se servir de ces appareils, on souffle d'abord dans le
tube, afin de prévenir par un coup de sifflet la personne à
qui l'on veut parler. Celle-ci prévient aussi par un coup de
sifflet qu'elle est à son poste, et, approchant de son oreille le
pavillon du tuyau acoustique, elle écoute les paroles qui lui
sont adressées.

Les *porte-voix* sont des tubes métalliques destinés à transmettre la parole à de grandes distances. Ils sont légèrement coniques et se terminent par un pavillon très évasé.

Fig. 206. — Porte-voix.

Les porte-voix en usage dans la marine ont jusqu'à deux mètres de longueur; avec ces instruments, on peut faire entendre des sons à 5 ou 6 kilomètres de distance.

227. Vitesse du son. — Le son ne se propage pas instantanément dans l'air, car si, d'une certaine distance, on observe la décharge d'une arme à feu, on voit la fumée produite par la combustion de la poudre bien avant d'entendre la détonation. La vitesse du son, mesurée en 1822 par Gay-Lussac et Arago, a été trouvée de 340 mètres par seconde.

Les vents augmentent la vitesse du son quand ils soufflent dans le sens de sa propagation; ils la diminuent quand ils ont une direction contraire. Tous les sons, forts ou faibles, graves ou aigus se propagent avec la même vitesse; aussi l'harmonie d'un concert n'est-elle point modifiée qu'il soit entendu de loin ou de près.

228. Echo. — L'*écho* est la répétition d'un son déjà entendu. Il est produit par la réflexion des ondes sonores rencontrant un obstacle. Lorsque les ondes sonores vont frapper contre un obstacle, un rocher, par exemple, elles se réfléchissent de la même manière que le font les rayons lumineux rencontrant une surface polie. L'oreille qui a déjà entendu directement le son, est de nouveau impressionnée par ces ondes sonores après leur réflexion, et entend le son une seconde fois.

L'écho est *simple* quand il ne répète les sons qu'une fois ;
il est *multiple* quand il le fait plusieurs fois. Les échos
multiples sont dus à plusieurs obstacles qui se renvoient
successivement les sons. Parmi les plus connus, on peut
citer celui de la *Halle aux Farines*, à Paris, qui répète trois
fois une phrase de six ou sept syllabes ; celui des *tours de
Verdun*, qui reproduit treize fois les mêmes sons, et celui
du château de *Simonetta*, en Italie, qui répète jusqu'à qua-
rante fois la détonation d'une arme à feu.

Optique.

229. Définition. — L'*optique* a pour objet l'étude de
la *lumière* et des lois d'après lesquelles elle se propage. La
lumière est la cause des phénomènes qui produisent en nous
les sensations de la vision.

230. Vitesse de la lumière. — La lumière a une
vitesse prodigieuse : elle parcourt 340.000 kilomètres par
seconde, distance qui égale plus de *huit fois* la longueur de
la circonférence de la terre. Malgré cette vitesse, la lumière
met 8 minutes 12 secondes pour nous arriver du soleil.

Les étoiles les plus rapprochées de la terre en sont au
moins *deux cent mille fois* plus éloignées que le soleil ; il
faut donc plus de *trois années* pour que leur lumière arrive
jusqu'à nous. Certaines étoiles sont si distantes de notre
système planétaire, que leur lumière, pour nous parvenir,
doit certainement mettre *plusieurs milliers* d'années.

231. Réflexion de la lumière. — On entend par
réflexion de la lumière le changement de direction qu'éprouve
un rayon lumineux lorsqu'il rencontre une surface bien polie,
comme celle d'une glace, par exemple. Si, par une ouverture
A, pratiquée dans le volet d'un appartement obscur, fig. 207,
on fait entrer un faisceau de rayons solaires A B, et si on reçoit
ce faisceau lumineux sur une surface bien polie, placée hori-

zontalement, on le voit se réfléchir dans la direction BC et venir former au plafond l'image de l'ouverture A. C'est sur la réflexion de la lumière que repose la théorie des miroirs.

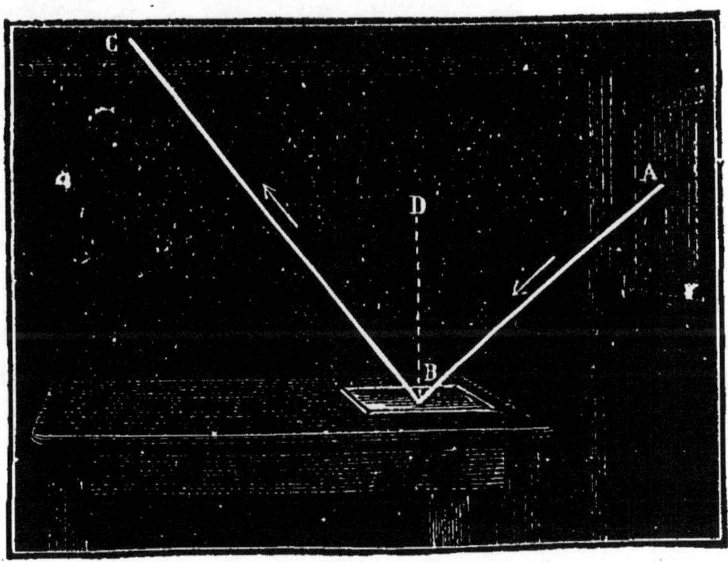

Fig. 207. — Réflexion d'un rayon lumineux.

232. Miroirs plans. — Les miroirs ordinaires sont des surfaces planes assez polies pour reproduire, par la réflexion de la lumière, les images des objets qui sont placés devant elles. Ces miroirs sont quelquefois en métal, mais le plus souvent ils consistent en une feuille de verre dont l'une des faces est couverte d'un amalgame de mercure et d'étain.

Les miroirs plans donnent toujours des images de même forme et de même dimension que celles des objets placés devant eux. Ces images sont toujours situées en arrière de la surface réfléchissante et à une distance égale à celle qui sépare les objets du miroir. Les images formées par les miroirs plans sont dites *virtuelles*, parce qu'elles n'existent pas réellement ; elles ne sont qu'une illusion de l'œil.

233. Miroirs sphériques. — Il existe d'autres miroirs nommés miroirs *sphériques*, lesquels sont des portions de surfaces de sphères. Ces miroirs sont *concaves* ou *convexes* suivant que la partie réfléchissante se trouve à l'intérieur ou

à l'extérieur de la surface sphérique.

Les miroirs concaves donnent des images renversées des objets; ces images sont réelles et se forment en avant du miroir; on les voit suspendues dans l'espace, et on peut les recevoir sur des écrans.

Fig. 208. — Image virtuelle donnée par un miroir plan.

Les images formées par les miroirs convexes sont toujours droites, mais elles sont virtuelles et placées derrière la surface réfléchissante du miroir.

234. Réfraction de la lumière. — La *réfraction* de la lumière est le changement de direction qu'éprouve un rayon lumineux en passant obliquement d'un milieu transparent dans un autre de densité différente, comme, par exemple, de l'air dans l'eau, de l'air dans le verre.

C'est aux phénomènes de la réfraction que l'on doit attribuer les changements apparents de forme et de position des objets immergés dans les liquides transparents. Ainsi, lorsqu'un bâton est en partie plongé dans l'eau, il paraît coudé; cette illusion est produite par le changement de direc-

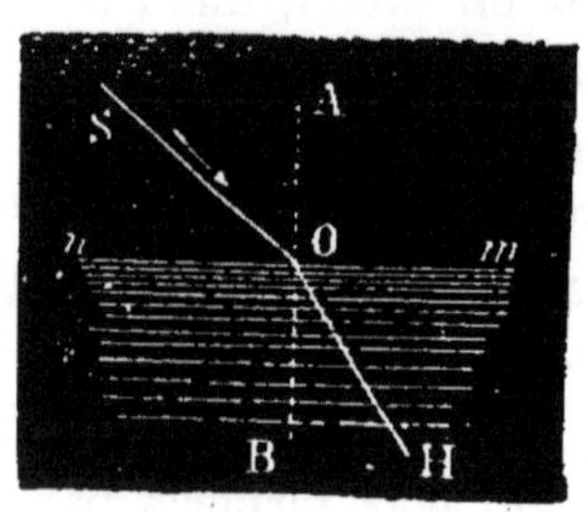

Fig. 209. — Réfraction d'un rayon lumineux.

tion qu'éprouvent, à leur sortie du liquide, les rayons lumineux émis par la partie immergée; l'œil qui reçoit ces rayons, croit voir l'extrémité du bâton sur leur prolongement, ce qui n'est pas exact. C'est encore le phénomène de la réfraction des rayons lumineux qui nous fait voir un poisson plus près de la surface de l'eau qu'il ne l'est en réalité,

Fig. 210. — Effet de la réfraction de la lumière.

et qui nous porte à nous faire erreur au sujet de la profondeur des vases renfermant des liquides transparents.

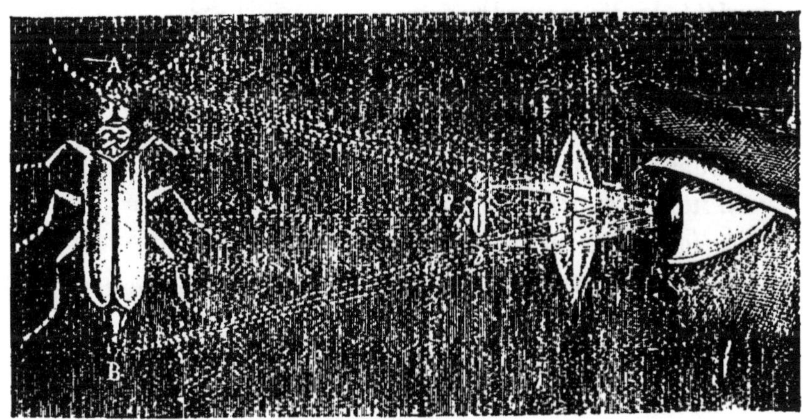

Fig. 211. — Image virtuelle formée par une lentille convergente.

La réfraction de la lumière a reçu une très utile application dans la construction des lentilles.

235. Lentilles. — Les *lentilles*, ainsi appelées à cause de leur ressemblance avec les grains de même nom qui

servent à notre alimentation, sont des milieux transparents
terminés par des surfaces sphériques. D'après leur action sur
les rayons lumineux, on les divise en lentilles *convergentes*
et en lentilles *divergentes*.

Les *lentilles convergentes* ont la propriété de rassembler
en un point, nommé *foyer*,
les rayons lumineux qui les
traversent parallèlement à
leur axe. Lorsque les rayons
lumineux sont accompagnés
de rayons calorifiques, ils
produisent, par leur accumulation au foyer de la lentille, une température capable d'enflammer les matières combustibles.

Les *lentilles divergentes*
sont celles qui ont la propriété de disperser les faisceaux des rayons lumineux.

Comme les miroirs sphé-
riques, les lentilles nous
donnent des images tantôt
virtuelles et *droites* tantôt
réelles et *renversées*, sui-

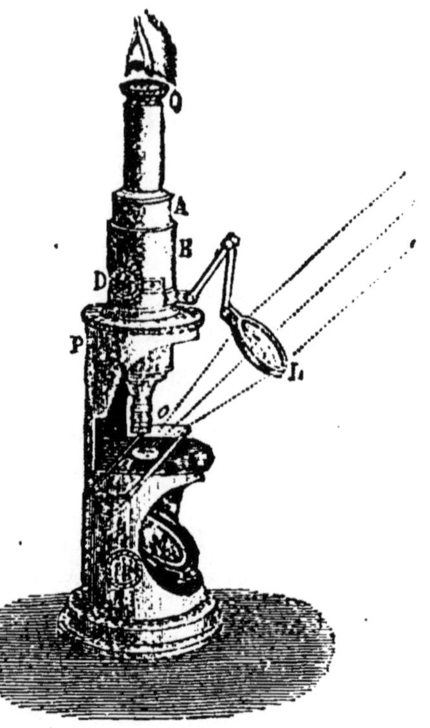

Fig. 212. — Microscope.

vant la position que les objets occupent relativement au foyer
de ces lentilles.

Les lentilles sont employées surtout dans la construction
des instruments d'optique, tels que la *loupe*, le *microscope*,
les *lunettes* et le *télescope*.

La *loupe* est destinée à faire voir nettement de très petits
objets à peine visibles à l'œil nu. Le *microscope*, formé par
la réunion de plusieurs loupes, possède la propriété de grossir
considérablement les objets. On en construit qui donnent à
ces images des dimensions de six cents à sept cents fois plus
grandes que celles qu'ils ont réellement.

Les *lunettes* sont de plusieurs sortes : les principales sont les lunettes *simples* ou *besicles*, employées pour corriger les défauts de conformation de l'œil ; les lunettes *astronomiques*, destinées à l'observation des astres, et les lunettes *terrestres* ou *longues-vues*, dont la propriété est de faire voir distinctement des objets situés parfois à de grandes distances.

Comme la lunette astronomique, le *télescope* est destiné à l'observation des astres. Les dimensions de cet appareil sont considérables ; sa puissance est très grande.

236. Action du prisme sur la lumière. — Lorsqu'un rayon lumineux rencontre obliquement les faces d'un prisme triangulaire en cristal, non seulement il se réfracte, mais encore il se *décompose*.

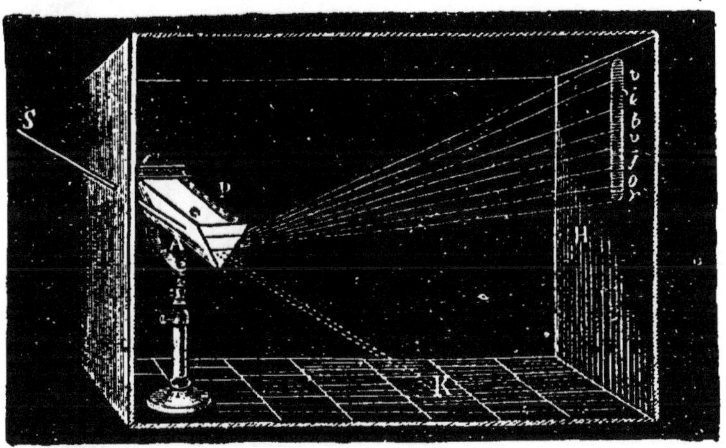

Fig. 213. — Décomposition d'un faisceau de lumière par le prisme.

Pour vérifier cette double modification, il suffit de faire arriver un rayon lumineux dans une chambre obscure et de placer un prisme sur son trajet. D'abord, on voit que le rayon lumineux est dévié de sa direction initiale, et, ensuite, on constate qu'il forme sur les parois de la chambre une image oblongue, colorée des plus vives couleurs. Cette image a reçu le nom de *spectre solaire*. Parmi les nombreuses

nuances que présente le spectre solaire, on distingue sept
couleurs principales qui sont : le *violet*, l'*indigo*, le *bleu*,
le *vert*, le *jaune*, l'*orangé* et le *rouge*.

La décomposition de la lumière prouve que la couleur
blanche n'est pas une couleur simple, mais qu'elle est formée
par la réunion de toutes celles qui composent le spectre
solaire. Cette décomposition n'a lieu que parce que les différentes couleurs qui constituent la couleur blanche ne se
réfractent pas toutes également.

237. Recomposition de la lumière. — En combinant ensemble les diverses couleurs du spectre solaire, on
obtient la couleur blanche. Cette recomposition se fait faci-

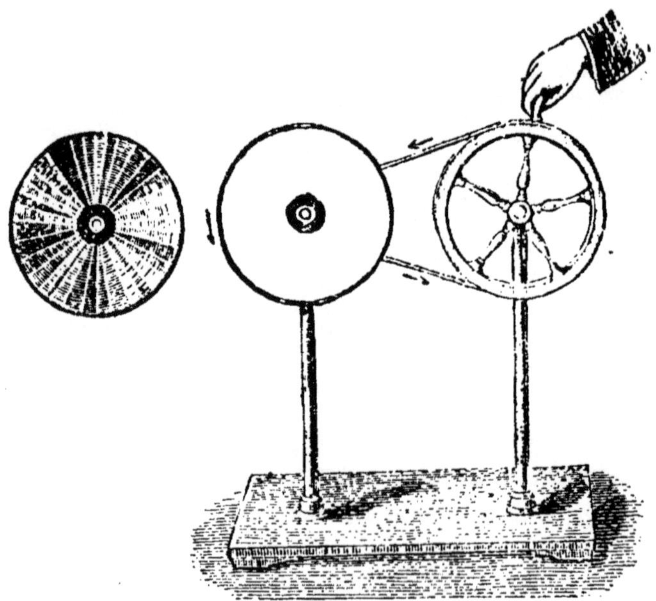

Fig. 214. — Disque de Newton.

lement avec le disque de *Newton*. Cet appareil consiste en
un disque en carton divisé en secteurs portant chacun une
des couleurs obtenues par la décomposition de la lumière
blanche; les secteurs sont disposés de manière à former une
suite de spectres consécutifs. Quand on imprime à ce disque

un rapide mouvement de rotation, l'œil perçoit à la fois toutes les couleurs des secteurs et le disque paraît blanc.

DEVOIRS

45ᵉ Devoir. — 1. Quel est l'objet de l'acoustique? 2. De quoi le son est-il le résultat? 3. A combien de vibrations par seconde correspond le son le plus grave que nous puissions entendre? 4. — le son le plus aigu? 5. Le son se propage-t-il dans le vide? 6. Comment le vérifie-t-on? 7. Dans quel corps le son se propage-t-il mieux? 8. Comment prouve-t-on que le son est conduit par le bois? 9. Pourquoi les tubes conduisent-ils bien le son? 10. Quels appareils acoustiques sont basés sur cette propriété? 11. Par qui la vitesse du son a-t-elle été mesurée? 12. Quelle est-elle? 13. Les vents ont-ils une influence sur la vitesse du son? 14. Qu'appelle-t-on écho? Nommez les échos multiples les plus connus.

46ᵉ Devoir. — 1. Quel est l'objet de l'optique? 2. Quelle est la vitesse de la lumière? 3. Combien faut-il de temps à la lumière du soleil pour nous arriver? 4. — à celle des étoiles les plus rapprochées? 5. Quels sont les instruments qui sont basés sur la réflexion de la lumière? 6. Combien y a-t-il de sortes de miroirs? 7. Comment appelle-t-on les images formées par les miroirs plans? 8. Quels sont les miroirs qui peuvent former des images en avant de leur surface réfléchissante? 9. Où sont situées les images formées par les miroirs convexes? 10. A quels phénomènes d'optique doit-on la déformation apparente de certains objets dans l'eau? 11. Combien y a-t-il de sortes de lentilles? 12. Comment appelle-t-on les lentilles qui ont la propriété de rassembler les rayons lumineux? 13. Quelle est l'action du prisme sur la lumière? 14. Nommez les couleurs qui composent le spectre solaire. 15. Au moyen de quel appareil arrive-t-on à recomposer la lumière blanche?

SUJETS DE RÉDACTION

37ᵉ Sujet. — Réfraction de la lumière. Action du prisme sur la lumière. Recomposition de la lumière blanche.

38ᵉ Sujet. — Le son. Sa propagation dans l'air, dans les liquides et dans les corps solides.

CHIMIE

CHAPITRE I

Notions préliminaires. — Oxygène. Hydrogène. — Eau.

238. Objet de la chimie. — La chimie a pour objet l'étude de la composition des corps et des divers phénomènes produits par les actions qu'ils exercent les uns sur les autres.

Les phénomènes chimiques diffèrent beaucoup des phénomènes physiques. Les premiers sont permanents et modifient la constitution des corps ; ils donnent naissance à des substances différentes de celles qui ont servi à leur production. Les seconds ne sont que passagers et n'altèrent pas la nature des corps. L'*oxydation* du fer par l'air humide est un phénomène *chimique*, tandis que la *dilatation* du fer par la chaleur est un phénomène *physique*. Le premier de ces phénomènes donne naissance à la *rouille ;* substance qui n'a pas la même composition que le fer, et qui, une fois formée, ne peut d'elle-même redevenir du fer. Au contraire, la *dilatation* du fer par la chaleur n'est que passagère et n'altère pas sa composition.

239. Corps simples. — Corps composés. — Au point de vue chimique, les corps se divisent en deux classes : les corps *simples* et les corps *composés*.

Les *corps simples* sont ceux dont on ne peut extraire qu'une seule espèce de matière, quel que soit le traitement qu'on leur fasse subir, tels sont l'or, le fer, le soufre, etc.

Les *corps composés* sont ceux qui sont formés par la combinaison de plusieurs corps simples, comme, par exemple, l'eau, le bois, le sel, etc.

Le nombre des corps composés est excessivement grand, tandis que celui des corps simples, actuellement connus, n'est que de 70.

On divise les corps simples en *métalloïdes* et en *métaux*.

Les métalloïdes sont au nombre de 15. Les plus importants sont l'*oxygène*, l'*hydrogène*, l'*azote*, le *chlore*, le *carbone*, le *soufre* et le *phosphore*.

Les *métaux* sont au nombre de 55; mais il n'y en a qu'un petit nombre qui soient usités. Les plus employés sont le *fer*, le *cuivre*, le *plomb*, le *zinc*, l'*étain*, le *mercure*, l'*argent*, l'*or* et le *platine*.

Oxygène.

240. Propriétés de l'oxygène. — L'*oxygène* est un gaz incolore, inodore et sans saveur. Il est un peu plus dense que l'air : un décimètre cube de ce gaz pèse 1 gr. 43. Ce qui caractérise surtout l'oxygène, c'est la propriété qu'il possède d'être éminemment propre à la combustion. En effet, si l'on plonge dans une éprouvette remplie de ce gaz une bougie ou une allumette imparfaitement éteinte, c'est-à-dire conservant encore quelques points en ignition, cette allumette se rallume instantanément en produisant une petite explosion.

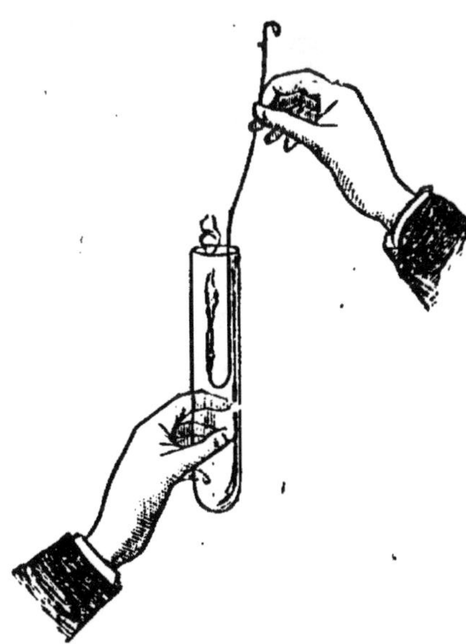

Fig. 215. — Bougie se rallumant dans l'oxygène.

Les propriétés comburantes de l'oxygène sont encore

mises en évidence par les expériences suivantes : dans un ballon plein de ce gaz, on plonge un charbon de bois allumé et tenu à l'extrémité d'un fil de fer. Aussitôt on voit le charbon brûler avec une grande activité. Le soufre enflammé, placé dans les mêmes conditions, brûle avec une très belle flamme bleue; le phosphore en brûlant dans l'oxygène, produit une flamme si éblouissante que les yeux peuvent à peine en supporter l'éclat.

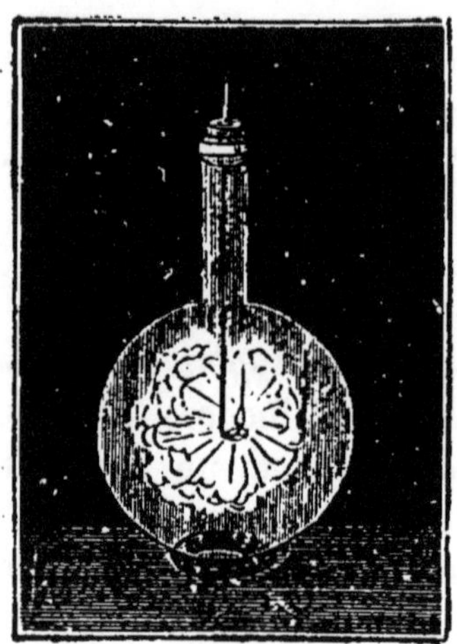

Fig. 216. — Combustion du soufre.

Fig. 217. — Combustion du fer.

L'expérience de la combustion du phosphore dans l'oxygène demande certaines précautions : il faut éviter de toucher le phosphore avec les doigts : de plus, ce corps doit toujours être coupé et conservé dans l'eau, car, lorsqu'il est sec, le moindre frottement suffit pour l'enflammer. Les brûlures produites par le phosphore sont très dangereuses.

Une des plus belles expériences de la chimie, c'est la combustion du fer dans l'oxygène. Pour la réaliser on fait rougir un ressort de montre, afin de lui enlever son élasticité, puis, une fois refroidi, on le tourne en spirale. On attache ensuite un morceau d'amadou, à l'une de ses extrémités, et, après avoir allumé cet amadou, on plonge le ressort dans un flacon plein d'oxygène; l'amadou y brûle avec rapidité, rougit le métal, qui brûle à son tour en lançant de tous les côtés de brillantes étincelles d'oxyde de fer.

Un ruban de magnésium, enflammé à l'une de ses extrémités, brûle dans l'oxygène avec un éclat qui n'a de comparable que celui de l'arc voltaïque.

241. Combustion lente. — L'oxygène se combine directement avec la plupart des corps simples. Cette combinaison se fait le plus souvent à une température élevée et avec production de lumière et de chaleur; mais il arrive quelquefois qu'elle a lieu à la température ordinaire, sans production de lumière et sans dégagement sensible de chaleur. On la désigne alors sous le nom de *combustion lente*. L'oxydation du fer à l'air humide est une combustion lente; car cette oxydation n'est autre chose qu'une combinaison du fer avec l'oxygène de l'air. La respiration des animaux est aussi un phénomène de combustion lente, car elle imprègne le sang d'oxygène, et ce gaz, en circulant dans tous les organes, brûle le carbone et l'hydrogène fournis par les aliments respiratoires. C'est une combustion qui produit la chaleur animale nécessaire à l'entretien de la vie.

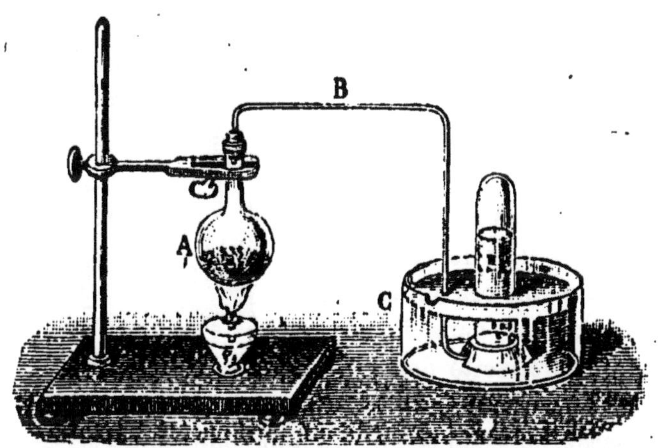

Fig. 218. — Préparation de l'oxygène par le chlorate de potasse.

242. Préparation de l'oxygène. — L'oxygène est

très répandu dans la nature : l'air en renferme le 1/5 de son volume et l'eau les 8/9 de son poids. Dans les laboratoires, on prépare ordinairement l'oxygène en décomposant par la chaleur un sel nommé *chlorate de potasse*. Pour cela, on introduit ce corps dans un ballon en verre, et, après avoir adapté au ballon un tube à dégagement, on le chauffe avec une lampe à alcool. Le chlorate de potasse fond, puis se décompose en laissant dégager son oxygène. On recueille ce gaz au moyen d'une éprouvette placée dans une cuve à eau, au-dessus de l'orifice du tube de dégagement.

Pour abaisser la température de la décomposition du chlorate de potasse et pour rendre cette décomposition plus régulière, on mélange avec ce sel la moitié de son poids de bioxyde de manganèse en poudre.

Hydrogène.

243 Propriétés de l'hydrogène. — Comme l'oxygène, l'hydrogène est un gaz incolore, inodore et sans saveur; mais il s'en distingue par sa faible densité et par la propriété qu'il a d'être combustible.

L'hydrogène est 14 fois moins dense que l'air : un décimètre cube de ce gaz ne pèse que 0 gr. 089; c'est le plus léger de tous les corps connus. Pour mettre la grande légèreté de l'hydrogène en évidence, on gonfle des bulles de savon avec ce gaz, et l'on voit ces bulles s'élever d'elles-mêmes dans l'atmosphère. Une éprouvette dont l'ouverture est tournée en bas, garde

Fig. 219 — Bulles de savon gonflées avec de l'hydrogène.

pendant assez longtemps l'hydrogène dont elle est remplie : mais si on la retourne sens dessus dessous, elle perd aussitôt le gaz qu'elle contient.

L'hydrogène est *combustible*, mais il n'est pas *comburant*, c'est-à-dire n'entretient pas la combustion. Ainsi, lorsqu'on introduit une bougie allumée dans une éprouvette pleine d'hydrogène, le gaz s'enflamme et brûle à l'ouverture de l'éprouvette, tandis que la bougie s'éteint en pénétrant à l'intérieur.

Quand on fait dégager de l'hydrogène à l'extrémité d'un tube effilé, comme le représente la figure 220, on peut enflammer ce gaz, qui, en brûlant dans l'air, forme une flamme à peine visible, mais possédant une haute température. Cet appareil est connu sous le nom de *lampe philosophique*.

La combustion de l'hydrogène au contact de l'air est due à la combinaison de ce gaz avec l'oxygène. La combinaison de l'hydrogène avec l'oxygène produit de l'eau. Pour s'en assurer, il suffit d'entourer la flamme d'une lampe philosophique avec une cloche en verre; on voit presque aussitôt les parois de cette cloche se couvrir de buée.

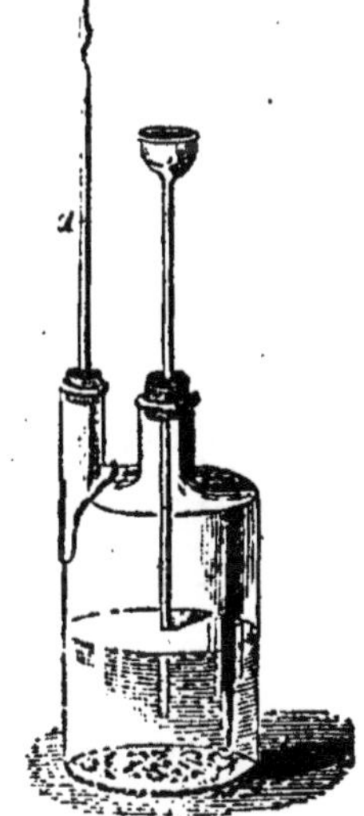

Fig. 220. — Lampe philosophique.

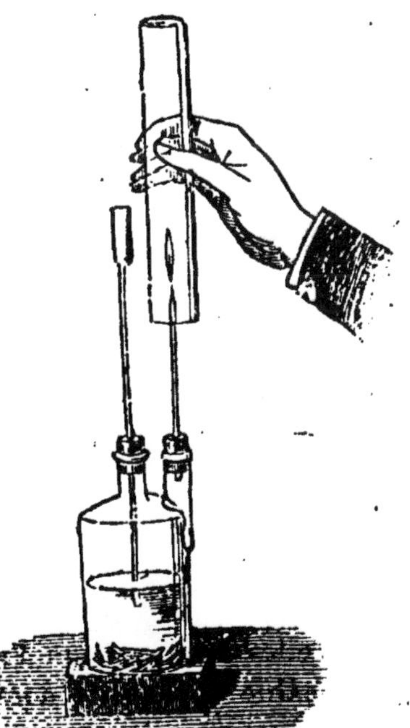

Fig. 221. — Harmonica chimique.

En se combinant avec l'oxygène, l'hydrogène peut former un *mélange détonant*. Pour l'obtenir, on remplit un flacon avec un mélange de deux volumes d'hydrogène pour un d'oxygène, et on approche l'ou-

verture de ce flacon de la flamme d'une bougie : aussitôt les
deux gaz se combinent, une violente détonation se produit,
et, bien souvent, le flacon vole en éclats. Pour faire cette
expérience, il faut se servir d'un flacon à parois très résistantes et dont la capacité ne dépasse pas un demi-litre. Il est
bon aussi d'entourer le flacon avec un linge mouillé, replié
plusieurs fois sur lui-même, afin de garantir l'opérateur en
cas de capture.

Quand on entoure d'un long tube la flamme d'une lampe
philosophique, on entend un son continu dont la hauteur et
l'intensité varient avec le diamètre et la longueur du tube. Ce
son est dû à une série de petites explosions, produites par
des mélanges d'air et d'hydrogène, qui font entrer l'air au
tube en vibration. L'appareil avec lequel on fait cette expérience est désigné sous le nom d'*harmonica chimique*.

244. Préparation de l'hydrogène. — L'hydrogène
se trouve très abondamment dans la nature à l'état de combinaison avec
d'autres corps :
un litre d'eau
renferme 1240
litres d'hydro-
gène combi-
nés avec 620 li-
tres d'oxygène.
Aussi se sert-
on de ce liquide
pour préparer
l'hydrogène.

On peut dé-
composer l'eau
de différentes

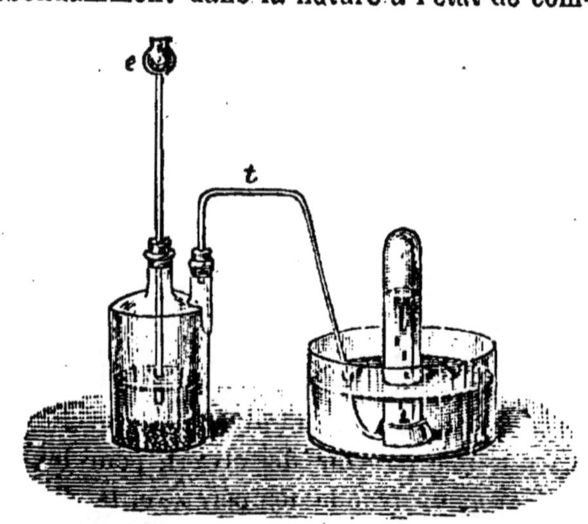

Fig. 222. — Préparation de l'hydrogène.

manières, une des plus employées consiste à se servir de
l'action combinée du zinc et de l'acide sulfurique. Pour cela,
on introduit de petits fragments de zinc dans un flacon à deux

tubulures, à moitié plein d'eau ; l'une des tubulures porte un tube à dégagement, qui se rend sous l'éprouvette d'une cuve à eau, et à l'autre, on fixe un tube à entonnoir, que l'on fait plonger dans le liquide du flacon. On verse un peu d'acide sulfurique dans le tube à en'onnoir ; cet acide descend dans le flacon et aussitôt l'a-tion commence, ce que l'on connaît à l'effervescence qui se produit dans 'e flacon et aux bulles gazeuses que l'on voit se rendre d　　'.ou-vette.

Eau.

245. Propriétés de l'eau. — *L'eau* n'e (s un corps simple ; elle est formée par la combinaison d. l'*oxygène* et de l'*hydrogène*, dans les proportions suivantes :

EN VOLUME :		EN POIDS :	
Oxygène............	1	*Oxygène*..........	8
Hydrogène.........	2	*Hydrogène*.......	1

A la température ordinaire l'eau est un liquide sans odeur et sans saveur. Vue en petite quantité, elle est incolore, mais elle a une couleur bleue très prononcée lorsqu'elle est considérée sous une grande épaisseur. Chauffée à partir de 0°, l'eau se contracte jusqu'à 4°, pour se dilater ensuite, si la température continue à augmenter. A 100°, elle entre en ébullition et se vaporise. L'eau se solidifie à 0° ; en se solidifiant, elle augmente de volume, et par suite diminue de densité ; la densité de la glace n'est que les 0,916 de celle de l'eau.

Une des principales propriétés de l'eau, c'est son pouvoir dissolvant pour un grand nombre de substances solides ou gazeuses ; ce pouvoir dissolvant, pour les solides augmente généralement avec la température, tandis qu'il diminue pour les gaz.

Les courants électriques décomposent l'eau en ses deux éléments : oxygène et hydrogène. L'appareil dont on se sert pour faire cette décomposition est appelé *voltamètre*. Il consiste en un vase dont le fond livre passage à deux fils de platine terminés extérieurement par deux crochets. A ces

crochets, on fixe les conducteurs de la pile ; dans le vase, on met de l'eau légèrement acidulée, puis on place sur les deux fils de platine une petite éprou-

Fig. 223. — Voltamètre.

vette remplie du même liquide. Aussitôt que le courant électrique est établi, on voit des bulles gazeuses se dégager de la surface de chacun des fils de platine et gagner le haut des éprouvettes. Ces gaz sont l'un de l'oxygène et l'autre de l'hydrogène ; le premier se forme au pôle positif de la pile et le second au pôle négatif. Pendant toute la durée de l'expérience, on constate que le volume de l'hydrogène dégagé est double de celui de l'oxygène.

La plupart des métaux décomposent ainsi l'eau : ils se combinent avec son oxygène et mettent l'hydrogène en liberté. Quelques métaux, comme le *potassium* et le *sodium*, la décomposent à froid ; d'autres ne la décomposent qu'à une température élevée ou avec le secours d'un acide énergique, tels sont le *fer* et le *zinc*. Le métaux qui ne décomposent l'eau à aucune température sont appelés *métaux précieux* : ce sont l'*or*, l'*argent* et le *platine*.

246. Composition de l'eau à l'état naturel. — L'eau jouissant d'un grand pouvoir dissolvant, ne se trouve jamais pure dans la nature ; elle contient toujours en dissolution des substances dont l'espèce varie avec celle des terrains qu'elle a traversés.

Les principales substances gazeuses dissoutes dans l'eau sont l'*air* et l'*acide carbonique*. L'air dissous dans l'eau sert à la respiration des animaux et des végétaux aquatiques. Il est plus riche en oxygène que celui de l'atmosphère ; cela provient de ce que la solubilité de l'oxygène est plus grande que celle de l'azote.

Les substances solides que l'eau tient en dissolution, sont très nombreuses ; on y trouve surtout du *sulfate de chaux*, du *carbonate de chaux* et des *matières organiques*.

Les eaux qui renferment beaucoup de sulfate de chaux, sont dites *séléniteuses*. Elles sont indigestes, ne dissolvent pas le savon et sont impropres à la cuisson des légumes.

On appelle *eaux calcaires* celles qui renferment trop de carbonate de chaux ; ce sont ces eaux qui produisent les incrustations pierreuses que l'on remarque au fond de certains ustensiles de cuisine et de quelques chaudières à vapeur. Comme les eaux séléniteuses, les eaux calcaires sont impropres au savonnage et à la cuisson des légumes.

Fig. 224. — Filtre à charbon.

Les eaux qui sont restées en contact avec les matières organiques en putréfaction ont généralement une odeur désagréable : elles renferment presque toujours des germes qui peuvent engendrer de graves maladies. On peut rendre ces eaux propres à l'alimentation en les filtrant sur du charbon de bois et en les faisant bouillir ensuite, pour détruire les principes nuisibles qu'elles contiennent.

247. Eaux potables. — Les *eaux potables* sont celles qui servent à notre alimentation. Pour être bonnes, elles doivent être fraîches, sans odeur et surtout être exemptes de matières d'origine animale ou végétale. Cette dernière condition est essentielle, car c'est par les eaux renfermant des débris d'origine organique que se transmettent la plupart des maladies épidémiques, comme la fièvre typhoïde, la diphtérie, le choléra, etc.

Les eaux potables doivent contenir de l'air en dissolution, et un peu d'acide carbonique ; une eau qui n'est pas aérée est difficile à digérer ; on dit qu'elle est *lourde*. De plus, les eaux qui servent à notre alimentation doivent renfermer une petite quantité de sels calcaires, lesquels sont nécessaires au développement du tissu osseux, mais cette quantité ne doit pas dépasser deux décigrammes par litre ; une eau privée de sels minéraux est sans saveur ; on dit qu'elle est *fade*.

DEVOIRS

47ᵉ Devoir. — 1. Quelle est la science qui a pour objet l'étude de la composition des corps? 2. Quelle espèce de phénomène est l'oxydation du fer? 3. — La dilatation du fer? 4. Comment divise-t-on les corps au point de vue chimique? 5. Qu'appelle-t-on corps simple? 6. — corps composé? 7. Quelle espèce de corps est l'eau? 8. — le soufre? 9. — le bois? 10. Combien connaît-on de corps simples? 11. Comment les divise-t-on? 12. Combien compte-t-on de métalloïdes? 13. — de métaux? 14. Nommez les principaux métalloïdes. 15. — les principaux métaux.

48ᵉ Devoir. — 1. Quelle odeur a l'oxygène? 2. Combien pèse un décimètre cube de ce gaz? 3. Quel est le principal caractère de l'oxygène? 4. De quels corps se sert-on pour démontrer que l'oxygène est très favorable à la combustion? 5. Dans quoi faut-il conserver le phosphore? 6. Pourquoi? 7. Nommez deux métaux qui brûlent dans l'oxygène. 8. Quel genre de combustion est l'oxydation du fer à l'air humide? 9. — la respiration animale? 10. Dans quelle proportion l'oxygène se trouve-t-il dans l'air? 11. — dans l'eau? 12. De quel corps se sert-on habituellement pour préparer l'oxygène? 13. — pour rendre la décomposition du chlorate de potasse plus régulière? 14. Quelle est la couleur de l'hydrogène? 15. Quel est le caractère particulier de ce corps?

49ᵉ Devoir. — 1. Combien de fois l'hydrogène pèse-t-il moins que l'air? 2. Que devient une bougie allumée placée dans l'hydrogène? 3. Que prouve cette expérience? 4. Avec quoi se combine l'hydrogène en brûlant à l'air? 5. Que se produit-il dans cette combustion? 6. Combien chaque litre d'eau contient-il de litres d'hydrogène et d'oxygène à l'état gazeux? 7. Dans 9 grammes d'eau combien y a-t-il de grammes d'oxygène et d'hydrogène? 8. De quel appareil se sert-on pour décomposer l'eau par

l'électricité! 9. Quel est le gaz qui se rend au pôle négatif! 10. Quels
sont les métaux qui décomposent l'eau à froid! 11. — qui ne la décomposent à aucune température! 12. Quelles sont les principales substances
solides que l'eau à l'état naturel tient en dissolution! 13. Que contiennent
les eaux séléniteuses! 14. Quels inconvénients présentent les eaux trop
calcaires! 15. — celles qui restent en contact avec des matières organiques,
en putréfaction!

SUJETS DE RÉDACTION

39ᵉ Sujet. — Eau à l'état naturel. Caractères des eaux potables.
(*Loiret, 1893.*)

40ᵉ Sujet. — L'oxygène ; expériences qui démontrent ses propriétés
comburantes.

CHAPITRE II

Azote. — Air atmosphérique. — Acide azotique Ammoniaque.

248. Propriétés de l'azote. — L'*azote* est un gaz
incolore, inodore, sans saveur et de densité un peu plus faible
que celle de l'air. Les propriétés chimiques de l'azote sont
presque nulles : il n'entretient pas la respiration et n'est ni
combustible, ni comburant. Un animal placé dans une atmosphère d'azote y périt bientôt, et une bougie allumée s'y éteint
immédiatement.

L'azote joue un grand rôle dans la nature, particulièrement
dans la nutrition des animaux et des végétaux. Seuls les aliments azotés ont la propriété de s'assimiler au corps pour
réparer les pertes que subit l'organisme par l'exercice des
différentes fonctions de la vie. Un régime alimentaire non
azoté amènerait rapidement la mort. Les végétaux empruntent
de l'azote directement à l'air, mais ils le puisent surtout dans
les engrais ; aussi les plus estimés des engrais sont-ils ceux
qui renferment le plus de principes azotés.

249. Préparation de l'azote. — L'azote forme les
4/5 du volume de l'air atmosphérique, où il est simplement

mélangé avec l'oxygène. Le moyen le plus simple de se procurer ce gaz consiste donc à l'extraire de l'air en absorbant l'oxygène par le phosphore, qui en est très avide. Pour cela, on place sur de l'eau contenue dans un grand vase, une rondelle de liège supportant une petite capsule métallique renfermant un morceau de phosphore. On enflamme le phosphore et on recouvre le liège d'une cloche de verre, de manière que le bord de celle-ci pénètre un peu dans l'eau. Le phosphore brûle rapidement en absorbant l'oxygène de l'air, et bientôt

Fig. 225. — Préparation de l'azote par le phosphore.

après, il ne reste plus dans la cloche que de l'azote et quelques traces d'acide carbonique.

Air atmosphérique.

250. Propriétés et composition de l'air. — L'air, vu en petite quantité, est incolore, mais, considéré sous une grande épaisseur, il est d'un bleu très prononcé ; il doit sa coloration à la vapeur d'eau qu'il tient en suspension.

L'air est 770 fois plus léger que l'eau : un litre d'air pur et sec pèse 1 gr. 293. Les autres propriétés de l'air sont celles de l'oxygène dont l'activité est tempérée par l'inertie de l'azote.

L'analyse a démontré que l'air atmosphérique est formé par un mélange d'oxygène et d'azote dans les proportions suivantes :

EN VOLUME :		EN POIDS :	
Oxygène.......	20,8	*Oxygène*.........	33
Azote..........	79,1	*Azote*...........	67

L'air atmosphérique renferme, en outre, un peu d'un gaz semblable à l'azote, nommé *argon*, de 2 à 4 dix-millièmes d'acide carbonique et de 10 à 15 millièmes de *vapeur d'eau*. Tout le monde sait que lorsqu'on place une carafe dans une atmosphère dont la température est bien supérieure à celle de son contenu, on voit cette carafe se couvrir de buée produite par la condensation de la vapeur d'eau que renferme l'atmosphère. C'est encore la condensation de cette même vapeur atmosphérique qui forme sur les vitres de nos appartements, pendant les froides nuits de l'hiver, ces jolis dessins que nous y remarquons.

251. Composition constante de l'air. — L'air a été analysé bien souvent ; cette expérience a été faite sur de l'air pris dans des lieux très différents, à des altitudes très diverses, et toujours on a trouvé dans l'air la même quantité d'oxygène, d'azote et d'acide carbonique.

L'invariabilité de la composition de l'air peut surprendre quand on songe à la quantité énorme d'oxygène enlevée quotidiennement à l'atmosphère, et à la masse non moins grande d'acide carbonique qui y est constamment déversée. Un homme de taille moyenne introduit chaque jour environ 12 mètres cubes d'air dans ses poumons ; il retient 530 litres d'oxygène et rejette 450 litres d'acide carbonique. D'autres sources encore plus considérables d'acide carbonique sont formées par la respiration des animaux, par la décomposition des matières organiques et surtout par la combustion du bois et du charbon : à elle seule, la combustion enlève chaque jour des *millions* de mètres cubes d'oxygène à l'atmosphère, qui sont remplacés par de l'acide carbonique.

Mais l'étonnement cesse quand on pense qu'à côté des causes qui tendent constamment à modifier la composition de l'air, le divin Créateur en a placé d'autres qui, agissant en sens inverse, ont pour but de ramener sans cesse l'air à sa composition primitive.

Parmi ces causes, la plus importante est la fonction chlorophyllienne des végétaux. Sous l'action de la lumière solaire, les parties vertes des végétaux absorbent l'acide carbonique de l'air, le décomposent en ses éléments, fixent le carbone dans leurs tissus et rejettent l'oxygène dans l'atmosphère.

L'acide carbonique de l'atmosphère est aussi dissous par les eaux de la pluie; chargées de cet acide, les eaux pluviales dissolvent les sels calcaires nécessaires au développement de certains végétaux, et concourent à la formation des coquillages sécrétés par la peau d'un grand nombre de mollusques et de zoophytes.

Acide azotique.

252. Propriétés de l'acide azotique. — *L'acide azotique*, connu aussi sous les noms d'*eau-forte* et d'*acide nitrique*, est composé d'azote et d'oxygène. C'est un liquide incolore, quand il est pur, et d'une odeur forte et pénétrante.

L'acide azotique se décompose facilement, aussi est-il un oxydant très énergique. Un morceau de *phosphore*, plongé dans cet acide, s'enflamme avec explosion et ses éclats volent dans toutes les directions; cette expérience est dangereuse. Presque tous les métaux sont oxydés par l'acide azotique; avec le *potassium* et le *sodium*, la réaction est très violente; le *cuivre* et le *fer* sont fortement attaqués par l'acide azotique; des torrents de vapeurs rouges se dégagent de cette réaction.

Beaucoup de matières organiques sont aussi attaquées par l'acide azotique; le *crin* prend feu dans ses vapeurs; l'*essence de térébenthine* s'enflamme quand on verse sur elle de l'acide azotique concentré; le même acide convertit le coton cardé en *coton-poudre* et la glycérine en *nitro-glycérine*, base de la *dynamite*.

253. Usages de l'acide azotique. — Les usages de l'acide azotique sont fort nombreux. Dans l'industrie, il sert à décaper les métaux et à préparer une foule de produits chimiques; dans les arts, il est employé pour la gravure sur cuivre, sur acier et sur zinc. Pour graver sur cuivre, on commence par couvrir la plaque à graver d'une légère couche de cire, puis, avec un burin, on forme sur la cire le dessin à représenter, en ayant soin de mettre le métal à nu; on verse ensuite sur la plaque de cuivre de l'acide azotique, qui attaque et corrode toutes les parties du métal non protégées par la cire.

Ammoniaque.

254. Propriétés de l'ammoniaque. — *L'ammoniaque* est composée d'azote et d'hydrogène. Elle se présente sous la forme d'un gaz incolore, d'une saveur âcre et brûlante, d'une odeur vive et piquante, qui provoque les larmes. Ce gaz est très soluble dans l'eau, qui, à 0°, en dissout 1550 fois son volume ; chauffée à 70°, la dissolution ammoniacale perd tout son gaz. Pour constater la grande solubilité de l'ammoniaque dans l'eau, on met en contact, avec ce liquide, l'ouverture d'une éprouvette pleine de ce gaz : l'ammoniaque est immédiatement absorbée et l'eau s'élance dans l'éprouvette avec une force qui, bien souvent, est capable de la briser.

La dissolution ammoniacale, lorsqu'elle est saturée, forme l'*alcali volatil*, et possède la plupart des propriétés de l'ammoniaque à l'état gazeux. Cette dissolution est très caustique ; mise en contact avec la peau, elle ne tarde pas à y produire la vésication.

255. Usages de l'ammoniaque. — Respirée en petite quantité, l'ammoniaque fait revenir à elle les personnes évanouies. La médecine utilise les propriétés caustiques de l'alcali volatil, pour combattre les effets funestes des piqûres et des morsures des animaux venimeux. Quelques gouttes d'ammoniaque dans un verre d'eau sucrée dissipent rapidement l'ivresse. Les vétérinaires emploient l'ammoniaque pour combattre avec succès le gonflement des bestiaux qui ont trop mangé de fourrages verts : une trentaine de grammes d'alcali volatil, mélangés avec quelques litres d'eau, suffisent pour faire disparaître cette indisposition dans un bœuf ou un cheval. L'ammoniaque est encore employée pour dégraisser les étoffes de soie ou de laine et pour fabriquer artificiellement la glace.

DEVOIRS

30ᵉ Devoir. — 1. Pourquoi un animal périt-il lorsqu'il est placé dans l'azote ? 2. Que devient une flamme plongée dans ce gaz ? 3. Quelle propriété distingue les aliments azotés ? 4. Où les végétaux trouvent-ils l'azote nécessaire à leur développement ? 5. Quelle proportion d'azote renferme l'air atmosphérique ? 6. De quels corps se sert-on habituellement pour extraire l'azote de l'air ? 7. Combien de fois l'air est-il plus léger que l'eau ? 8. Combien pèse un litre d'air ? 9. Quelle est la composition de l'air en volume ? 10. — en poids ? 11. Que renferme encore l'air atmosphérique ? 12. Quelles sont les causes qui tendent constamment à diminuer l'oxygène et à augmenter l'acide carbonique de l'air 13. Quelle est celle qui produit le phénomène inverse ? 14. Par quoi l'acide carbonique est-il encore absorbé ? 15. Que peuvent dissoudre les eaux pluviales lorsqu'elles sont chargées d'acide carbonique ?

51ᵉ Devoir. — 1. De quoi est composé l'acide azotique ? 2. Quelle est la principale propriété de cet acide ? 3. Que devient le phosphore plongé dans l'acide azotique ? 4. En quoi l'acide azotique concentré transforme-t-il le coton ? 5. — la glycérine ? 6. Citez des corps qui peuvent être enflammés par l'acide azotique ? 7. A quoi sert la nitro-glycérine ? 8. De quel acide se sert-on pour graver sur cuivre ? 9. De quoi est composée l'ammoniaque ? 10. Combien un litre d'eau peut-il dissoudre de litres de gaz ammoniac ? 11. Comment appelle-t-on la dissolution concentrée d'ammoniaque ? 12. A quelle température la dissolution ammoniacale perd-elle tout son gaz ? 13. A quoi les médecins emploient-ils l'ammoniaque. 14. Pourquoi les vétérinaires s'en servent-ils ? 15. Quels sont les autres usages de l'ammoniaque ?

SUJETS DE RÉDACTION

41ᵉ Sujet. — Composition de l'air. Expliquez pourquoi l'air a toujours la même composition. (*Loire-Inférieure, 1893*).

42ᵉ Sujet. — Dans une lettre à un de vos camarades, résumez brièvement une leçon que votre maître vous a faite sur l'ammoniaque.

CHAPITRE III

Carbone.-Acide carbonique.-Gaz d'éclairage.

256. Propriétés du carbone. — Le *carbone* est un corps solide, insoluble dans l'eau et très difficilement fusible, même aux plus hautes températures. Il brûle à une température élevée et produit un gaz nommé *acide carbonique*. Lorsqu'il est porté au rouge, le carbone décompose l'eau et produit de l'hydrogène et de l'oxyde de carbone, gaz très combustibles. Ce fait explique pourquoi l'eau dont les forgerons aspergent leurs foyers en active la combustion ; il fait aussi comprendre le danger qu'il y aurait d'éteindre un feu avec de l'eau, dans un appartement fermé ; car il se formerait de l'oxyde de carbone, qui est un gaz très délétère.

Le carbone se présente à nous sous les aspects les plus divers ; ses nombreuses variétés peuvent se diviser en deux groupes : les *charbons naturels* et les *charbons artificiels*.

257. Charbons naturels. — Les principaux charbons naturels sont le *diamant*, le *graphite*, le *houille*, l'*anthracite* et la *tourbe*.

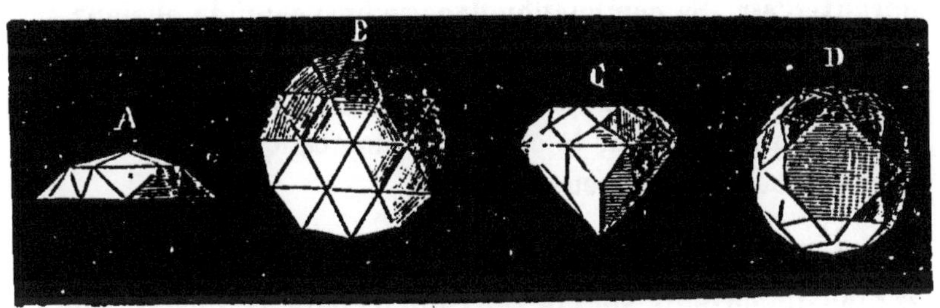

Fig. 226. — Diamants taillés.

A et B, Diamants taillés en rose. — C et D, Diamants taillés en brillant.

Diamant. — Le diamant est du carbone pur et cristallisé. C'est le plus dur de tous les corps : il les raye tous et il n'est rayé par aucun. Il est généralement limpide et incolore ; on en trouve cependant quelquefois de jaunes, de roses, de bleus et même de noirs.

La taille du diamant se fait en usant ce corps avec sa propre poussière, connue sous le nom d'*égrisée*. Très peu de diamants sont assez gros pour être taillés ; ceux qui sont trop petits pour subir cette opération sont employés pour faire des pivots d'horlogerie ou des pointes d'outils propres à couper le verre et à graver les pierres très dures.

Graphite. — Après le diamant, le graphite est le plus pur de tous les carbones. Il se présente sous la forme de pail-

lettes brillantes, douces au toucher et s'attachant facilement
aux doigts. Son principal emploi est de servir à la fabrication
des crayons ordinaires.

Houille. — La *houille* ou *charbon de terre* ne contient
que 80 % de carbone. Précieux combustible pour le chauffage
de nos habitations, la houille est surtout utile à l'industrie,
car elle est sa principale source de chaleur. Elle sert à la
fabrication du *coke* et à la préparation du *gaz d'éclairage;*
on en retire du *goudron,* de la *benzine,* de l'*ammoniaque*
et un grand nombre d'autres produits chimiques.

Anthracite. Tourbe. — L'*anthracite* a assez de ressemblance avec la houille; mais, pour brûler, il lui faut un vif
courant d'air. Sa combustion dégage beaucoup de chaleur.

La *tourbe* est une matière d'un brun foncé, formée par des
plantes marécageuses qui se sont décomposées sous l'eau.
Elle est employée pour le chauffage domestique dans les pays
où le combustible est peu abondant.

258. Charbons artificiels. — Les charbons artificiels
les plus importants sont le *charbon de bois,* le *noir animal,*
le *noir de fumée* et le *coke.*

Charbon de bois. — Le *charbon de bois* est produit par
la combustion incomplète du bois. Cette combustion se pratique ordinairement
au milieu des forêts
mêmes où le bois a
été coupé. Pour cela,
on construit sur le
sol, avec des bûches
d'un demi-mètre de
longueur, des meu-
les coniques, qu'on
recouvre d'une forte

Fig. 227. — Coupe d'une meule.

couche de terre, en ayant soin de laisser quelques ouvertures pour donner accès à l'air. On enflamme ce bois; la
combustion se propage de proche en proche, et lorsqu'on

juge qu'elle est suffisante, on ferme toutes les ouvertures des meules, afin d'éteindre le feu. Le charbon est alors préparé.

Le charbon de bois sert pour le chauffage domestique ; la propriété remarquable qu'il a d'absorber les gaz le fait aussi employer pour purifier les eaux corrompues et pour s'opposer à la putréfaction des matières animales.

Noir animal. Noir de fumée. — Le *noir animal*, appelé aussi *noir d'ivoire*, est un charbon que l'on obtient en calcinant des os à l'abri de l'air. Ce charbon a la propriété d'absorber certaines matières colorantes, ce qui le fait employer pour décolorer les jus qui doivent servir à la fabrication du sucre. Le noir animal qui a servi dans les raffineries est aussi utilisé comme engrais à cause du phosphate de chaux qu'il contient.

Fig. 228. — Préparation du noir de fumée.

Le *noir de fumée* s'obtient en brûlant des matières riches en carbone, telles que la résine, l'huile, le goudron. Les fumées qu'elles produisent sont dirigées dans de grandes chambres, où elles déposent une poussière noire, excessivement fine, sur des toiles grossières, qui en forment les parois ; on recueille cette poussière au moyen d'un dôme métallique, qui, en descendant, fait fonction de racloir. Le noir de fumée est employé dans la peinture ; il sert aussi à la fabrication du cirage et de l'encre d'imprimerie.

Coke. — Le *coke* est le résidu de la distillation de la

houille. Moins combustible que cette dernière, il brûle sans flamme et sans fumée, en dégageant beaucoup de chaleur.

Acide carbonique.

259. Propriétés de l'acide carbonique. — *L'acide carbonique* est composé de carbone et d'oxygène. C'est un gaz incolore, d'une saveur aigrelette et d'une odeur légèrement piquante. Sa densité égale une fois et demie celle de l'air. L'eau en dissout à peu près son volume.

L'acide carbonique n'entretient pas la combustion ; un corps plongé dans ce gaz s'y éteint immédiatement. Si on incline une éprouvette pleine d'acide carbonique au-dessus d'une autre éprouvette renfermant une bougie allumée, ce gaz, grâce à sa grande densité, tombe au fond de l'éprouvette, comme le ferait un liquide, et éteint la bougie.

L'acide carbonique est impropre à la res-

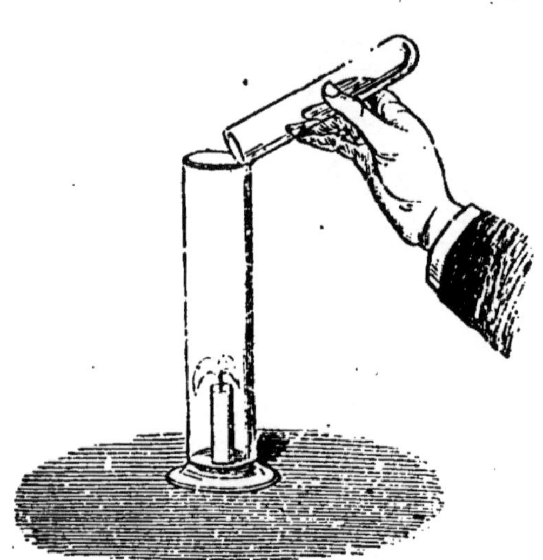

Fig. 229. — Acide carbonique versé sur une bougie allumée.

piration, mais il n'est pas délétère. La plupart des animaux périssent dans une atmosphère qui renferme la moitié de son volume de ce gaz ; ils y sont asphyxiés, mais non empoisonnés.

260. Sources de l'acide carbonique. — Comme on l'a déjà dit, la respiration de l'homme et des animaux et surtout la combustion sont des sources très abondantes d'acide carbonique. Ce même gaz se dégage en quantité de toutes les matières végétales en fermentation ; aussi faut-il éviter de s'approcher trop fréquemment des cuves pleines de vendange, et, à plus forte raison, doit-òn prendre les plus grandes précautions pour y pénétrer, lorsqu'on est obligé de le faire.

L'acide carbonique se dégage constamment du sol ; il y est produit par la décomposition des substances organiques ; certaines grottes, certaines carrières abandonnées en sont remplies. Il ne faut jamais pénétrer dans une cavité souterraine inconnue, sans s'être auparavant assuré de la pureté de son atmosphère. Pour cela, on porte devant soi une bougie allumée, attachée à l'extrémité d'un long bâton ; si la bougie brûle comme à l'ordinaire, on peut avancer sans crainte ; mais, si elle s'éteint, il faut rétrograder sur-le-champ, car ce serait s'exposer à une mort certaine que d'aller plus avant.

261. Préparation de l'acide carbonique. — L'acide carbonique est très abondant dans la nature : la craie, le marbre, la plupart de nos pierres de construction le renferment combiné avec de la chaux. Pour l'isoler de cette dernière substance, il suffit de verser un acide quelconque, du vinaigre, par exemple, sur un des corps ci-dessus nommés : aussitôt on voit se former une vive effervescence, produite par le dégagement de l'acide carbonique.

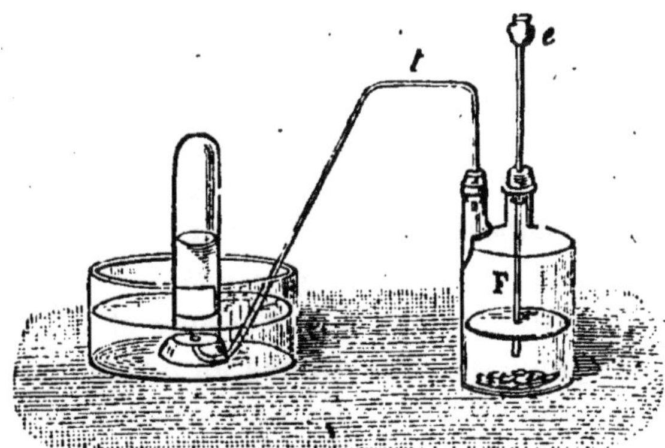

Fig. 230. — Préparation de l'acide carbonique.

Dans les laboratoires, pour préparer ce gaz, on introduit quelques fragments de craie ou de marbre dans un flacon à deux tubulures à moitié plein d'eau ; à l'une des tubulures, on adapte un tube à dégagement, qui se rend sous l'éprouvette d'une cuve à eau, et à l'autre, on fixe un tube à entonnoir, qui plonge dans le liquide du flacon. On verse un peu d'acide chlorhydrique ou d'acide sulfurique dans le tube à entonnoir, cet acide descend dans le flacon et l'action commence immédiatement.

262. Usages de l'acide carbonique. — L'acide carbonique est utilisé dans la fabrication de l'*eau de Seltz* artificielle. Pour fabriquer cette eau, on comprime de l'acide carbonique, à l'aide d'une pompe foulante, dans l'eau que contiennent des vases à parois très résistantes, puis on introduit ce liquide dans des appareils spéciaux, nommés *siphons*.

La *bière*, la *limonade*, le vin de *Champagne*, etc., ne doivent leurs propriétés mousseuses qu'à l'acide carbonique qu'ils tiennent en dissolution. Les eaux minérales gazeuses, comme celles de *Saint-Galmier*, de *Vichy*, de *Vals*, de *Condilhac*, ne sont employées pour faciliter la digestion qu'à cause de l'acide carbonique et des sels minéraux qu'elles renferment.

Gaz d'éclairage.

263. Propriétés du gaz d'éclairage. — Le *gaz d'éclairage* se compose principalement de deux gaz très combustibles : l'*hydrogène* et le *gaz des marais*.

Le *gaz des marais*, composé de carbone et d'hydrogène, est ainsi appelé parce qu'on le trouve en abondance dans la vase des eaux croupissantes, où il se forme spontanément par la décomposition des matières végétales qu'elles renferment. Pour se procurer le gaz des marais, il suffit de remuer cette vase avec un bâton et de recueillir, à l'aide d'un entonnoir fixé à un flacon plein d'eau, les bulles qui s'en dégagent. Le gaz des marais brûle avec une flamme jaunâtre très éclairante ; mélangé avec deux fois son volume d'oxygène, il détone très violemment à l'approche d'une flamme.

Fig. 231. — Combustion du gaz des marais.

Le gaz d'éclairage possède la plupart des propriétés des éléments qui le composent ; il est plus léger que l'air, aussi l'utilise-t-on pour le gonflement des aérostats ; il brûle avec une flamme très éclairante et forme un mélange détonant lorsqu'il est mélangé en proportions convenables avec l'oxygène de l'air.

264. Préparation. Usages. — Le gaz d'éclairage s'obtient par la distillation de la houille, qui, indépendamment de ce gaz, donne encore, comme résidus, une foule de produits, tels que le *coke* et le *goudron*, dont la valeur atteint celle de la houille employée.

Comme expérience de laboratoire, on obtient du gaz d'éclairage en distillant de la houille dans une simple pipe en terre. Pour cela, on remplit de houille le fourneau de la pipe, on le ferme avec un tampon de terre grasse et on le porte au rouge au moyen de charbons incandescents. On enflamme le gaz qui s'échappe alors du tuyau de la pipe ; ce gaz brûle avec une flamme fuligineuse, à cause des impuretés dont il est accompagné.

Dans l'industrie, la distillation de la houille se fait dans de grandes cornues en terre réfractaire, placées horizontalement dans de vastes foyers en maçonnerie. Au sortir des cornues, le gaz subit plusieurs épurations, puis se rend sous d'immenses cloches en tôle, où il s'accumule pour être ensuite distribué par des tuyaux de conduite aux différents becs de consommation.

Le gaz de la houille sert non seulement à l'éclairage, mais encore au chauffage; ce dernier usage tend à se généraliser de plus en plus. Depuis quelques années, on se sert

Fig. 238. — Distillation de la houille dans une pipe en terre.

beaucoup de moteurs à gaz, dans lesquels la force est produite par l'inflammation d'un mélange détonant formé par de l'air et du gaz d'éclairage en proportions convenables.

DEVOIRS

52ᵉ Devoir. — 1. Quel est le gaz que produit le carbone par sa combustion ? 2. Quels sont ceux qui se dégagent lorsqu'on asperge avec de l'eau, des charbons incandescents ? 3. Quels sont les deux groupes que forment les principales variétés de carbone ? 4. Quels sont les principaux charbons naturels ? 5. — Les principaux charbons artificiels ? 6. Quel est le plus pur de tous ces carbones ? 7. Quel est le plus dur de tous les corps ? 8. Avec quoi se fait la taille du diamant ? 9. A quoi sont employés les diamants trop petits pour être taillés ? 10. Comment s'appelle la variété de carbone qui sert à faire le crayon ordinaire ? 11. — Celle qui est employée à la fabrication du gaz d'éclairage ? 12. Quels sont les produits que l'on retire de la distillation de la houille ? 13. Comment s'appelle la variété de carbone formée par la décomposition des végétaux sous l'eau ? 14. — par la combustion incomplète du bois ? 15. — par la calcination des os à l'abri de l'air.

53ᵉ Devoir. — 1. De quel charbon se sert-on pour purifier les eaux corrompues ? 2. pour décolorer le sucre ? 3. — pour fabriquer l'encre d'imprimerie ? 4 De quoi est composé l'acide carbonique ? 5 Quelle est la saveur de cet acide ? 6. Combien l'eau dissout-elle d'acide carbonique ? 7. Ce gaz est-il propre à la respiration ? 8. Quelles sont les principales sources de l'acide carbonique ? 9. Citez des liquides renfermant de l'acide carbonique en dissolution. 10. De quels gaz se compose principalement le gaz d'éclairage? 11. De quoi est composé le gaz des marais? 12. Avec quelle proportion d'oxygène forme-t-il un mélange détonant? 13. Quel corps distille-t-on pour préparer le gaz d'éclairage? 14. Dans quoi se fait cette distillation dans l'industrie? 15. Quels sont les principaux usages du gaz d'éclairage.

SUJETS DE RÉDACTION

43ᵉ Sujet. — Le carbone ; ses différentes variétés ; préparation de charbons artificiels.

44ᵉ Sujet. — Principales sources de l'acide carbonique ; préparation et usage de ce gaz. (*Loi, 1892*).

CHAPITRE IV

Soufre. — Phosphore. — Chlore.

265. Propriétés du soufre.— Le *soufre* est un corps solide à la température ordinaire ; il fond vers 110° et bout à 440°. Insoluble dans l'eau, le soufre se dissout très bien dans le sulfure de carbone, qui est son meilleur dissolvant. Il brûle à l'air avec une flamme bleuâtre, en répandant une odeur tout à fait caractéristique ; cette odeur est celle du composé qui se forme, l'*acide sulfureux*.

266. Extraction du soufre. — Le soufre se trouve généralement au voisinage des volcans, où il est presque toujours mélangé avec des matières terreuses. Pour le séparer de ces matières, on introduit le minerai dans de grands vases rangés sur deux files dans un long fourneau en briques, et mis en communication avec d'autres vases semblables placés à l'extérieur du fourneau. Sous l'influence de la chaleur, le soufre contenu dans le minerai des vases intérieurs se vaporise ; il se rend ensuite dans les vases extérieurs, s'y condense et vient se déverser dans des baquets remplis d'eau, où il solidifie.

267. Usages du soufre. — Le soufre a de nombreux usages. Dans l'industrie, on s'en sert pour la fabrication de

la poudre, des allumettes, de l'acide sulfureux et pour la vul-
canisation du caoutchouc. Cette dernière opération consiste
à tremper le caoutchouc pendant quelques minutes dans du
sulfure de carbone contenant du soufre en dissolution ; le
caoutchouc ainsi vulcanisé conserve toujours son élasticité,
par le froid comme par la chaleur. On fait encore usage du
soufre pour prendre des empreintes, pour sceller le fer et
pour combattre l'*oïdium* de la vigne.

Fig. 233. — Coupe d'un fourneau servant à l'extraction du soufre.

268. Composés du soufre. — En se combinant avec
les autres corps, le soufre forme un grand nombre de composés ; les plus importants sont l'*acide sulfureux* et l'*acide
sulfurique.*

269. Acide sulfureux. — L'acide *sulfureux*, composé
de soufre et d'oxygène, est un gaz incolore, d'une odeur vive
et pénétrante qui provoque la toux. Il est très soluble dans
l'eau, qui en dissout 50 fois son volume à la température
ordinaire.

L'acide sulfureux n'est pas combustible ; au contraire, il
éteint les corps en combustion. Il possède un grand pouvoir
décolorant, qu'il exerce sur la plupart des couleurs d'origine

organique : des violettes exposées à ce gaz ne tardent pas à devenir entièrement blanches.

L'acide sulfureux est employé en médecine pour combattre la gale. Dans l'industrie, on s'en sert pour blanchir les objets d'origine animale, tels que la laine, la soie, les plumes, etc. On se sert encore de l'acide sulfureux pour assainir les lieux infectés de miasmes putrides et pour désinfecter les objets qui ont servi aux personnes atteintes de maladies contagieuses.

En faisant brûler des mèches soufrées dans l'intérieur des tonneaux, on détruit le germe des moisissures et on prévient ainsi l'altération du vin.

Fig. 234. — Décoloration d'une violette par l'acide sulfureux.

270. ACIDE SULFURIQUE. — L'acide *sulfurique*, appelé encore *vitriol* ou *huile de vitriol*, est aussi composé de soufre et d'oxygène, mais il contient beaucoup plus de ce dernier corps que l'acide sulfureux. C'est un liquide incolore, inodore, d'une consistance oléagineuse et d'une densité presque double de celle de l'eau.

Cet acide se distingue par l'énergie avec laquelle il attaque les autres corps et par l'action corrosive qu'il exerce sur les tissus animaux et végétaux. Les brûlures produites par l'acide sulfurique sont très dangereuses. On paralyse en partie leurs effets en les lavant immédiatement avec de l'eau renfermant un peu d'ammoniaque.

L'acide sulfurique est de tous les acides le plus généralement employé ; il sert à la préparation d'une foule d'autres corps. La France en consomme annuellement plus de 70 millions de kilos.

Phosphore.

271. Propriétés du phosphore. — Le *phosphore*
est un corps solide à la température ordinaire ; il est incolore
et son odeur rappelle celle de l'ail ; de plus, il a la propriété
d'être lumineux dans l'obscurité.

Complètement insoluble dans l'eau, le phosphore se dissout
très bien dans le sulfure de carbone. Cette dissolution possède
la propriété d'enflammer spontanément les corps combustibles
sur lesquels elle est versée ; cette inflammation est due au
phosphore extrêmement divisé qui reste sur les corps après
l'évaporation du sulfure de carbone.

Le phosphore a une grande affinité pour l'oxygène : il
s'enflamme spontanément dans ce gaz à la température de 30°,
et dans l'air,
à celle de 60°.

La combus-
tion du phos-
phore peut
s'obtenir mê-
me au sein de
l'eau ; pour
réaliser cette
expérience, il
suffit de faire

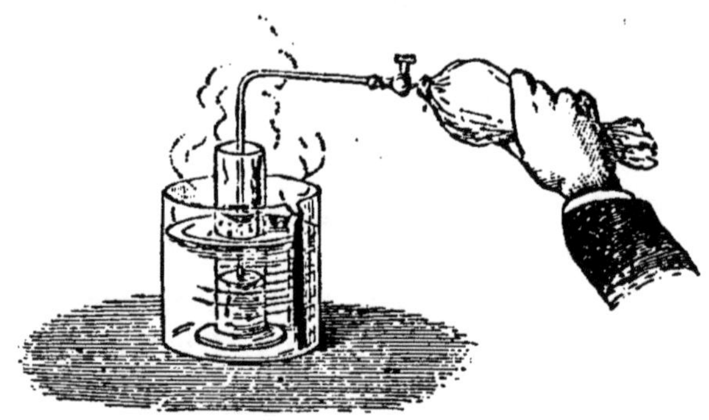

Fig. 235. — Combustion du phosphore au sein de l'eau.

arriver de l'oxygène sur du phosphore placé dans de l'eau dont
la température est portée à 50°, et aussitôt on voit de vives
lueurs se produire au milieu du liquide.

Le choc, le frottement, la chaleur des mains suffisent
quelquefois pour enflammer le phosphore quand il est sec ;
aussi doit-on toujours manier ce corps avec précaution. Les
brûlures par le phosphore sont très graves, par suite de
l'acide phosphorique qui se produit, corps très avide d'eau
et qui désorganise les tissus pour s'emparer de celle qu'ils
renferment. On traite ces brûlures en les lavant tout de suite

avec de l'eau légèrement ammoniacale, et en y appliquant un mélange d'huile et de chaux pulvérisée.

Le phosphore s'extrait des os. Son principal usage est dans la fabrication des allumettes. Pour préparer les allumettes, on place d'abord une de leurs extrémités dans du soufre fondu, puis on trempe la partie soufrée dans une pâte formée par un mélange de phosphore, de colle forte, de sable fin et de matière colorante.

272. Composés du phosphore. — En se combinant avec l'oxygène, le phosphore forme plusieurs *acides phosphoriques* différents. Ces acides ont peu d'importance par eux-mêmes, mais, unis à la chaux, ils constituent les *phosphates de chaux*, engrais très recherchés en agriculture.

Le phosphore, en se combinant avec l'hydrogène, donne naissance à un composé gazeux bien remarquable par la propriété qu'il possède de s'enflammer spontanément au contact de l'air. Ce gaz, appelé *phosphure d'hydrogène*,

Fig. 236. — Préparation du phosphure d'hydrogène.

produit en brûlant une fumée blanche, disposée en couronnes, qui vont constamment en s'élargissant à mesure qu'elles montent dans l'atmosphère.

Le phosphure d'hydrogène se forme parfois dans les

lieux où sont enfouies des matières organiques contenant du phosphore. Ces matières, en se décomposant, produisent du phosphure d'hydrogène, qui s'échappe par les fissures du sol et donne lieu aux flammes que l'on désigne sous le nom de *feux-follets*. Ces feux se voient principalement dans les marais et les cimetières humides.

Chlore.

273. Propriétés du chlore. — Le *chlore* est un gaz d'un jaune verdâtre, d'une odeur suffocante et caractéristique. Il attaque vivement les voies respiratoires, provoque la toux et peut même amener des crachements de sang. Ce gaz est très dense : il pèse près de deux fois et demie autant que l'air ; l'eau en dissout trois fois son volume.

Le chlore se distingue par son affinité pour l'hydrogène, affinité si grande que la lumière solaire, à elle seule, suffit pour déterminer la combinaison de ces deux gaz. En effet, si après avoir rempli un flacon d'un mélange à volumes égaux d'hydrogène et de chlore préalablement desséchés, on l'expose au soleil, ces gaz se combinent brusquement et le flacon vole en éclats.

L'action de la lumière solaire sur un mélange de chlore et d'hydrogène est tellement prompte, qu'un flacon rempli de

Fig. 237. — Combustion de l'arsenic ou de l'antimoine dans le chlore.

ce mélange, s'il est jeté dans un lieu où arrive la lumière du soleil, éclate avant d'arriver à terre.

Sous l'action de la lumière diffuse, le chlore et l'hydrogène se combinent lentement ; dans l'obscurité, ils n'ont pas d'action l'un sur l'autre.

La plupart des métalloïdes sont attaqués par le chlore : un morceau de *phosphore* introduit dans le chlore s'y enflamme immédiatement et brûle avec une flamme livide ; l'*arsenic* en poudre y prend feu également et produit des vapeurs très dangereuses à respirer ; un jet de *gaz ammoniac* s'enflamme spontanément dans le chlore et y brûle avec une belle flamme blanche. Presque tous les métaux se combinent directement avec le chlore : si dans un flacon de ce gaz on projette de l'*antimoine* en poudre, chaque parcelle de ce métal devient incandescente, et il se produit une pluie de feu accompagnée d'abondantes vapeurs de chlorure d'antimoine ; plongée dans le chlore, une spirale de *cuivre* y brûle comme une spirale de fer dans l'oxygène.

274. Pouvoir décolorant du chlore. — Toutes les matières colorantes d'origine organique sont détruites par le chlore : tantôt ce gaz s'empare de leur hydrogène, tantôt il prend celui de l'eau qu'elles renferment, et alors l'oxygène de l'eau se porte sur ces matières pour les oxyder. Dans ces deux cas, les matières colorantes sont transformées en d'autres substances généralement incolores. Une feuille de papier humectée et garnie d'écriture à l'encre ordinaire, plongée dans un flacon de chlore, en ressort aussi blanche que si elle n'avait jamais servi.

Le chlore possède aussi un grand *pouvoir désinfectant*, car il agit sur les matières putrides d'origine organique répandues dans l'air : il les détruit pour s'emparer de leur hydrogène.

275. Usages du chlore. — Le chlore et surtout l'un de ses composés le *chlorure de chaux* sont employés spécialement pour blanchir la pâte destinée à la fabrication du papier et les étoffes d'origine végétale, telles que les tissus de lin, de coton et de chanvre.

Le chlorure de chaux est un produit que l'on obtient en faisant passer un courant de chlore sur de la chaux éteinte. Ce produit se présente sous la forme d'une masse blanche, pulvérulente, qui a beaucoup de ressemblance avec la chaux ordinaire. Le chlorure de chaux est un réservoir de chlore : il en renferme plus de deux cents fois son volume ; aussi l'emploie-t-on de préférence à ce gaz, car il est plus facile à conserver et à transporter. Un autre chlorure, l'*eau de javelle* est aussi journellement employé pour le blanchissage du linge ; on l'obtient en faisant passer un courant de chlore dans une dissolution très étendue de potasse.

276. Acide chlorhydrique. — L'acide *chlorhy-drique* est formé par la combinaison de volumes égaux de chlore et d'hydrogène. Il se présente sous la forme d'un gaz incolore, d'une odeur forte et piquante ; il irrite les bronches, provoque la toux et répand à l'air d'abondantes fumées blanches. L'eau en dissout près de 500 fois son volume. L'acide chlorhydrique du com-

Fig. 238. — Combinaison de l'acide chlorhy-drique avec l'ammoniaque.

merce est une simple dissolution de ce gaz dans l'eau ; il contient environ 40 pour cent d'acide réel.

L'acide chlorhydrique est incombustible et il n'est pas comburant. C'est un acide très énergique qui attaque tous les métaux, excepté l'or et le platine. Le gaz chlorhydrique et le gaz ammoniac se combinent à volumes égaux et forment un corps solide, le *chlorhydrate d'ammoniaque*. Pour constater la production de ce corps, il suffit d'approcher l'un de l'autre deux verres contenant, le premier, une dissolution d'ammoniaque et le deuxième, une dissolution d'acide chlorhydrique : on voit aussitôt se former d'épaisses fumées de chlorhydrate d'ammoniaque.

A l'état de dissolution, l'acide chlorhydrique a de nombreux usages : il sert à préparer beaucoup de produits chimiques ; on l'emploie aussi pour décaper les métaux, pour extraire la gélatine des os et pour approprier les murs des édifices noircis par le temps.

DEVOIRS

54ᵉ Devoir. — 1. A quelle température fond le soufre? 2. — entre-t-il en ébullition? 3. Dans quel liquide se dissout-il facilement? 4. Quel est le produit de sa combustion? 5. Où le trouve-t-on généralement? 6. A quoi sert le soufre dans l'industrie? 7. Contre quelle maladie de la vigne est-il employé? 8. Nommez deux des composés du soufre. 9. Combien l'eau dissout-elle de fois son volume d'acide sulfureux? 10. Quel pouvoir particulier possède l'acide sulfureux? 11. Contre quelle maladie est employé l'acide sulfureux? 12. Que fait-on brûler dans les tonneaux pour s'opposer à l'altération du vin? — 13. Pourquoi emploie-t-on l'acide sulfureux pour éteindre les corps en combustion? — 14. Quel autre nom donne-t-on à l'acide sulfurique? 15. Par quoi se distingue cet acide?

55ᵉ Devoir. — 1. Comment combat-on les brûlures par l'acide sulfurique? 2. Combien la France consomme-t-elle annuellement de cet acide? 3. Quelle est l'odeur du phosphore? 4. Dans quel liquide le phosphore est-il particulièrement soluble? 5. A quelle température s'enflamme-t-il dans l'oxygène pur? 6. — dans l'air? 7. Quel est le principal usage du phosphore? 8. Quels composés forme le phosphore en se combinant avec l'oxygène? 9. — avec l'hydrogène? 10. Quelle est la couleur du chlore? 11. Quelle est sa densité? 12. Combien l'eau en dissout-elle? 13. Par quoi se distingue le chlore? 14. Dans quelles proportions faut-il mélanger le chlore et l'hydrogène pour avoir un mélange détonant? 15. Quel est le produit de la combinaison de ces deux gaz?

56ᵉ Devoir. — 1. Nommez des métalloïdes s'enflammant dans le chlore. 2. Quel est le corps qui, en brûlant dans le chlore, produit des vapeurs très dangereuses à respirer? 3. Quels sont les métaux qui brûlent dans le chlore? 4. Quel est l'effet du chlore sur les matières colorantes d'origine organique? 5. — sur les matières putrides? 6. Comment obtient-on le chlorure de chaux? 7. Combien renferme-t-il de fois son volume de chlore? 8. Quels sont les principaux usages du chlorure de chaux? 9. A quoi sert l'eau de Javelle? 10. Comment l'obtient-on? 11. Combien l'eau dissout-elle de fois son volume d'acide chlorhydrique? 12. Quels sont les métaux qui ne sont pas attaqués par l'acide chlorhydrique? 13. Avec quel gaz se combine-t-il pour former un corps solide? 14. Par quoi est formé l'acide chlorhydrique du commerce? 15. Quels sont ses principaux usages?

SUJETS DE RÉDACTION

45ᵉ Sujet. — Dites ce que vous savez sur le soufre et ses composés.

46ᵉ Sujet. — Votre maître vous a fait une leçon sur le chlore et ses usages. Résumez cette leçon.

CHAPITRE V

Métaux.

277. Potassium. — Le *potassium* est un métal plus léger que l'eau et qui a la consistance de la cire. Il est caractérisé par sa grande affinité pour l'oxygène ; cette affinité est telle, qu'un fragment de potassium projeté dans l'eau la décompose immédiatement pour s'emparer de son oxygène. La chaleur dégagée par la combinaison est suffisante pour enflammer l'hydrogène mis en liberté ; aussi voit-on le potassium s'entourer d'une magnifique flamme purpurine et se déplacer rapidement, dans tous les sens, à la surface du liquide.

Fig. 239. — Action du potassium sur l'eau.

Le potassium, en se combinant avec d'autres corps, forme des composés très importants ; les principaux sont le *carbonate de potasse*, qui sert à la fabrication du verre blanc, du salpêtre et au lessivage du linge, et l'*azotate de potasse* ou salpêtre, qui entre dans la composition de la poudre.

278. Sodium. — Le *sodium* a beaucoup de ressemblance

avec le potassium ; comme lui, il est plus léger que l'eau et décompose ce liquide pour s'emparer de son oxygène.

Ses principaux composés sont le *carbonate de soude*, employé pour le dégraissage du linge et pour la fabrication du verre ordinaire, et le *chlorure de sodium* ou *sel marin*.

Le *chlorure de sodium* est très abondant dans la nature : les eaux de la mer en contiennent environ 27 grammes par litre, et, de plus, il forme dans le sol des amas considérables,

Fig. 2.0. — Marais salants.

d'où on le retire sous le nom de *sel gemme*.

Pour extraire le sel des eaux de la mer, on fait arriver ces eaux dans une série de bassins peu profonds, creusés sur le littoral et rendus imperméables par une couche d'argile. Ces bassins, appelés *marais salants*, sont divisés en un grand nombre de compartiments communiquant entre eux. Dans les premiers de ces compartiments, les eaux se clarifient tout en s'évaporant ; dans les suivants, elles se concentrent de plus en plus, et dans les derniers, elles laissent déposer le sel qu'elles tiennent en dissolution. On retire ce sel avec des râteaux et, après l'avoir purifié et fait égoutter, on le livre au commerce.

279. Calcium. — Le *calcium* est un métal jaune très brillant, un peu plus lourd que l'eau et très difficile à isoler des autres corps. Les principaux de ses composés sont la *chaux*, le *carbonate de chaux* et le *sulfate de chaux*.

La *chaux* est du calcium oxydé ; on l'obtient en calcinant, dans des fours spéciaux, une pierre désignée sous le nom de *pierre à chaux*. Cette pierre, qui est formée par du carbonate de chaux, se décompose sous l'action de la chaleur : l'acide carbonique se dégage et la chaux reste.

Fig. 241. — Four à plâtre.

Lorsqu'elle est fraîchement préparée, la chaux porte le nom de *chaux vive*. Au contact de l'eau, la chaux vive augmente de volume, se délite, produit une augmentation de température considérable et se convertit en *chaux éteinte*. Lorsque la chaux contient une proportion de 10 à 25 pour cent d'argile, elle est appelée *chaux hydraulique ;* quand elle en renferme de 30 à 60 pour cent, elle forme le *ciment*. La chaux hydraulique et le ciment ont la propriété très avantageuse de durcir au contact de l'eau.

Le *carbonate de chaux* est très abondant dans la nature :

c'est lui qui forme les différents calcaires, dont les plus importants sont les diverses sortes de *marbres*, la plupart des *pierres à bâtir*, la *pierre à chaux*, la *pierre lithographique* et la *craie*.

Le *sulfate de chaux* naturel est une pierre qui, chauffée à la température de 140°, se laisse facilement réduire en une poudre blanche connue sous le nom de *plâtre*. Gâché avec de l'eau, le plâtre possède la propriété de durcir très vite, propriété qui est utilisée dans l'emploi du plâtre pour le revêtement des plafonds et des murs de nos appartements.

280. Fer. — Le *fer* est un métal d'un gris bleuâtre, très ductile, assez malléable et remarquable par sa ténacité. Soumis à l'action de la chaleur, il se ramollit et peut alors être façonné sous le marteau et se souder à lui-même ; il fond entre 1500 et 1600°. A l'air humide, le fer s'oxyde rapidement et se couvre de rouille. On le préserve de l'oxydation en revêtant sa surface d'une légère couche de zinc ou d'étain ; dans le premier cas, on obtient le fer *galvanisé*, et dans le second cas, le fer *étamé* ou *fer-blanc*. Le fer est aussi préservé de l'oxydation par la peinture à l'huile.

Le fer, le plus important des métaux par ses applications usuelles, est aussi celui qui se trouve le plus abondamment dans l'écorce terrestre : il n'est presque pas de terrain qui en soit complètement dépourvu. On l'extrait de ses différents oxydes naturels, que l'on traite dans les *hauts-fourneaux*.

Au sortir du haut-fourneau, le fer renferme environ 5 pour cent de carbone, et forme ce que l'on appelle la *fonte*. Pour convertir cette dernière en fer, on la soumet à l'action combinée d'une haute température et d'un vif courant d'air : la chaleur liquéfie la fonte et l'air brûle le carbone qu'elle contient.

Pour rendre le fer plus dur et plus tenace, on le soumet à l'action d'un énergique martelage lorsqu'il est encore rouge. Quand on veut réduire le fer en barres ou en feuilles, on le fait passer au *laminoir ;* cet appareil se compose de deux cylindres d'acier qui tournent en sens contraire et que l'on peut rapprocher à volonté ; ils sont unis ou cannelés selon le besoin.

Fig. 242. — Laminoirs.

La *tôle* n'est autre chose que du fer réduit en feuilles.

La *fonte*, beaucoup plus fusible que le fer, se prête très bien au moulage ; c'est cette propriété qui la fait servir à la fabrication des grosses pièces des machines, à celle des tuyaux de conduite d'eau et d'un grand nombre d'autres objets.

L'*acier* est moins riche en carbone que la fonte ; il n'en renferme guère que de 8 à 15 millièmes. Il se présente sous la forme d'un métal blanc, brillant, susceptible de recevoir un beau poli. Lorsqu'on refroidit brusquement de l'acier porté à une haute température, il devient très cassant, très dur et très élastique ; il est alors désigné sous le nom d'*acier trempé*. Les usages de l'acier sont nombreux : il sert à la fabrication des armes, des couteaux, des instruments de chirurgie et de beaucoup d'autres outils. On s'en sert aussi pour faire des ressorts, des projectiles, des canons et des plaques de blindage pour les navires de guerre.

281. Zinc. — Le *zinc* est un métal d'un blanc bleuâtre et d'une texture cristalline. Cassant à la température ordinaire, il devient ductile et malléable quand on le chauffe entre 100 et 150°. Si on le chauffe jusqu'à 200°, il redevient cassant au point de pouvoir être pulvérisé dans un mortier.

Chauffé, au contact de l'air, à sa température d'ébullition, le zinc prend feu, brûle avec une flamme blanche éblouissante et forme un oxyde connu sous le nom de *blanc de zinc*, très employé dans la peinture.

Le zinc sert à la confection des toitures, des bassins, des baignoires; mais il ne peut servir à faire des ustensiles de cuisine, car il forme avec les acides des composés vénéneux.

282. Etain. — L'*étain* est un métal blanc qui, frotté entre les doigts, acquiert une odeur désagréable. Sa texture est cristalline; quand on le ploie, il fait entendre un bruit particulier nommé *cri de l'étain*, provenant du frottement et du déchirement de ses cristaux enchevêtrés.

Exposé à l'air, à la température ordinaire, l'étain n'éprouve pas d'altération sensible; aussi se sert-on de ce métal réduit en feuilles très minces pour envelopper diverses denrées alimentaires, telles que le chocolat, le fromage, le saucisson, etc. L'étain est encore employé pour l'étamage, pour la fabrication de différents bronzes et du tain des glaces.

283. Plomb. — Le *plomb* est un métal d'un gris bleuâtre très brillant lorsqu'il est fraîchement coupé. Il est le moins dur de tous les métaux usuels : on peut le plier avec les doigts, le rayer avec l'ongle et le couper avec un couteau.

Le plomb est employé dans la fabrication des plombs de chasse et dans celle des tuyaux de conduite pour les eaux et le gaz d'éclairage. Il entre dans la fabrication de quelques alliages et en particulier de celui qui sert à faire les caractères d'imprimerie. Une grande partie de ce métal est encore employée pour la préparation de deux de ses composés très importants en peinture : le *minium* et la *céruse*.

284. Cuivre. — Le *cuivre* est un métal d'une belle couleur rouge ; il est très ductile, très malléable et très bon conducteur de la chaleur et de l'électricité. Il acquiert par le frottement une odeur caractéristique et désagréable.

Sous l'influence des acides faibles, tels que le vinaigre, et des corps gras, le cuivre s'oxyde rapidement et produit des composés vénéneux ; ce qui explique le danger qu'il y a de conserver des aliments dans des ustensiles de cuivre non étamés à l'intérieur.

Employé seul, le cuivre sert à la fabrication des alambics, des conducteurs électriques, de quelques ustensiles de cuivre ; allié avec le zinc, il forme le *laiton*, vulgairement appelé *cuivre jaune*, avec lequel on fait une foule d'objets : instruments de musique, appareils de physique, garnitures de meubles, jouets d'enfants, etc. ; avec l'étain, il entre dans la composition des différents *bronzes*.

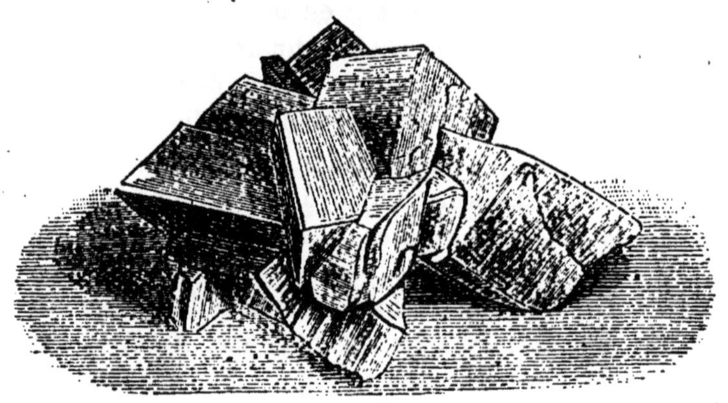

Fig. 243. — Cristaux de sulfate de cuivre.

Le composé le plus important du cuivre est le *sulfate de cuivre*, qui, dans le commerce, porte encore les noms de *vitriol bleu* et de *couperose bleue*. On l'emploie principalement pour combattre la maladie de la vigne connue sous le nom de *mildiou*, et pour détruire le *doryphora*, insecte qui, en Amérique, fait des ravages considérables dans les champs de pommes de terre.

285. Mercure. — Le *mercure* est le seul métal liquide à la température ordinaire. Il est blanc comme l'argent ; de là, vient le nom de *vif argent* qu'on lui donnait autrefois. Il se solidifie à — 40° et entre en ébullition à 350°.

Le mercure a la propriété de dissoudre l'or et l'argent et de s'en dégager par la distillation ; cette propriété le fait employer pour l'extraction de ces deux métaux. En physique, le mercure entre dans la construction de certains appareils comme les baromètres, les thermomètres, etc. ; en chimie, on s'en sert pour recueillir les gaz solubles dans l'eau.

286. Argent. — L'*argent* est le plus blanc de tous les métaux, et, après l'or, il est le plus malléable et le plus ductile : on peut réduire l'argent en feuilles si minces que 5.000 de ces feuilles superposées font à peine l'épaisseur d'un millimètre ; un gramme de ce métal peut être étiré en un fil de plus de 2.600 mètres de longueur.

Les usages de l'argent sont connus de tout le monde. Ce métal n'est pas employé seul, parce qu'il n'est pas assez dur ; mais allié avec un peu de cuivre, il sert à fabriquer des pièces de monnaie et des objets d'orfèvrerie.

287. Or. — L'*or* est doué d'une belle couleur jaune caractéristique. Il est si malléable et si ductile qu'il peut être réduit en feuilles ayant à peine 1/10.000 de millimètre d'épaisseur ; avec une pièce de 5 francs en or, ou peut faire un fil de plus de 5 kilomètres de longueur.

L'or est employé pour la dorure ; allié avec un peu de cuivre, il sert à la fabrication des pièces de monnaie, des médailles et d'un grand nombre d'articles d'orfèvrerie.

DEVOIR

57ᵉ Devoir. — 1. Citez deux métaux plus légers que l'eau. 2. Pour quel corps le potassium a-t-il beaucoup d'affinité ? 3. Nommez deux des composés du potassium. 4. Quel est le métal qui a beaucoup de ressemblance avec le potassium ? 5. Quels sont les principaux composés du sodium ? 6. Combien un litre d'eau de mer contient-il en moyenne de sel marin ? 7. Quel nom donne-t-on au sel que l'on trouve dans le sol ? 8. Nommez les principaux composés du calcium. 9. Nommez les différentes sortes de chaux. 10. Quelle proportion d'argile contient le ciment ? 11. — la chaux hydraulique ! 12. Nommez les calcaires les plus importants! 13. Quel est le composé de la chaux qui sert à faire le plâtre ! 14. A quelle température faut-il le chauffer afin de le pulvériser rapidement! 15. Quelle est la propriété particulière que possède le plâtre !

58ᵉ Devoir. — 1. Par quoi le fer est-il remarquable ! 2. Quelle est sa température de fusion ! 3. Comment obtient-on le fer galvanisé ! 4. — le fer étamé ! 5. Comment appelle-t-on le métal que l'on extrait des hauts fourneaux ! 6. Combien la fonte contient-elle de carbone ! 7. Comment convertit-on la fonte en fer ! 8. De quel appareil se sert-on pour réduire le fer en lames ou en feuilles ! 9. Combien l'acier contient-il de carbone! 10. Comment obtient-on l'acier trempé! 11. De quel corps se sert-on pour fabriquer les grosses pièces de nos machines ! 12. — les plaques de blindage ! 13. — les instruments de chirurgie ! 14. A quelle température le zinc peut-il être pulvérisé ! 15. Quel est le composé du zinc employé en peinture !

59ᵉ Devoir. — 1. Quels sont les métaux qui, par le frottement avec les doigts, acquièrent une odeur désagréable! 2. Pourquoi se sert-on de l'étain pour envelopper les denrées alimentaires ! 3. Quel est le moins dur des métaux usuels ! 4. Nommez deux des composés du plomb très importants en peinture! 5. Que produit le cuivre sous l'influence des acides! 6. Avec quel corps combine-t-on le cuivre pour former le laiton ! 7. — le bronze ! 8. Nommez le plus important des composés du cuivre ! 9. Quelles sont les maladies de la vigne que sert à combattre le sulfate de cuivre ! 10. Contre quel insecte emploie-t-on ce sel en Amérique! 11. Quel est le métal liquide à la température ordinaire ! 12. Quel est le plus malléable de tous les métaux ! 13. Quelle longueur de fil peut-on faire avec une pièce de 5 francs en or ! 14. — avec une pièce de 0 fr. 20 en argent ! 15. Avec quel corps allie-t-on l'or et l'argent pour en faire des pièces monétaires !

SUJETS DE RÉDACTION

47ᵉ Sujet. — Lettre à un ami habitant Bordeaux sur une leçon de choses faite par le maître sur le fer. (*Gironde, 1893.*)

48ᵉ Sujet. — Les principaux composés du calcium ; leurs usages.

CHAPITRE VI

Matières alimentaires.

Les principaux aliments de l'homme sont le *pain*, les *boissons alcooliques*, les *œufs*, le *lait*, le *beurre*, le *fromage*, la *chair des animaux* et quelques *végétaux*.

288. Pain. — Le meilleur *pain* provient de la farine de *froment*. Cette farine renferme de 10 à 20 pour cent de *gluten* et de 60 à 70 pour cent d'*amidon*. Le pain est un aliment complet : le gluten en forme l'aliment plastique, et l'amidon, l'aliment respiratoire.

On fait aussi du pain avec de la farine de seigle, d'avoine, de maïs, d'orge, de riz, etc., mais ce pain est de qualité inférieure. Le *pain blanc* est fait avec de la fleur de farine de froment, c'est-à-dire avec une farine dont le son a été entièrement enlevé par le blutage ; le *pain bis* doit sa couleur grise au son dont on n'a pas suffisamment débarrassé la farine.

La panification comprend quatre opérations distinctes : la *mise du levain*, le *pétrissage*, la *fermentation* et la *cuisson*.

Mise du levain. — La *mise du levain* consiste à pétrir, avec une certaine quantité de farine et d'eau, de la pâte fermentée provenant d'un pétrissage antérieur. Sous l'influence de cette pâte, le levain entre lui-même en fermentation et lorsqu'on juge celle-ci suffisante, on procède au pétrissage.

Pétrissage. — Le *pétrissage* a pour but de répartir le levain dans toute la pâte qui doit servir à faire le pain et d'y introduire l'air nécessaire à la fermentation. Pour cela, on

Fig. 214. — Pétrin mécanique de Ballaud.

ajoute au levain une quantité de farine et d'eau en rapport avec la quantité de pain que l'on veut obtenir, puis on pétrit le tout, jusqu'à ce que la pâte soit bien homogène et bien liante.

Fermentation. — Quand la pâte est bien pétrie, on la laisse quelque temps dans le pétrin, où elle commence à fermenter, puis on la divise en *pâtons* plus ou moins gros, que l'on place dans des corbeilles d'osier, où se continue la fermentation. Le gaz carbonique qui se dégage reste emprisonné dans la pâte, la soulève de toutes parts, la rend spongieuse et forme les trous que l'on remarque dans le pain. Quand le pain est bien fait, les trous y sont également répartis et presque égaux ; de petits trous alternant avec de plus grands indiquent un pain mal pétri.

Cuisson. — La *cuisson* se fait dans des fours en briques réfractaires que l'on a chauffés en y brûlant du bois. Si le four n'est pas trop chaud, la croûte du pain acquiert par la cuisson une couleur jaune doré et une odeur très agréable ; mais lorsque la température du four est trop élevée, la croûte du pain se fonce en couleur, devient épaisse et empêche l'évaporation de l'eau que contient la mie. On a alors un pain trop cuit à l'extérieur et pas assez à l'intérieur ; il est lourd, indigeste et exposé à se moisir.

289. Boissons alcooliques. — Les principales boissons alcooliques sont le *vin*, la *bière* et le *cidre*. Ces boissons ne sont que des aliments respiratoires ; car elles ne renferment presque pas de substances azotées, qui seules constituent les aliments plastiques.

290. Vin. — Le *vin* est la liqueur que l'on obtient par la fermentation du jus de raisin. Les manipulations particulières à la fabrication du vin diffèrent suivant les localités ; on peut dire cependant que généralement elles se réduisent à quatre ; le *foulage des raisins*, la *fermentation du moût*, le *décuvage* et le *pressurage*.

Foulage des raisins. — Le *foulage des raisins* a pour but d'extraire le jus qu'ils contiennent, de le mêler avec le ferment, dont les germes se trouvent sur la pellicule des grains, et de le mettre au contact de l'air. Toutes ces conditions sont indispensables pour que la fermentation puisse se produire. Cette opération se fait au fur et à mesure que l'on introduit la vendange dans la cuve.

Fermentation du moût. — La *fermentation du moût*
commence presque aussitôt après le foulage. Sous l'influence
du ferment, la partie sucrée du jus des raisins se transforme
en alcool et en acide carbonique. Le dégagement de l'acide
carbonique soulève peu à peu les pellicules des grains et les
rafles des grappes ; ces matières s'accumulent à la surface
et forment ce que l'on appelle le *chapeau*. Pour raviver la
fermentation, on enfonce de temps en temps ce chapeau et on
brasse le mélange ; lorsque la fermentation est sur le point
de s'arrêter, on procède au décuvage.

Décuvage. — Le *décuvage* consiste à soutirer le vin dans
des fûts. On doit laisser les fûts débouchés pendant quelques
jours, car le vin fermente encore pendant un certain temps
après le décuvage, et il est nécessaire que l'acide carbonique
qui se produit, puisse se dégager.

Quand le vin est à peu près clair, on le soutire une seconde
fois, afin de le séparer de la lie, puis on le *colle*. Le collage
a pour but de débarrasser le vin de toutes les matières solides
qu'il peut tenir en suspension et, par suite, de le rendre parfaitement clair. Habituellement on colle le vin avec du blanc
d'œuf ; mais on peut aussi le faire avec du sang de bœuf. Ces
substances renferment beaucoup d'albumine, qui se coagule
au contact de l'alcool contenu dans le vin, et forme comme une
espèce de filet, qui emprisonne entre ses mailles les matières
en suspension et les entraîne avec lui au fond du liquide.

Pressurage. — Le *pressurage* a pour but d'extraire la plus
grande partie du vin contenu dans le résidu solide qui reste
dans la cuve après le décuvage. A cet effet, on soumet ce
résidu à l'action d'un pressoir. Le vin qui en découle est mélangé avec celui tiré directement de la cuve.

291. VINS BLANCS. — Les *vins blancs* se font ordinairement avec des raisins blancs ; mais beaucoup sont obtenus
avec des raisins noirs. La matière colorante du vin rouge
est fournie par la pellicule des grains ; cette substance ne se
dissout dans le jus du raisin que lorsque ce dernier contient

de l'alcool ; dès lors, si, par le pressurage, on sépare les pellicules du jus avant que celui-ci ait fermenté, on aura un moût qui donnera du vin blanc.

Les *vins mousseux* s'obtiennent en ajoutant un peu de sucre candi au vin quand on le met en bouteilles. Sous l'action du ferment qui existe toujours dans le vin, le sucre produit de l'alcool et de l'acide carbonique : comme ce gaz ne peut s'échapper il se dissout dans le vin et le rend mousseux.

292. Bière. — La *bière* est obtenue par la fermentation alcoolique d'une infusion d'orge germée, aromatisée avec le principe amer du houblon. La fabrication de la bière comprend quatre opérations principales, savoir : le *maltage*, la *saccharification* ou *brassage*, le *houblonnage* et la *fermentation*.

Maltage. — Le *maltage* a pour but de faire germer l'orge. Pour obtenir cette germination, on fait d'abord gonfler des grains d'orge dans de l'eau, puis on les étend en couche mince sur un plancher. Lorsque le germe a atteint à peu

Fig. 245. — Cuve pour la saccharification.

près la longueur du grain, on arrête la germination en exposant l'orge à une température de 70°. Les grains desséchés à cette température sont débarrassés de leurs germes et réduits en une farine grossière que l'on appelle *malt*.

Saccharification. — La *saccharification*, ou *brassage du malt*, se fait dans de grandes cuves en bois, munies d'un double fond. On étend le malt sur le fond supérieur, qui est percé de trous, et on fait arriver entre les deux fonds de l'eau portée à 70°. Cette eau pénètre à travers le malt ; on brasse vivement le mélange avec des fourches et, après avoir couvert la cuve, on laisse reposer le tout durant trois heures.

On soutire ensuite le liquide, qui prend alors le nom de *moût*. Le malt qui reste dans la cuve, n'étant pas épuisé, est soumis à une seconde infusion avec de l'eau à 85°, puis à une troisième avec de l'eau à 95°. Les moûts des deux premières infusions, mélangés ensemble, sont employés pour faire la bière ordinaire ; celui de la troisième infusion sert à fabriquer la *petite bière*.

Houblonnage. — Le *houblonnage* consiste à faire bouillir des fleurs de houblon avec le moût dans des chaudières fermées. On met habituellement de *1 à 2 kilogr.* de fleurs par hectolitre de bière. Le houblon communique à la bière un principe amer et aromatique, qui lui donne un goût agréable et qui contribue à sa conservation.

Fermentation. — La *fermentation* se fait à l'aide d'un ferment spécial, la *levure de bière*, qu'on a recueilli dans une opération précédente. Pour produire la fermentation, on verse le moût houblonné et refroidi dans de grandes cuves, et l'on y ajoute de *2 à 4 kilogr.* de levure de bière par *1.000 litres* de liquide. Presque aussitôt il se forme une écume abondante, qui déborde des cuves. Après un temps, qui varie de *24 à 48 heures*, on soutire le liquide dans de petits tonneaux, pour être livré à la consommation.

293. Cidre. — Le *cidre* est la boisson que l'on obtient avec le jus fermenté des pommes. Le procédé de fabrication du cidre est très simple. Les fruits étant écrasés par un procédé quelconque, la pulpe est mise en tas et abandonnée à elle-même durant *24 heures* ; pendant ce temps, elle prend une teinte rouge brun, qui donne au cidre sa couleur caractéristique. La pulpe est ensuite soumise à l'action du pressoir, et le jus qui en découle est versé dans des tonneaux où il fermente lentement.

Le *poiré* est obtenu avec le jus de poires.

294. Œufs. — Les *œufs* se composent de quatre parties distinctes, savoir : d'une *coquille*, formée principalement de carbonate de chaux ; d'une *pellicule* nommée *chorion*, membrane collée à l'intérieur de la coquille ; du *blanc*, composé presque en totalité par de l'eau et par une matière azotée, *l'albumine* ; du *jaune*, matière de consistance épaisse contenant de l'eau, des corps gras, des matières colorantes et une matière azotée nommée *vitelline*.

295. Lait. — Le *lait* est formé par de l'eau tenant en dissolution ou à l'état d'émulsion, du *beurre*, de la *caséine*, une matière sucrée, nommée *lactose* et divers *sels minéraux*, notamment du *phosphate de chaux*. Le lait est le type des aliments complets, car le beurre et la lactose qu'il contient constituent l'aliment respiratoire, et la caséine l'aliment plastique.

Abandonné au repos dans un lieu frais, le lait se couvre d'une couche jaunâtre, onctueuse et épaisse, qu'on nomme *crème*. La crème se forme par l'ascension des globules butyreux qui, moins denses que le liquide où ils se trouvent en suspension, gagnent peu à peu sa surface. Si au lait on ajoute de la *présure*, liquide que l'on extrait de l'estomac des jeunes veaux, il se coagule, c'est-à-dire se divise en deux parties : une matière solide, nommée *caséum* ou *caillé*, et un liquide jaunâtre, appelé *sérum* ou *petit-lait*. Le caséum est formé presque en totalité par de la *caséine* ; il constitue la partie essentielle du fromage.

296. Beurre. — Le *beurre* est une substance grasse de couleur citrine, plus légère que l'eau, très fusible, qui se trouve en suspension dans le lait sous la forme de globules microscopiques. Ces globules, en se rassemblant à la sur-

Fig. 240. — Baratte normande.

face du lait, constituent la crème. Par le battage de la crème, on brise les enveloppes des globules butyreux et la matière grasse renfermée en eux se réunit en une masse compacte qui forme le beurre. Le battage de la crème se fait au moyen d'instruments appelés *barattes*.

Lorsque le beurre est fait, on le rassemble et on le divise en pains plus ou moins gros; on fait ensuite subir à ces pains des lavages réitérés dans de l'eau fraîche, afin de les débarrasser de tout le petit-lait qu'ils peuvent contenir; car ce liquide favorise le développement de certains ferments qui contribuent beaucoup à faire rancir le beurre.

297. Fromage. — Le *fromage* est le produit solide obtenu par la coagulation du lait sous l'action de la présure. Quand on fait coaguler le lait avant qu'il soit écrémé, on obtient des *fromages gras*, formés par un mélange de caséine et de beurre; les fromages produits par la coagulation du lait écrémé sont appelés *fromages maigres*; ils ne contiennent presque que de la caséine. La plupart des fromages sont préparés à froid; ceux qui sont préparés à chaud portent le nom de *fromages cuits*, tels sont le *gruyère* et le *parmesan*.

On fait du fromage avec du lait de vache, de chèvre ou de brebis, seul ou mélangé. Le fromage du *Mont-d'Or* est fabriqué avec du lait de chèvre, et le fromage de *Sassenage*, avec un mélange de lait de vache, de chèvre et de brebis. Le fromage de *Roquefort*, préparé avec du lait de chèvre et de brebis, doit sa qualité supérieure à la grande fraîcheur des caves où on le fabrique.

298. Chair des animaux.— La partie rouge des muscles des animaux, que l'on désigne sous le nom de *viande*, est formée presque en totalité par une matière azotée nommée *musculine* ou *fibrine*.

La musculine est très nutritive ; le suc gastrique la dissout facilement et la transforme en un produit assimilable. Les *viandes rouges*, telles que celles du bœuf, du mouton, etc., et les *viandes noires*, comme celles du lièvre, du chevreuil, sont beaucoup plus riches en musculine que les *viandes blanches* des jeunes animaux et des poissons.

299. Aliments végétaux. —Les *aliments végétaux* comprennent les aliments *amylacés*, les aliments *huileux* et les aliments *mucilagineux*.

Les meilleurs *aliments amylacés* proviennent des graines des céréales, car la farine qu'on en retire constitue un aliment complet. Les pommes de terre, les châtaignes et les fruits des légumineuses, tels que les pois et les haricots sont aussi de bons aliments amylacés.

Les *aliments huileux* sont essentiellement respiratoires. Les principaux de ces aliments sont les noix, les olives et les différentes huiles comestibles.

Les *aliments mucilagineux* sont caractérisés par un principe particulier nommé *pectose*. Les principaux aliments mucilagineux sont les fruits, les épinards, les bettes, les carottes, les raves, les betteraves, etc. La plupart sont plastiques et respiratoires, car, en outre de la pectose, ils contiennent des principes azotés auxquels on a donné les noms d'*albumine*, de *caséine* et de *fibrine végétales*.

300. Conservation des aliments. — Plusieurs procédés sont employés pour conserver les matières alimentaires ; les principaux sont la *dessication*, le *froid*, le *procédé Appert* et les *antiseptiques*.

Dessication. — La *dessication* est un des plus anciens procédés de conservation. Les viandes et les légumes, desséchés par l'action de l'air et de la chaleur, se conservent très bien, mais ils perdent un peu de leur saveur première.

C'est par la dessication que l'on conserve la plupart des fruits.

Le froid. — Le *froid* est aussi un bon moyen de conservation, car les ferments de la putréfaction ne peuvent se développer qu'à une certaine température. On n'emploie guère ce procédé que pour la viande de boucherie et le poisson.

Procédé Appert. — Le *procédé Appert* a pour but la conservation des matières alimentaires par la cuisson et par la privation d'air. Il est de beaucoup le plus employé, surtout depuis qu'il a été perfectionné par *Fastier*. Par ce procédé, on enferme d'abord les substances à conserver dans des boîtes de fer-blanc; on soude le couvercle, auquel on laisse une petite ouverture, puis on plonge ces boîtes dans de l'eau bouillante, afin de faire subir aux matières alimentaires un commencement de cuisson et de chasser l'air qu'elles contiennent. Lorsque les vapeurs qui se dégagent ont expulsé tout l'air de l'intérieur des boîtes, on ferme l'ouverture de leur couvercle avec une goutte de soudure, puis on les soumet de nouveau à l'action de l'eau bouillante d'un bain-marie, pendant un temps plus ou moins long, selon la nature des substances qu'elles renferment. Par la première cuisson, sont détruits tous les germes de putréfaction qui pouvaient exister dans les matières à préserver; par la seconde, on fait disparaître ceux qui auraient pu s'introduire au moment de la fermeture des boîtes.

Si les substances à conserver sont des viandes, elles doivent être apprêtées d'après les recettes de l'art culinaire avant d'être mises dans les boîtes. Si ce sont des légumes frais, on les introduit dans les boîtes avec un peu d'eau, on place pendant quelque temps ces boîtes dans l'eau bouillante, puis on les ferme hermétiquement.

Antiseptiques. — Au lieu de détruire les germes par la

cuisson, on peut les faire périr par les antiseptiques. Les principaux antiseptiques employés pour la conservation des substances alimentaires sont le *sel marin*, la *fumée*, l'*alcool* et le *vinaigre*.

La *salaison* des viandes, du poisson et même des légumes constitue une industrie très importante. La *fumée* agit par la *créosote* qu'elle renferme; on l'emploie surtout pour la conservation des jambons, de la viande de bœuf et des poissons. L'*alcool* est aussi un excellent antiseptique, surtout pour les fruits. Le *vinaigre* sert à conserver les cornichons et les poivrons.

301. Conservation des œufs. — Les œufs, abandonnés à l'air, laissent évaporer peu à peu l'eau qu'ils contiennent, et cette eau est remplacée par de l'air, qui apporte avec lui des germes de putréfaction. Pour conserver les œufs, il suffit donc d'empêcher l'évaporation de leur liquide en bouchant les pores que renferme la coque. A cet effet, on les enduit d'une couche d'huile de lin, qui, en séchant, forme un vernis imperméable à l'air et on les place dans de la sciure de bois, dans du son ou dans de la cendre.

On conserve aussi un très grand nombre d'œufs en les maintenant dans de l'eau de chaux. La chaux, en pénétrant à travers les pores de la coque, forme avec l'albumine un composé solide qui s'oppose à l'évaporation du liquide et à l'arrivée de l'air.

302. Conservation du lait. — Le procédé le plus employé pour conserver le lait est celui de *Lignac*. Ce procédé consiste à faire évaporer lentement, au moyen d'appareils spéciaux, le lait préalablement additionné de *dix pour cent* de sucre. Quand il a pris la consistance du miel, on en remplit des boîtes de fer-blanc, que l'on chauffe au bain-marie et que l'on ferme ensuite hermétiquement. Ce produit se conserve pendant longtemps, et lorsqu'il est dissous dans trois fois son poids d'eau, il donne un liquide très difficile à distinguer du lait sucré ordinaire.

303. Conservation du beurre. — On peut conserver le beurre en le faisant fondre, mais il est bien préférable de le conserver par la salaison. Pour cela, après avoir étendu le beurre sur une table, on le saupoudre de sel finement pulvérisé; on le malaxe ensuite avec un rouleau de manière à incorporer le sel dans toute sa masse, puis on l'enferme dans des pots de grès. La quantité de sel à employer est de *1 kilogr.* pour *15 kilogr.* de beurre.

DEVOIRS

60° Devoir. — 1. De quelle farine provient le meilleur pain ? 2. Combien la farine de froment renferme-t-elle pour cent de gluten ? 3. — d'amidon ? 4. Quelles sont les quatre opérations que comprend la panification ? 5. Par quoi sont formés les trous que l'on remarque dans le pain ? 6. Nommez les principales boissons alcooliques. 7. Quelles sont les quatre opérations principales de la fabrication du vin ? 8. Où se trouvent dans les raisins les germes de la fermentation ? 9. En quoi consiste le décuvage ? 10. Par quelle opération parvient-on à clarifier parfaitement le vin ? 11 Avec quoi colle-t-on le vin ? 12. Par quoi est formée la matière colorante du vin ? 13. Qu'ajoute-t-on au vin blanc pour le rendre mousseux ? 14. De quelle céréale se sert-on pour faire la bière ? 15. Nommez les opérations que comprend sa fabrication ?

61° Devoir. — 1. Avec quoi est fait le cidre ? 2. — le poiré ? 3. Quelle est la partie de l'œuf qui contient le carbonate de chaux ? 4. — de l'albumine ? 5. — de la vitelline ? 6. De quoi se sert-on pour faire cailler le lait ? 7. Où trouve-t-on la présure ? 8. Par quoi est formée la partie solide du lait caillé ? 9. Quel nom donne-t-on à la partie liquide du lait caillé ? 10. Avec quoi fait-on le beurre ? 11. — les fromages gras ? 12. — les fromages maigres ? 13. Quel est le principe constituant de la chair des animaux ? 14. Nommez les principaux procédés de conservation des aliments ? 15. Comment peut-on conserver les œufs ?

SUJETS DE RÉDACTION

49° Sujet. — Un de vos cousins habite le pays du cidre. Vous lui décrivez et lui expliquez la fabrication du vin. *(Mayenne, 1893.)*

50° Sujet. — On vous a fait une leçon sur la conservation des matières alimentaires; résumez cette leçon.

NOTIONS D'AGRICULTURE

304. Sol. Sous-sol. — En agriculture, on désigne sous le nom de *sol* la couche superficielle du globe terrestre dans laquelle croissent les végétaux, et l'on nomme spécialement *sol arable* la couche de terre ordinaire remuée par la culture.

La terre du sol arable porte le nom de *terre végétale*. Elle a été formée par la désagrégation des roches, sous l'action simultanée de l'air, de la pluie et de la gelée, et par les débris des végétaux et des animaux qui ont péri à sa surface.

Le *sous-sol* est le terrain géologique sur lequel repose la terre végétale. Il peut être composé d'argile, de calcaire, de sable, de gravier, etc. Sa nature influe beaucoup sur celle du sol arable; car s'il est argileux, il s'oppose au passage de l'eau et rend le sol marécageux; au contraire, s'il est sableux, il est trop perméable et ne conserve pas assez l'humidité nécessaire à la terre végétale.

305. Caractères des différentes terres végétales. — Quatre éléments principaux concourent à la formation des différentes terres végétales : la *silice* ou *sable*, l'*argile*, le *calcaire*, et l'*humus* ou *terreau*.

Lorsque ces éléments sont en proportions telles qu'ils s'équilibrent, ils constituent la terre que l'on désigne sous le nom de *terre franche*. La terre franche contient ordinairement de *8 à 10* pour cent de calcaire, de *10 à 12* pour cent d'humus, environ *25* pour cent d'argile, et le reste de sable, c'est-à-dire plus de la *moitié* de son poids. Elle convient à toutes les cultures.

Suivant que les proportions de sable, de calcaire, d'argile ou d'humus dominent dans une terre végétale, elle est dite *sablonneuse*, *calcaire*, *argileuse* ou *humifère*.

306. Terres sablonneuses. — Les terres *sablonneuses* sont celles qui contiennent plus des *trois quarts* de leur poids de sable. Elles sont friables et d'une culture facile. Ces terres manquent de ténacité et de liaison ; aussi se laissent-elles aisément traverser par les eaux pluviales et les racines des végétaux. Elles exigent des arrosages fréquents car elles se dessèchent rapidement.

307. Terres calcaires. — On appelle terres *calcaires* celles qui renferment plus de la *moitié* de leur poids de carbonate de chaux. Comme les précédentes, elles sont meubles et se dessèchent facilement. On les reconnaît à leur aspect souvent blanchâtre, mais surtout à l'action que les acides produisent sur elles, action qui se traduit par une vive effervescence provoquée par un dégagement d'acide carbonique.

308. Terres argileuses. — Les terres *argileuses*, appelées aussi *terres fortes* ou *terres grasses* sont celles qui renferment plus *d'un tiers* de leur poids d'argile. Cette dernière substance leur communique en partie ses propriétés, qui sont de garder longtemps l'humidité et de durcir beaucoup par la dessication. En temps de pluie, les terres argileuses s'attachent aux instruments de culture ; pendant la sécheresse, elles deviennent difficiles à travailler, et subissent un retrait qui produit les larges crevasses que l'on remarque à leur surface.

309. Terres humifères — Les terres sont dites *humifères* lorsqu'elles renferment plus de *20 pour cent* de leur poids d'humus. Ces terres, généralement marécageuses, sont en partie formées par les débris des végétaux qui ont péri et qui se sont décomposés aux endroits mêmes où ils ont vécu ; aussi ont-elles une couleur noirâtre, produite par la carbonisation incomplète des matières organiques qui les composent. Les terres humifères ne sont pas favorables au développement des végétaux, car elles sont trop acides.

310. Analyse d'une terre. — Il est facile d'apprécier, d'une manière qui n'est qu'approximative, il est vrai, la composition d'une terre.

Voici comment on opère :

On prend une certaine quantité de la terre à analyser que l'on a soin de débarrasser de ses pierres et de bien dessécher. On pèse ensuite 100 grammes de cette terre, on les place dans une grande cuiller en fer que l'on porte au rouge. La terre ainsi chauffée, prend d'abord une coloration noirâtre et répand une odeur d'herbes brûlées, due à la calcination de ses matières organiques. Lorsque la terre ne répand plus d'odeur et qu'elle a repris à peu près sa couleur primitive on la laisse refroidir et on la pèse de nouveau. La perte de poids qu'a subie l'échantillon soumis à l'analyse indique approximativement la quantité d'humus qu'il contenait.

Pour doser l'argile, on prend encore 100 grammes de la terre primitive ; on jette cette terre dans un grand verre plein d'eau et on agite le tout pendant quelque temps à l'aide d'une baguette. Après une minute ou deux, le sable et le calcaire seront tombés au fond du verre, tandis que l'argile restera en suspension dans le liquide. Il suffira alors de retirer l'eau argileuse, de faire dessécher le dépôt qu'elle donnera, et de peser ce dépôt pour avoir la proportion d'argile contenue dans les 100 grammes de terre soumise à l'analyse.

Pour doser la silice, on prend le dépôt resté au fond du verre dans l'opération précédente, on le dessèche et on le pèse. On verse ensuite sur ce dépôt de l'acide chlorhydrique ordinaire. Immédiatement une vive effervescence se produit, tout le calcaire se décompose en produits solubles et en acide carbonique, qui se dégage. Après cette opération, le dépôt ne contiendra donc plus que de la silice dont il sera facile de déterminer le poids.

Le poids de la silice connu, on obtiendra aisément, par différence celui du calcaire décomposé.

311. Amendements. — Lorsque l'on connaît la composition d'une terre, on peut aisément l'améliorer en lui donnant ceux des éléments qui lui manquent pour constituer la terre franche ou pour la soumettre à une culture déterminée. Cette opération, connue sous le nom d'*amendement*, consiste principalement dans le *marnage* et le *chaulage*.

312. MARNAGE. — La *marne* est une substance très friable composée d'argile et de carbonate de chaux. Le marnage a donc pour but d'ajouter de l'argile et du calcaire aux terrains qui, comme les terrains sablonneux, n'en possèdent pas suffisamment. On le pratique en automne; pour cela, on place la marne en petits tas dans les terrains à amender, et, au printemps, lorsque l'action simultanée de l'air et de la gelée l'a réduite en poussière très fine, on l'étend sur le sol. Elle est ensuite mélangée à la terre végétale par les différentes opérations de la culture.

313. CHAULAGE. — Le *chaulage* fournit de la chaux à la terre sans lui donner de l'argile, comme le fait le marnage. Il convient spécialement aux terrains humifères ou trop argileux : il neutralise la trop grande acidité des premiers, et rend les seconds plus perméables, plus meubles et les empêche de se durcir autant par la dessication.

La chaux, par son contact avec les matières organiques, surtout si le terrain est perméable à l'air, contribue à la formation spontanée des *azotates*, dont l'efficacité est si grande en agriculture. Cette propriété de la chaux est bien connue des cultivateurs; car il leur arrive souvent de mélanger des matières organiques avec de la chaux pour en faire des *compost*, qu'ils répandent dans leurs champs.

Le chaulage augmente le rendement des récoltes; cependant il ne doit pas être trop souvent pratiqué, car la chaux n'est pas un engrais, mais un agent énergique de décomposition pour les matières végétales. Avec un chaulage trop fréquemment répété, on arriverait vite à épuiser le sol des matières organiques que les siècles y ont accumulées.

314. Engrais. — Lorsqu'on soumet les végétaux à l'analyse, on constate que leurs principaux éléments constitutifs sont :

1° Le *carbone*, l'*azote*, l'*oxygène* et l'*hydrogène* ;

2° La *potasse*, l'*acide phosphorique*, la *silice* et la *chaux*.

Pour se développer, les végétaux doivent donc trouver les éléments ci-dessus dans les milieux où ils sont placés. Le carbone est fourni par l'atmosphère, où il est puisé par les feuilles ; le sol renferme des proportions inépuisables de silice, de chaux, d'oxygène et d'hydrogène, mais il n'a que des proportions limitées de *potasse*, de produits *azotés* et d'*acide phosphorique*. Il est donc nécessaire de restituer au sol ces trois derniers éléments, qui lui sont enlevés par les végétaux à mesure qu'ils se développent, sans quoi il finirait par s'épuiser et devenir complètement stérile. On y parvient au moyen des *engrais*.

Les principaux engrais sont le *fumier de ferme*, les *engrais animaux* et les *engrais minéraux*.

315. Fumier. — Le *fumier de ferme* est constitué par la combinaison des déjections des animaux avec les substances végétales qui leur ont servi de litière. Il renferme de 5 à 6 kilogrammes d'azote par tonne, autant de potasse et de 2 à 3 kilogrammes d'acide phosphorique.

Au sortir de l'étable, le fumier n'est encore qu'un mélange de substances végétales et de déjections animales ; mais lorsqu'il est entassé, il ne tarde pas à fermenter et à subir des réactions chimiques qui lui donnent sa composition définitive. La fermentation du fumier est due principalement à l'*urée*, principe azoté que renferme l'urine animale. Au contact de l'air, l'urée se transforme en *carbonate d'ammoniaque*, et c'est cette dernière substance qui agit sur les matières organiques du fumier, pour les changer en terreau et pour faire passer leur azote à l'état de sel ammoniacal.

Le carbonate d'ammoniaque est donc la substance principale du fumier, soit comme engrais azoté, soit comme agent provoquant la formation du terreau. Aussi faut-il s'opposer, autant que possible, à sa déperdition. Pour cela, il est nécessaire de prendre les précautions suivantes :

1° Eviter de laisser éparpiller le fumier par la volaille et de le laisser à la pluie ou trop exposé au soleil ; car ces conditions sont favorables à la déperdition du carbonate d'ammoniaque, corps très volatil et très soluble dans l'eau ;

2° Disposer le tas de fumier de manière qu'il présente le moins d'accès possible à l'air, afin d'éviter les moisissures qui ne se forment qu'au détriment des principes azotés ;

3° Arroser de temps en temps le fumier avec le purin qui en découle, afin de modérer l'échauffement produit par la fermentation, car cet échauffement pourrait faire volatiliser une grande partie du sel ammonical contenu dans le fumier.

L'expérience suivante montre de quelle importance sont

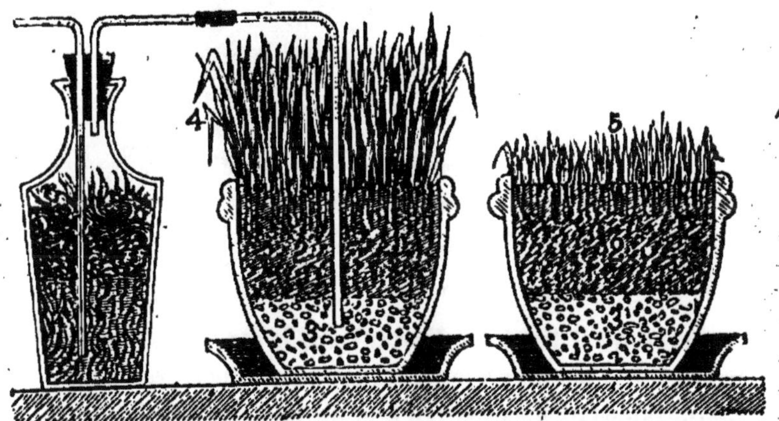

Fig. 247. — Expérience montrant l'efficacité des produits que le fumier peut laisser dégager.

1. Fumier et purin frais. — 2. Terre à peu près stérile. — 3. Sable. — 4 et 5. Gazon ayant poussé dans des terres à peu près stériles, mais dont l'une reçoit les émanations du fumier du flacon.

les produits que peut dégager le fumier et que laissent perdre beaucoup de nos cultivateurs. On remplit deux pots à fleur jusqu'au tiers de la hauteur avec du sable, et le reste, avec de la terre à peu près stérile. On place chacun de ces pots dans une assiette, que l'on a soin de maintenir pleine d'eau, et on sème du gazon dans la terre de chacun d'eux. Lorsque ce gazon a poussé de deux ou trois centimètres, on fait arriver dans un des pots, à l'aide d'un tube, les produits qui se dégagent d'un peu de fumier placé dans un flacon voisin.

Pour que l'air agisse comme si le fumier y était exposé, on souffle de temps en temps dans le flacon par le tube qu'il porte à cet effet. Au bout de peu de jours, on voit le gazon du pot qui reçoit les émanations du fumier, devenir grand et vigoureux, et celui de l'autre pot s'étioler et périr.

316. ENGRAIS ANIMAUX. — Les principaux engrais animaux sont le *purin*, la *poudrette* et le *guano*.

Le *purin* est le liquide qui s'écoule du fumier de ferme. Il a une grande valeur fertilisante, car avec le carbonate

Fig. 248. — Tonneau flamand pour le transport du purin.

d'ammoniaque qu'il tient en dissolution, il renferme aussi de la potasse et de l'acide phosphorique, substances très facilement assimilables et nécessaires à la plupart des végétaux.

Avec cet engrais, on peut aussi classer les *vidanges* des fosses d'aisances, produits qui contiennent les mêmes principes fertilisants que le purin. Il est bon de ne se servir des vidanges qu'étendues de leur volume d'eau ; employées pures, surtout dans les terrains calcaires, elles brûleraient les végétaux.

La *poudrette* est la partie solide que laissent déposer les vidanges, et à laquelle on fait subir une préparation. C'est un bon engrais, très facilement assimilable.

Le *guano* est un engrais de qualité supérieure formé, depuis un temps considérable, par l'accumulation des ossements et des excréments de certains oiseaux aquatiques. On le trouve en couches épaisses sur les côtes du Chili et du Pérou. Le commerce exploite aussi des guanos artificiels fabriqués avec des débris de corne, des poils, de la sciure d'os, de la chair animale, etc.

317. ENGRAIS MINÉRAUX. — Les engrais minéraux sont des sels à base de potasse, de soude, d'ammoniaque et de chaux. Les plus employés sont l'*azote de soude*, l'*azotate de potasse*, le *sulfate d'ammoniaque*, les divers *phosphates de chaux* et les *sels de Stassfurt*.

L'*azotate de soude* nous vient du Chili et du Pérou. Dans ces contrées, on le trouve en quantités considérables, mêlé avec des substances terreuses, dont on le débarrasse au moyen de l'eau : on le dissout d'abord dans ce liquide, puis on le fait cristalliser par évaporation. L'azotate de soude du commerce contient environ 15 °/₀ de son poids d'azote.

L'*azotate de potasse* existe tout formé dans la nature. Dans les pays chauds, on le trouve à la surface du sol, pendant la période de sécheresse qui suit la saison des pluies. Dans nos régions tempérées, il se forme sur le sol et les murs des lieux humides où se trouvent des matières organiques en décomposition, comme les étables et les écuries. L'azotate de potasse ne renferme que de 12 à 13 °/₀ d'azote, mais en revanche il contient environ 45 °/₀ de potasse ; ce qui lui donne une double valeur comme engrais chimique, et le rend bien supérieur à l'azotate de soude.

Le *sulfate d'ammoniaque* s'extrait des résidus de l'épuration du gaz d'éclairage et des parties liquides des vidanges. Cet engrais renferme à peu près 20 °/₀ d'azote.

Les *phosphates de chaux* sont pour la plupart des engrais naturels, que l'on trouve sous différentes formes en divers points de la France et surtout en Espagne, dans l'Estramadure. Leur dose d'acide phosphorique varie suivant leur degré de pureté ; la moyenne est d'environ 15 %. Les phosphates naturels sont insolubles dans l'eau ; mais introduits dans le sol, ils se dissolvent sous l'action de l'acide carbonique et sont à peu près absorbés par les racines des végétaux. Lorsqu'on veut que leur action fertilisante soit plus active, on les convertit en *superphosphate*, en les traitant par l'acide sulfurique. La poudre d'os, les cendres lessivées et le noir animal sont employés comme engrais, en agriculture, à cause des phosphates de chaux qu'ils renferment.

Les *sels de Stassfurt* sont des engrais naturels très riches en potasse. Ils sont formés par un mélange de chlorure de potassium et de sulfate de potasse ; le titre en potasse pour le chlorure est en moyenne de 40 % et celui du sulfate, de 30 %. Les sels de Stassfurt ont été découverts, en 1860, aux environs de la ville de Prusse dont ils portent le nom ; ils y forment des gisements considérables, qui assurent à l'agriculture une source inépuisable d'engrais potassiques.

318. Assolement. — On entend par *assolement* l'ordre suivant lequel on doit faire succéder les cultures dans un même terrain pour que son rendement soit le plus grand possible. Chaque espèce de plantes, pour se développer, enlève au sol des substances particulières : les unes ont des préférences pour l'azote, les autres pour la potasse ou l'acide phosphorique ; quelques végétaux, comme ceux de la famille des légumineuses, empruntent à l'atmosphère de grandes quantités d'azote, tandis que d'autres ne le puisent que dans le sol. Il est donc facile de comprendre que, si dans un même terrain, on faisait toujours la même culture, les principes absorbés par les végétaux qui en font l'objet, finiraient par s'épuiser et le terrain, par devenir tout à fait improductif.

La série des cultures successives que l'on doit faire dans un terrain pour obtenir son maximum de rendement, ne peut s'obtenir que par des essais ; car elle dépend de la fertilité du sol, de sa composition et de ses qualités physiques.

Néanmoins, dans la détermination de ces cultures, on doit tenir compte des principes suivants :

1º Faire succéder une plante qui prend presque tout son azote dans l'atmosphère à une autre qui le puise principalement dans le sol ;

2º Alterner la culture des plantes qui absorbent beaucoup de potasse avec celle des végétaux qui exigent spécialement de l'acide phosphorique ;

3º Cultiver une plante dont les racines s'enfoncent profondément dans la terre après une dont les racines sont superficielles ;

4º Introduire dans la série des assolements une ou deux plantes dont la culture demande de fréquents sarclages, afin de débarrasser le sol de ses mauvaises herbes ;

5º Restituer au sol, au moyen des engrais, tous les principes fertilisants absorbés par les cultures successives.

319. Instruments aratoires. — Les instruments aratoires sont ceux qui sont employés dans les différents

Fig. 249. — Charrue.

A. Avant-train. — a. Age. — C. Coutre. — m, m. Mancherons. — R. Régulateur.
S. Soc. — V. Versoir.

travaux agricoles, tels que le *labourage*, le *sarclage*, la *moisson*, la *fenaison*, etc.

Quelques-uns de ces instruments sont très simplement construits ; d'autres sont des applications savantes de la mécanique. Ceux qui sont d'un usage commun, sont les *charrues* ou *araires*, qui servent à retourner le sol ; les *herses*, qui servent à en ameublir la partie supérieure ; les *rouleaux*, instruments en fonte et en bois avec lesquels on tasse le sol et on écrase les mottes de terre ; les *bêches*, qui remplacent les charrues lorsque le terrain à cultiver n'a pas une trop grande étendue ; les *houes*, les *pioches*, les *sarcloirs* et les *ratissoires*, qui servent à débarrasser le sol des herbes inutiles ; enfin les *faux*, les *faucilles*, les *fourches*, les *râteaux*, employés pour les travaux de la moisson et de la fenaison.

Aux instruments déjà nommés, il faut ajouter les *semoirs*, les *faucheuses*, les *ratisseuses*, les *moissonneuses*, et les *batteuses* mécaniques, instruments très compliqués qui ne servent que dans les grandes exploitations agricoles et dont on trouvera la description dans les traités complets d'agriculture.

DEVOIRS

62ᵉ Devoir. — 1. Quel nom porte la terre du sol arable? 2. Comment appelle-t-on le terrain sur lequel repose la terre végétale? 3. Quelles sont les principales sortes de terre végétale? 4. Qu'appelle-t-on terres calcaires? 5. — terres humifères? 6. — Quels sont les deux principaux amendements? 7. A quel terrain convient particulièrement le chaulage? 8. Quels sont les principaux engrais? 9. Quelle est la substance principale du fumier de ferme? 10. Nommez les principaux engrais animaux? 11. — minéraux? 12. Quel est celui que l'on trouve spécialement au Chili et au Pérou? 13. — que l'on extrait des résidus de l'épuration du gaz d'éclairage? 14. Nommez les instruments qui ne servent que dans les grandes exploitations agricoles? 15. Nommez les différentes parties de la charrue.

SUJETS DE RÉDACTION

51ᵉ Sujet. — Racontez la visite que vous avez faite à la ferme d'un cultivateur routinier qui ne donne aucun soin à son fumier. Aspect de la cour. Préjudices occasionnés à ce fermier par sa négligence. Dites quels sont les soins à donner au fumier de ferme.

TABLE DES MATIÈRES

HISTOIRE NATURELLE

PREMIÈRE PARTIE. — L'homme.

DEUXIÈME PARTIE. — Les animaux.

TROISIÈME PARTIE. — Les végétaux.

PHYSIQUE

CHIMIE

Lyon. — Imprimerie Emmanuel VITTE, rue de la Quarantaine, 18.

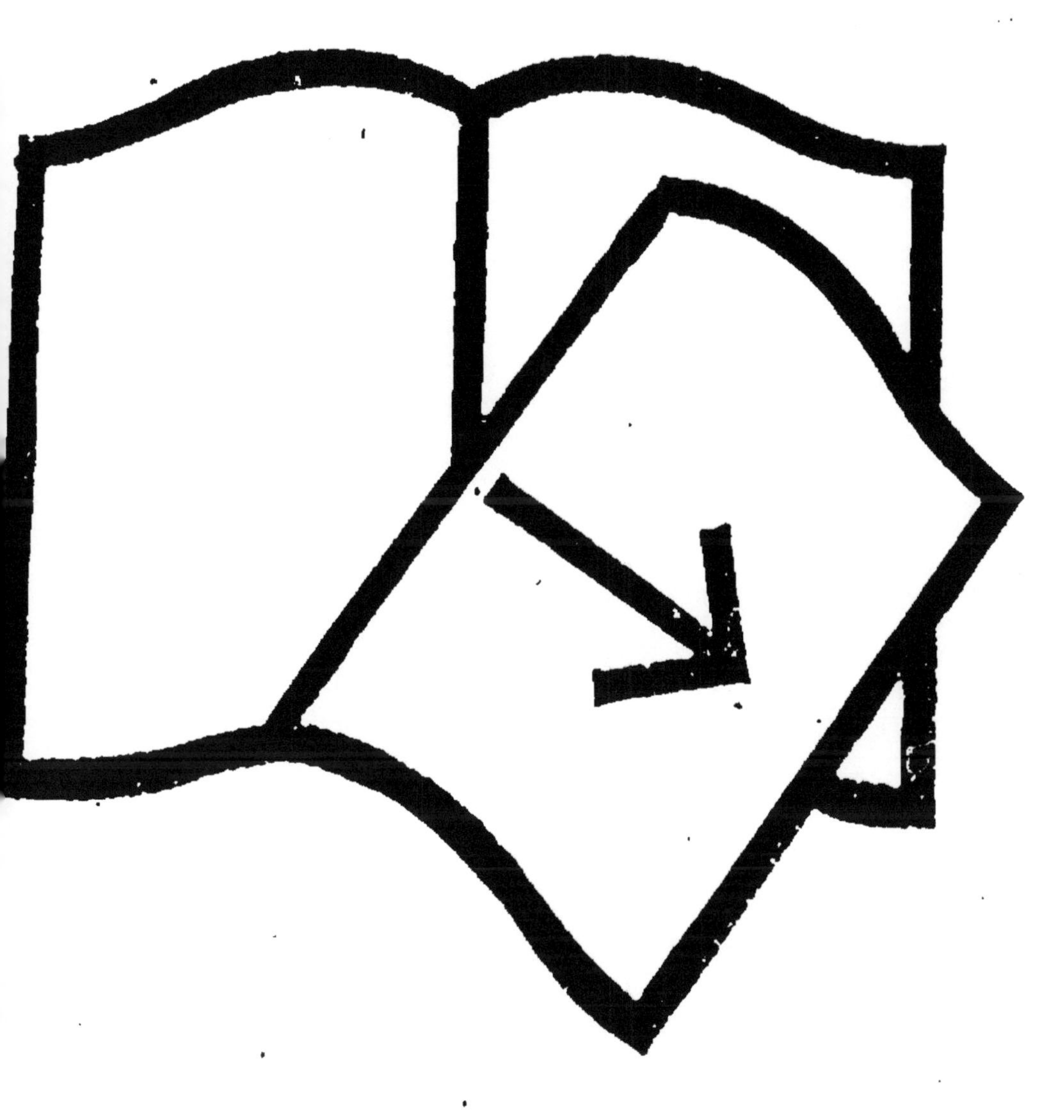

Documents manquants (pages, cahiers...)
NF Z 43-120-13